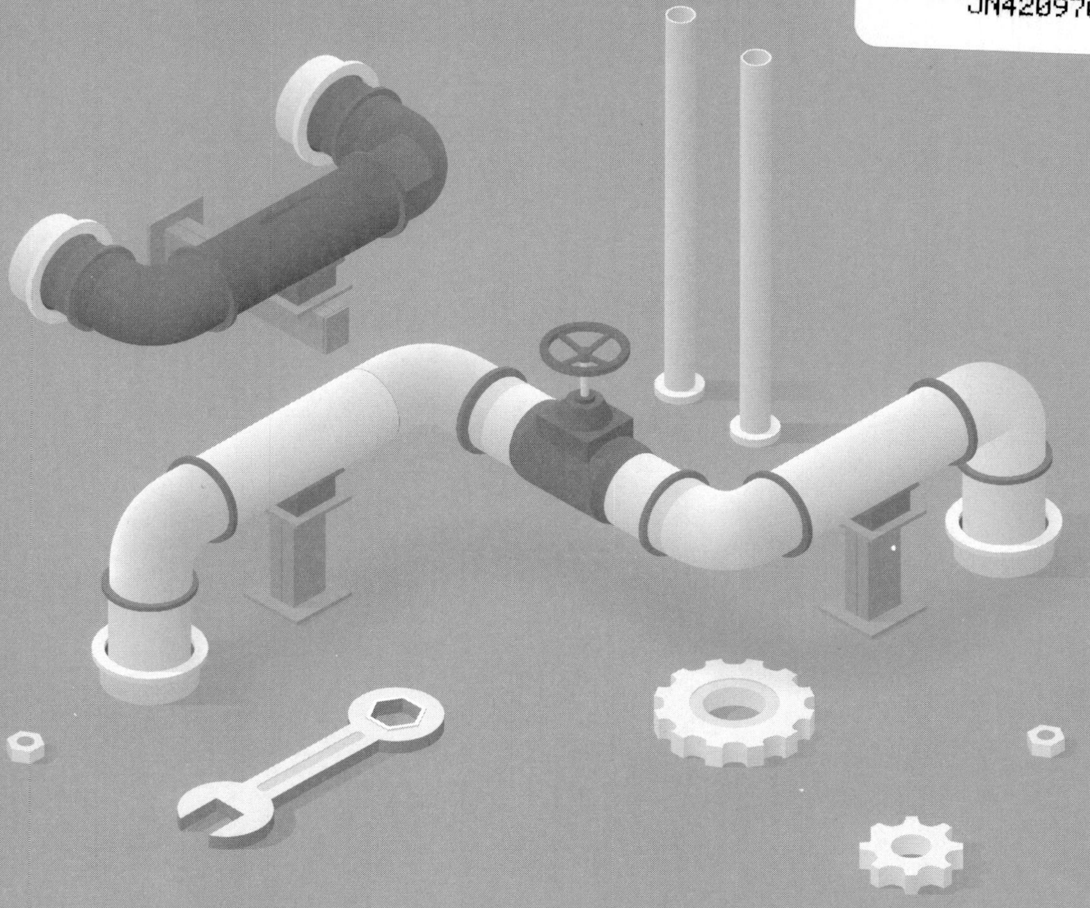

Practical Technique Piping Component

# 배관요소 기술실무

한제봉 저

문운당

# 머리말

현대 제조업체 생산설비는 물론 생활 주변의 모든 시설에 배관이 관여되어 있다. 배관은 설비의 혈류라 할 수 있다. 대상물질이 액상일 수도 있고, 기체일 수도 있으니 따라서 배관은 모든 산업 분야에서 필수사항인 것으로 인식되고 있다.

이런 시점에서 최근 자동화 설비나 장치에 많이 쓰이는 배관요소들도 많이 발전되고 시판되고 있다.

일반 배관에서 배관공작, 이음재료, 패킹, 보온재, 배관제도, 건축배관인 급수설비, 급탕설비, 위생기구까지 수록하여 배관을 많이 활용하는 케미컬 분야 자동화 분야 중장비 분야, 항공, 선박 등 각 분야의 엔지니어들의 활용서가 되기를 기대하면서 배관요소들을 종합한 책들은 거의 출판되지 않아 그간의 자료들을 정리하여 '배관요소 기술실무'라는 이름으로 출판하게 되었다

끝으로 이 책이 나오기까지 도움을 주신 자동기요소의 제조업체 및 문운당 출판사 임직원 여러분께 진심으로 감사드립니다.

2022년 5월

한 제 봉

# 차 례

부록

# 제 1 편

# 일반배관설비

# 제 1 장 배관공작

## 01 관의 시방 및 강관의 제조방법

**학습 목표**

관 재료 선택에 있어 금속관의 종류와 용도에 과한 지식을 습득하여 특성에 맞는 관을 선택할 수 있다.

이 장에서 관의 시방, 강의 굵기와 두께 및 제조 방법에 대하여 학습하도록 한다. 관을 시공하는데 필요한 기술에 관한 문제를 취급하는 분야를 공작이라 하며, 관을 선택하여 시공할 때는 경제성 및 목적, 용도 등에 적합한 조건을 갖춘 관을 결정해야 한다. 관의 시방은 설계, 제조, 시공 등의 사항을 문서로 적어서 규정한 것을 말한다.

### 1 시방

사양이라고도 하며, 사용 재료의 재질, 품질, 치수 등, 제조 시공상의 방법과 정도, 제품, 공사 등의 성능, 특정한 재료, 제조, 공법 등의 지정, 완성 후의 기술적 및 외관상의 요구, 일반 총칙 사항 등을 표시한다.

## 2 관의 시방에 다른 관의 구성 요소

| 관의 종류 | 관의 두께 |
|---|---|
| 관의 굵기 방법 | 강관의 제조방법 |
| 관의 길이 | 관 끝의 가공의 가공방법 및 열처리 방법 등 |

### (1) 철금속관

1) **강관** : 안지름 기준 인치계로 호칭

- 인치식(B) : 1/8″, 1/4″, 1/2″, 3/4″, 1″... 44″(기준 호칭)
- 미터식(A) : 6, 8, 10, 15, 20, 15 mm... 등(환산 호칭)
  - 바깥지름 : 두께, 역학적 요인을 감안하여 약간 더 큰 값으로 정한다.

2) **주철관** : 안지름 기준 미터계로 호칭

### (2) 비철금속관 및 열교환기용 강관

1) 동관, 알루미늄관, 스테인리스관 및 열교환기용 강관 : 실제의 바깥지름을 호칭

2) **연관** : 실제의 안지름을 호칭

## 3 관의 두께 표시

| 관 | 표 시 |
|---|---|
| 주철관 | 관 호칭 지름별 동일 두께 규격 사용 |
| 강관 및 기타 관 | 2종 이상의 두께 규격 사용 |

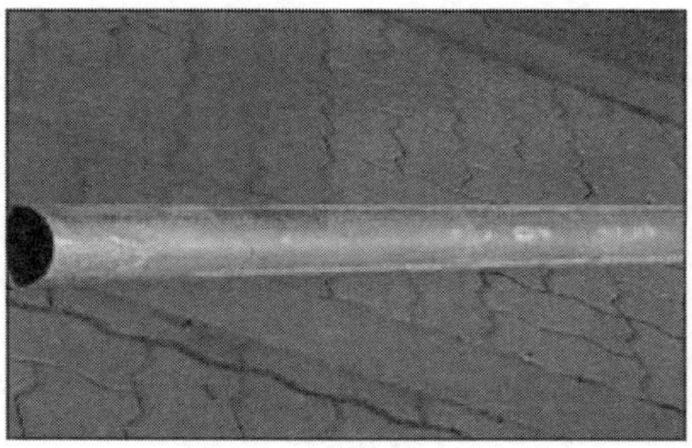

[ 강 관 ]

[ 주철관 ]

### (1) 관두께 규정

1) 스케줄 번호(Schedule Number)

$$t=\left(\frac{P}{S}\times\frac{D}{175}\right)+2.54=\frac{PD}{175S}+2.54$$

미터 계열 Sch No. $=10\times\frac{P}{S}$

인치 계열 Sch No. $=10\times\frac{1000P}{S}$

t : 관의 두께(mm)

D : 관의 바깥지름(mm)

P : 유체의 사용 압력(kgf/cm$^2$, lb/in$^2$)

S : 배관 재료의 허용 응력(kg/mm$^2$, lb/in$^2$)

2) 노멀 스케줄과 신 스케줄

| 종 류 | 스케줄 번호 | 재 질 |
|---|---|---|
| 노멀 스케줄<br>(normal Schedule) | Sch 10, 20, 30, 40, 60, 80, 100, 120, 140, 160<br>(10종류) | 탄소강관 |
| 신 스케줄<br>(thin Schedule) | Sch 5S, 10S, 20S<br>(3종류) | 스테인리스 강관 |

3) 중량계

관의 단위 길이당 무게를 기준으로 한 두께로, 스케줄 번호 체계의 M 보충이나

4) mm계

초고압과 등의 두께 표시로, 표시 방법은 바깥지름 × 안지름(mm)

## 4 관경(管經) 및 길이

| 호칭 경 | 1/8" ~ 44" 까지 36종 |
|---|---|
| 관 길이 | 표준 6[M] 또는 12[M] |
| 배관설비에 많이 사용하는 관경 | 1/2"(15A), 3/4"(20A), 1"(25A), 1 1/4"(32A), 1 1/2"(40A), 2"(50A), 2 1/2"(65A), 3"(80A), 4"(100A) |

### (1) 직관 양끝 가공 모양

| PE(Plain end) | 절단한 그대로의 모양 |
|---|---|
| BE(Beveled for welding) | 용접하기 위하여 베벨 가공 |
| TC(Threaded & coupled) | 나사 절삭 가공 후 커플링을 끼움 |

[ 배관 TC ]

## 5 이음매 없는 관의 제조 공정도

### (1) 전기저항 용접관 제조공정

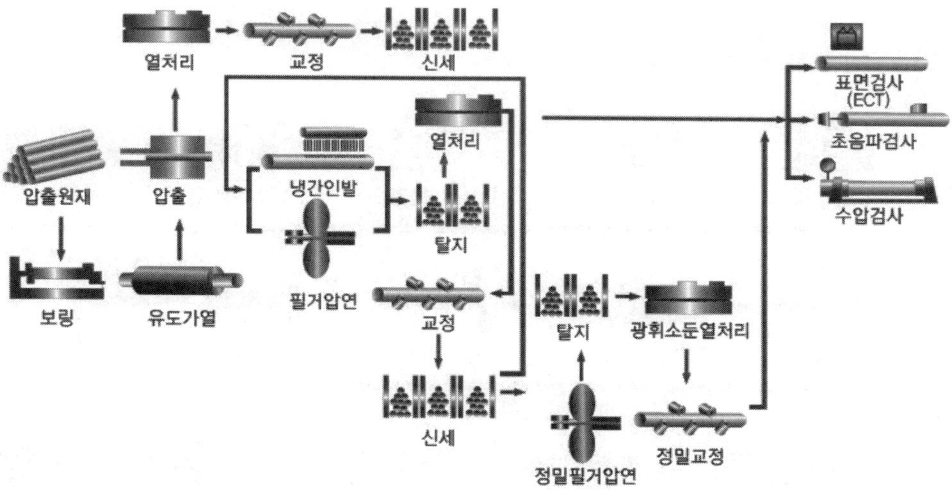

(2) 아크용접관 제조 공정

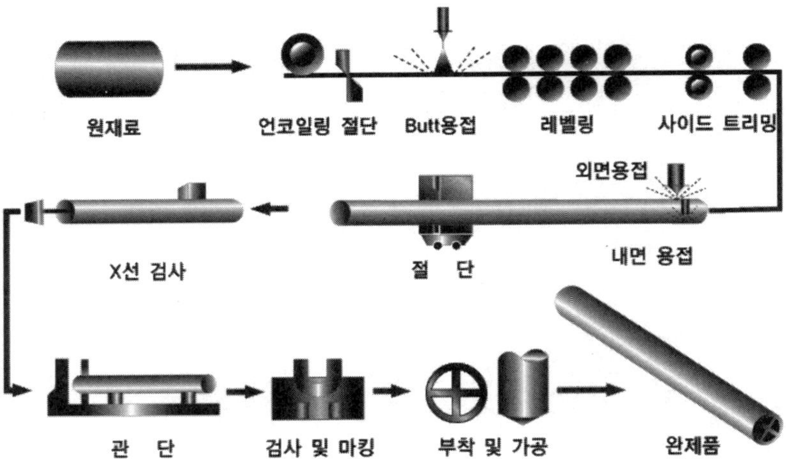


(3) 스테인리스 강관 제조 공정

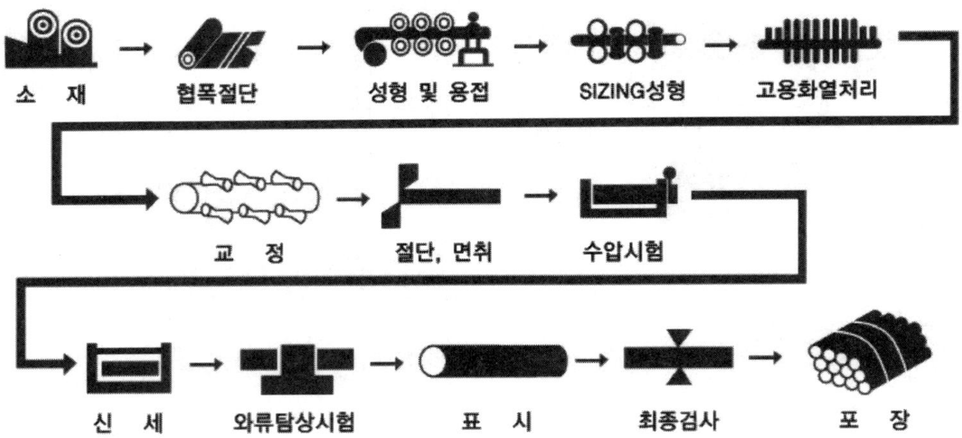


## 6 관과 튜브의 비교

(1) 관

1) 규격 : 일정한 등분으로 나눈 호칭경 사용

2) 이음용 부품 : 호칭경의 외경과 같음(국제 표준)

3) 표기 방법 : 호칭경 4B 스케줄 번호 40인 강관 4B IPS Sch 40

### (2) 튜브

1) **규격** : 호칭경 없이 실제 외경과 관의 두께로 표기

2) 주로 비철금속이나 비금속에 사용

### (3) 관과 튜브의 구분 표

| 구 분 | 관 | 튜 브 |
|---|---|---|
| 용 도 | 물체 수송 | 관 내·외에서 열 교환 |
| 사용 예 | GAS Pipe, Water Pipe | Boiler Tube, Superheater Tube |
| | Steam Pipe, Slurry Pipe | Heat – exchanger Tube, Cooling Tube |
| 치 수 | 호칭치수 사용(실제 외경과 다름) | 외경치수 사용 |
| 길 이 | 난척의 것이 많음 | 사용정척의 것이 많음 |
| 관 끝 | 주로 나사 이음 | 확관 접속 |

## 7 관의 내역서 작성

### (1) 사용자가 관을 발주할 때 유의사항

1) 필요한 관 파악

2) 해당 규격과 내용 파악

3) 규격 내에서 선택과 요구 조건의 정확한 의사 전달

**예 시**

| 번 호 | 품 명 | 규 격 | 단 위 | 수 량 | 단 가 | 금 액 | 비 고 |
|---|---|---|---|---|---|---|---|
| 1 | 배관용 탄소 강관 | SPP–100A | 본 | 50 | 000 | 000 | PE |
| 2 | 스테인리스 강관 | STS304<br>LTB–Ø34×4M | 본 | 30 | 000 | 000 | |

# 02 관 재료 선택

학습 목표

관 재료 선택에 있어 금속관의 종류와 용도에 관한 지식을 습득하여 특성에 맞는 관을 선택할 수 있다.

## 1 관 재료 선택시 고려할 사항

### (1) 배관용 강관(1)

| 규격명 | KS규격 | 용 도 |
|---|---|---|
| 배관용 탄소 강관 | KS D 3507 [SPP] | 사용 압력이 비교적 낮은 증기, 물, 기름, 가스, 공기 등의 배관용 |
| 압력 배관용 탄소 강관 | KS D 3562 [SPPS] | 온도가 350℃ 이하의 압력 배관에 사용 |
| 고압 배관용 탄소 강관 | KS D 3564 [SPPH] | 350℃ 정도 이하에서 사용 압력이 높은 배관 |
| 고온 배관용 탄소 강관 | KS D 3570 [SPHT] | 주로 350℃를 넘는 온도의 배관 |

### (2) 배관용 강관(2)

| 규격명 | KS규격 | 용 도 |
|---|---|---|
| 저온 배관용 강관 | KS D 3569 [SPLT] | 빙점 이하 특히 저온도에 사용하는 관 |
| 배관용 아크 용접 탄소 강관 | KS D 3583 [SPW] | 사용 압력이 비교적 낮은 증기, 물, 기름, 가스, 공기 등의 배관 |
| 배관용 합금강 강관 | KS D 3573 [SPA] | 주로 고온도의 배관 |
| 배관용 스테인리스 강관 | KS D 3576 [SPS] | 내식용, 내열용 및 고온용 배관 |
| 연료가스 배관용 탄소 강관 | KS D 3631 [SPPG] | 연료가스 배관용 |

### (3) 수도용 강관, 열 전달용 강관

| 규격명 | KS규격 | 용 도 |
|---|---|---|
| 수도용 아연 도금 강관 | KS D 3507 [SPPW] | SPP관에 아연 도금한 관, 정수두 100 m 이하의 수도 급수 배관용 |
| 상수도용 도복장 강관 | KS D 3565 [STPW－A, C, T, L, P, PE] | SPP관 또는 아크 용접 탄소 강관에 피복한 관, 정수두 100 m 이하의 수도용 |
| 보일러 및 열교환기용 탄소 강관 | KS D 3583 [STBH] | 보일러의 수관, 연관, 과열관, 공기 예열관, 석유 화학 공업의 열 교환기관, 콘덴서관, 열 교환기용으로 사용 |
| 보일러 및 열교환기용 합금강 강관 | KS D 3572 [STHA] | 관의 내외에서 열의 교환용으로 사용 |
| 저온 열교환기용 강관 | KS D 3571 [STLT] | 빙점 이하의 낮은 온도에서, 관의 내외에서 열 교환용으로 사용 |

### (4) 열전달용 강관, 구조용 강관

| 규격명 | KS규격 | 용 도 |
|---|---|---|
| 보일러 열 교환기용 스테인리스 강관 | KS D 3577 [STS－TB] | 보일러의 과열기관, 석유·화학공업의 열교환기관 등에 사용 |
| 열 교환기용 이음매 없는 크롬－철 합금관 | KS D 3757 [NCF－TB] | 화학 공업, 석유 공업의 열 교환기 관, 원자력용의 증기 발생 기관 등에 사용 |
| 일반 구조용 탄소 강관 | KS D 3566 [SPS] | 건축, 비계, 철탑 각종 구조물에 사용 |
| 건축 구조용 탄소 강관 | KS D 3632 [STKN] | 주로 건축 구조물에 사용 |
| 기계 구조용 탄소 강관 | KS D 3517 [STKM] | 기계, 자동차, 가구, 기구, 기타 기계 부품에 사용 |
| 기계 구조용 합금 강관 | KS D 3574 [SCM－TK] | 기계, 자동차, 그 밖의 기계 부품에 사용하는 합금 강관 |

# 03 강관

## (1) 배관용 탄소강 강관 – KS D 3507 [SPP] (Carbon Steel Pipes Ordinary Piping)

| 용 도 |
|---|
| 사용 압력이 비교적 낮은 10(kgf/cm$^2$) 이하의 증기, 물, 기름, 가스, 공기 등의 저압력 유체 수송관에 사용. 일명 가스관이라고도 한다. KS규격의 1본의 길이는 6 m, 아연 도금을 하지 않은 흑관과 흑관에 아연 도금을 한 백관이 있다. |

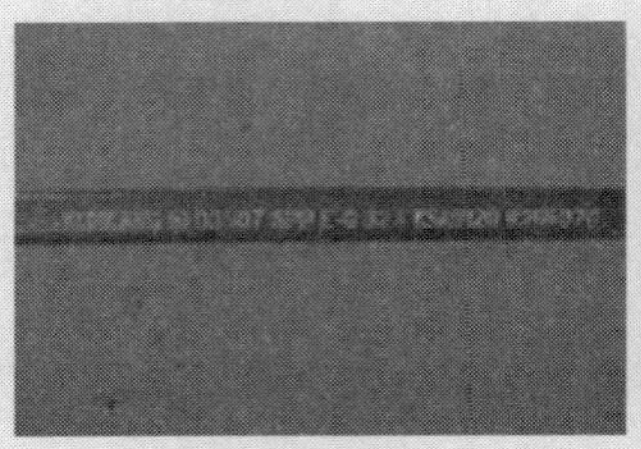

[흑 관]

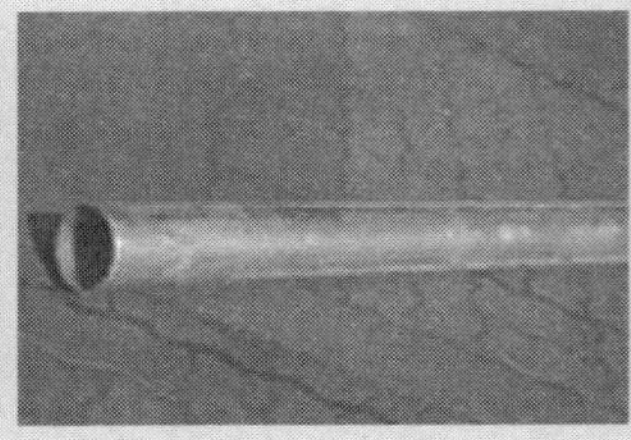

[백 관]

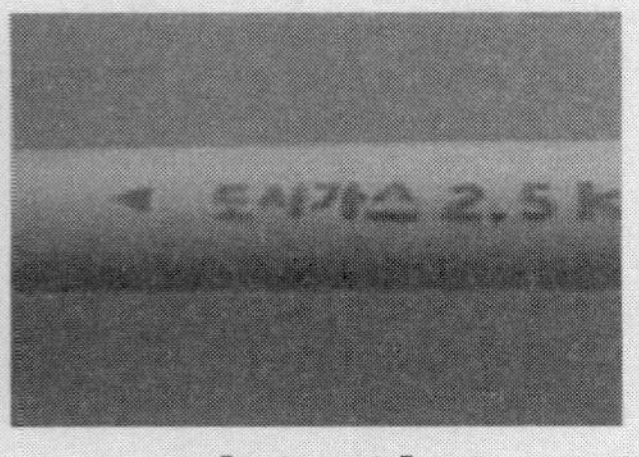


[가스관]

[배관용 탄소강 강관, 사이즈 및 두께]

| 호 칭 | | 외경(mm) | 두께(mm) | | 비 고 |
|---|---|---|---|---|---|
| A | 인치 | | KS | JIS | |
| 15A | 1/2 | 21.7 | 2.65 | 2.8 | 두께 허용차 :<br>+ 규정하지 않음<br>– 12.5% |
| 20A | 3/4 | 27.2 | 2.65 | 2.8 | |
| 25A | 1 | 34.0 | 3.25 | 3.2 | |
| 32A | 1 1/4 | 42.7 | 3.25 | 3.5 | |
| 40A | 1 1/2 | 48.6 | 3.65 | 3.5 | |
| 50A | 2 | 60.5 | 3.65 | 3.8 | |
| 65A | 2 1/2 | 76.3 | 4.05 | 4.2 | |
| 80A | 3 | 89.1 | 4.05 | 4.2 | |
| 90A | 3 1/2 | 101.6 | 4.50 | 4.2 | |
| 100A | 4 | 114.3 | 4.85 | 4.5 | |
| 125A | 5 | 139.8 | 4.85 | 4.5 | |
| 150A | 6 | 165.2 | 5.85 | 5.0 | |
| 200A | 8 | 216.3 | 6.40 | 5.8 | |
| 250A | 10 | 267.4 | 7.00 | 6.6 | |
| 300A | 12 | 318.5 | 7.60 | 6.9 | |
| 350A | 14 | 355.6 | 7.90 | 7.9 | |
| 400A | 16 | 406.4 | 7.90 | 7.9 | |
| 450A | 18 | 457.2 | 7.90 | 7.9 | |
| 500A | 20 | 508.0 | 7.90 | 7.9 | |
| 550A | 22 | 558.8 | 7.90 | | |
| 600A | 24 | 609.6 | 7.90 | | |

### (2) 압력배관용 탄소강 강관 – KS D 3562 [SPPS] (Carbon Steel Pipes For Service)

- 온도가 350℃ 이하의 압력 배관에 사용
- 사용 압력은 100(kgf/cm$^2$) 이하의 증기, 물, 가스, 공기 등의 압력 유체 수송관에 사용
- 관 1개의 길이는 4,000(mm) 이상으로 제조, 호칭 지름은 6~650 A까지 25종
- 스케줄 번호 10, 20, 30, 40, 60, 80 등

### (3) 고압 배관용 탄소강 강관 – KS D 3564 [SPPH] (Carbon Steel Pipes For high Pressure Service)

**용 도**

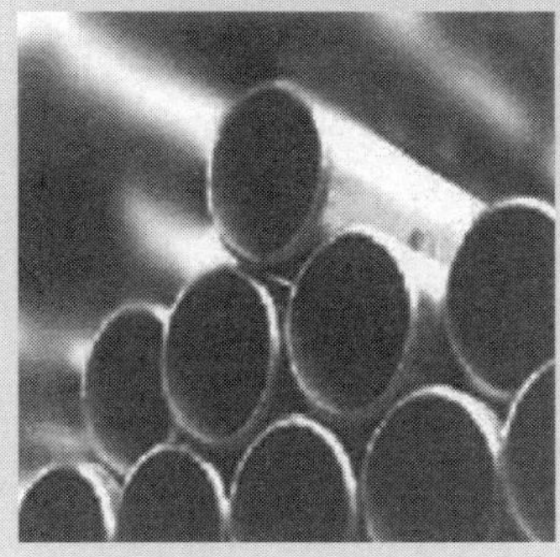

–350℃ 정도 이하의 온도에서 사용 압력이 높은 9.8 Mpa (100 kgf/cm$^2$) 이상의 암모니아 합성용 배관, 내연 기관의 연료 분사관, 화학 공업의 고압 배관 등에 사용

–관은 킬드강을 소재로 이음매 없이 제조하거나, 종류에 따라 풀림 또는 불림(normalizing)에 의한 열처리

- **관의 치수 표시** : 호칭 지름×호칭 두께(Sch, NO)
  또는 바깥지름×두께
  호칭 지름은 6~650 A까지 25종

### (4) 고온 배관용 탄소강 강관 – KS D 3570 [SPHT] (Carbon Steel Pipes for High Temperature Service)

**용 도**

–350℃를 초과하는 온도의 배관에 사용

–인장 강도에 따라 SPHT 370{38}, SPHT 410{42}, SPHT 480(49)의 3종류

–관의 제조는 입자가 거친(粗粒) 킬드강으로 이음매 없이 제조하거나 전기 저항 용접으로 제조

• **관의 치수 표시** : 호칭 지름×호칭 두께<br>또는 바깥지름×두께

호칭 지름은 6~650 A까지 25종

### (5) 저온 배관용 탄소강 강관 – KS D 3569 [SPLT] (Carbon Steel Pipes for Low Temperature Service)

**용 도**

–빙점 이하의 특히 낮은 온도의 배관에 사용

–각종 화학 공업, 기타 LPG, LNG 탱크 배관에 사용

• **관의 종류** : 2종 탄소 강관(SPLT 39),<br>니켈 강관(SPLT 46, SPLT 70)

–관은 세립의 킬드강을 사용하며, 이음매 없이 제조하거나 전기저항 용접으로 제조

### (6) 배관용 아크용접 탄소강관 [KS D 3583] [SPLW] (Arc Welded Carbon Steel Pipes)

**용 도**

–비교적 사용 압력이 낮은 증기·물·기름·가스 및 공기 수송용 관, 1.0 MPa(10 kgf/cm$^2$) 이하의 도시가스, 1.5MPa(15 kgf/cm$^2$) 이하의 수도용 배관에 사용하고, 호칭 지름 350 A(14 B) 이상 사용한다. 관의 제조는 띠강 또는 강판을 프레스나 롤러로 원통형으로 성형하여, 서브머지드 아크 용접에 의한 스파이럴 심용접 또는 스트레이트 심용접에 의한다.

- 관 길이 : 4,000 mm 이상
- 종류의 기호 : SPW 400

### (7) 배관용 합금강 강관 [KS D 3573] – [SPA] (Alloy Steel Pipes)

**용 도**

–고온·고압 하에서 사용되는 고압 보일러, 증기관, 석유 정제용 배관에 사용

–관의 제조 방법은 이음매 없이 제조한 후 열처리

–종류 : 7종류, 1종은 몰리브덴강 강관, 2~6종은 크롬–몰리브덴강 강관 탄소 강관에 비하여 고온에서 강도가 크며, 크롬의 함유량이 많아짐에 따라 내산화성, 내식성이 좋아진다.

- 치수 표시 : 호칭 지름×두께 또는 바깥지름×두께
  호칭 지름은 6~650 A까지 25종

### (8) 수도용 아연도금 강관 [KS D 3537] – [SPPW] (Galvanized Steel Pipes for Water Service)

**용 도**

- 배관용 탄소 강관(SPP)의 흑관에 아연 도금을 하여 배관용 탄소 강관의 백관보다 도금의 질을 높이고, 도금층을 두껍게 하여 내식성과 내구성을 증가시킨 관이다. 도금의 부착량은 600 g/m$^2$ 이상.
- 정수두(靜水頭) 100 m 이하의 급수용·수도용으로 사용하며, 관 1개의 표준 길이는 6 m이다.
- 관의 치수와 중량 및 관 끝의 가공 등은 SPP와 동일

### (9) 상수도용 도복장 강관 [KS D 3565] – [STWW] (Coated Steel Pipes for works)

**용 도**

- 상수도용 도복장 강관은 원관 도장 이전의 관 KS D 8306(아스팔트 도복장 방법), KS D 8307(콜탈에나멜 도복장 방법) 또는 KS D 3607(폴리에틸렌 피복강관)의 규정에 따라 도복장 및 피복한 관
- 도복장 강관이란 아스팔트(A), 콜타르 에나멜(C), 타르 에폭시 수지 도료(T), 액상 에폭시 수지 도료(L), 폴리에틸렌 테이프(P), 폴리에틸렌(PE) 등을 도복장한 강관
- 상하수도의 매설 배관에 주로 사용

### (10) 보일러·열교환기용 탄소 강관 [KS D 3583]–[STBH] (Carbon Steel Boiler and Heat Exchanger Tubes)

**용 도**

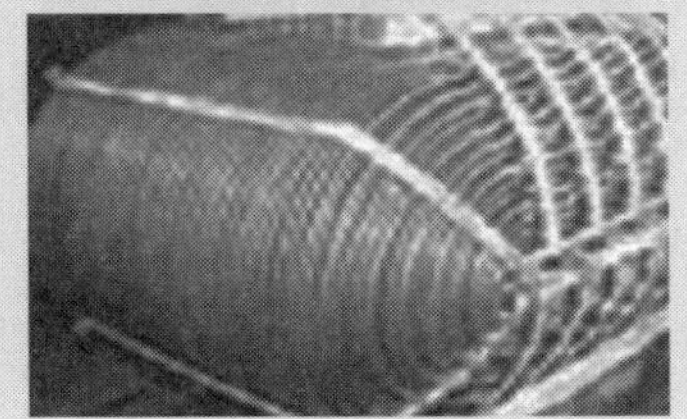

–관의 내외에서 열을 주고받을 경우에 사용하는 탄소 강관이다. 보일러의 수관(水管)·연관(煙管)·과열기관·예열관, 화학 공업·석유 공업 등에서의 응축수관·촉매관 등에 사용

–관의 제조는 이음매 없이 또는 전기 저항 용접으로 만든다. STBH 340, STBH 410, STBH 510의 3종이며, 호칭 지름은 15.9~139.8 mm까지 25종, 두께는 1.2~12.5 mm

### (11) 보일러·열교환기용 합금강 강관 [KS D 3572]–[STHA] (Alloy Steel for Boiler and Heat Exchanger Tubes)

**용 도**

–관의 내외에서 열의 교환용으로 사용되는 합금강관, 몰리브덴강 강관(STHA 12 외 1종)과 크롬–몰리브덴강 강관(STHA 20 외 5종)이 있다.

–보일러의 수관·연관·과열관·공기 예열관 등 석유·화학 공업의 열 교환기관·콘덴서관·촉매관 등에 사용

### ⑿ 저온 열 교환기용 강관 [KS D 3571]-[STLT] (Steel Heat Exchanger Tubes for Low Temperature Service)

**용 도**

-빙점 이하의 낮은 온도에서 관 내외에 열의 교환용으로 사용되는 강관으로 열 교환기관, 콘덴서관 등에 사용
-탄소강 강관(STLT 39)과 니켈 강관(SPLT 46, STLT 70)이 있다.

### ⒀ 열교환기용 이음매 없는 크롬-철 합금관 [KS D 3757]-[NCF-TB] (Seamless Nickel-Chromium-iron Alloy Heat Exchanger Tubes)

**용 도**

-관의 내외에서 열의 수수를 목적으로 사용하는 장소, 즉 화학 공업·석유 공업의 열 교환기관, 원자력용의 증기 발생 기관 등에 사용

## (14) 일반 구조용 탄소 관 [KS D 3566] – [SPS] (Carbon Steel Tubes for General Structural Purposes)

| 용 도 |
|---|
| –건축, 토목, 비계, 지주, 철탑, 기타 각종 구조물에 사용하는 강관.<br>–5종류 규정 : SPS 290, 400, 490, 500, 540<br>–관은 이음매 없이 제조하거나 전기 저항 용접, 단접, 또는 아크 용접(스파이럴 심용접 또는 스트레이트 심용접)으로 제조 |

## (15) 기계 구조용 탄소 강관 [KS D 3517] – [STKM] (Carbon Steel Tubes for Machine Structural Purposes)

| 용 도 |
|---|
| –기계, 항공기, 자동차, 가구, 기구, 기타 기계 부품에 사용, KS D 3517에 11종(STKM 11A)~20종(STKM20A) 등 10종류 규정.<br>–종류를 나타내는 기호 중 끝자리의 A, B, C는 제관 방법, 냉간 가공 및 열처리 등의 내용에 따른다. |

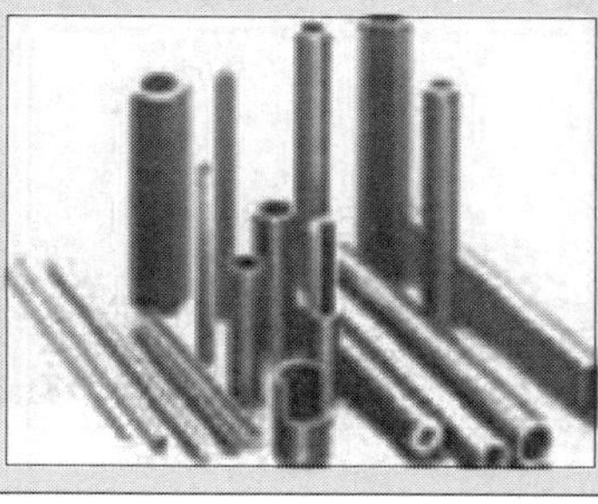

### ⒃ 기계 구조용 합금 강관 [KS D 3574] – [SCM–TK]
### (Alloy Tubes for Machine Purposes)

**용 도**

–기계, 자동차, 그 밖의 기계 부품에 사용하는 합금 강관이며, 크롬강(SCR420TK)과 크롬 – 몰리브덴강 (SCM415TK, SCM418TK, 4SCM20TK, SCM430TK, SCM435TK, SCM440TK 등)

### ⒄ 일반 구조용 각형 강관 [KS D 3568] – [SPSR]
### (Carbon Steel Square Pipes for General Structural Purposes)

**용 도**

–건축, 토목, 기타 구조물에 사용하는 강관으로, SPSR 400과 SPSR 490의 2종류가 있다.

–특징 : 1) 강도가 크고 경량이므로 구조물 기둥으로 적합

2) 면적을 넓게 사용할 수 있음

3) 버팀목을 사용하지 않는 건축물에 가장 적합

### (18) 고온 고압용 원심력 주강관 [KS D 4112] - [SCPH-CF]
(Centrifugal Cast Steel Pipes for High Temperature and High Pressure Service)

| 용도 |
| --- |
| -고온 고압용으로 사용되는 원심력 주강관으로서 수평 또는 수직 원심력 주조법에 따라 금형 또는 사형으로 주조되며, 품질이 균일하고 흠 또는 기공이 없어야 한다. |

### (19) 용접 구조용 원심력 주강관 [KS D 4108] - [SCW-CF]
(Centrifugally Cast Steel Pipes for Welded Structure)

용도

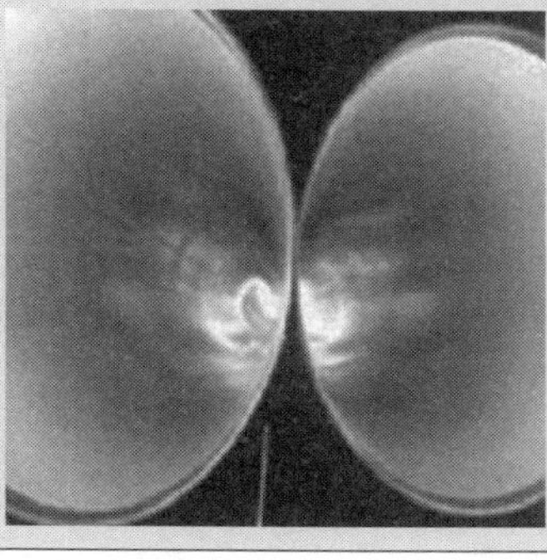

- -압연강재, 단강품 또는 다른 주강품과의 용접 구조에 사용되는 관으로, 특히 용접성이 우수한 관이다.
- -두께 8 mm 이상 150 mm 이하이며, 건축, 토목, 기타 구조물에 사용하는 강관으로 SPSR 400과 SPSR 490의 2종류가 있다.

## ⒇ 수도용 폴리에틸렌 분체라이닝 강관[KS D 3619]－[PA, PB, PC, PD] (Polyethylene Powder Lining Steel Pipes for Water Works)

| 용 도 |
|---|
| －배관용 탄소 강관의 흑관 내면에 폴리에틸렌 분체로 라이닝한 관<br>－정수두 100 m 이하에서 수도용으로 사용, 바깥 면은 아연 도금이나 폴리에틸렌으로 피복을 하며, 호칭 지름 10~100A까지 있다. 바깥면을 아연 도금한 관은 옥내 및 노출용, 폴리에틸렌으로 피복한 관은 매설용으로 사용 |

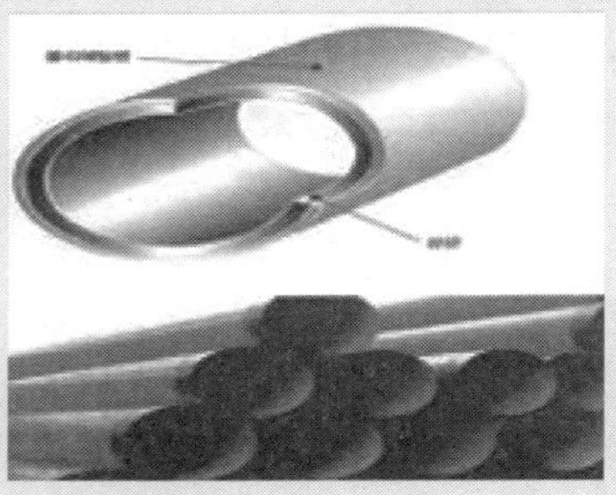

### ➲ 수도용 폴리에틸렌 분체 라이닝 강관의 단면도

| ◎ PFP-D(지하매설용) | | ◎ PFP-B(옥내 및 노출용) | |
|---|---|---|---|
| 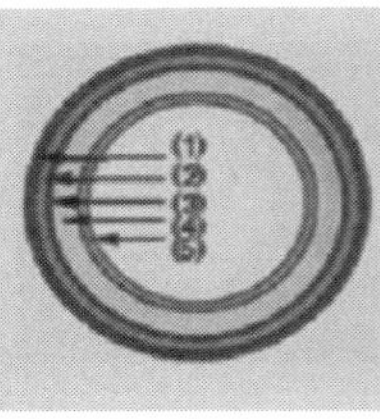 | 1) 폴리에틸렌<br>2) 개질 폴리에틸렌<br>3) 에폭시 프라이머<br>4) 강관(KSD3507)<br>5) 개질 폴리에틸렌 | 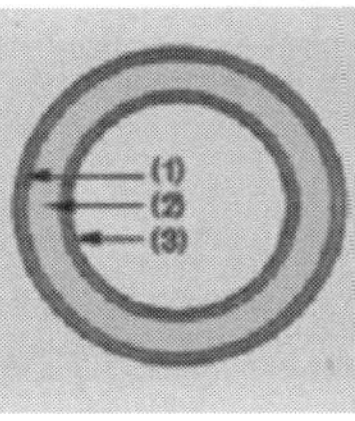 | 1) 아연 도금<br>(KSD 3507 기준)<br>2) 강관(KSD 3507)<br>3) 개질 폴리에틸렌 |

### ➲ 종류와 기호

| 종 류 | 구 분 | 기 호 | 제품의 종류 | 바깥 면 처리 |
|---|---|---|---|---|
| 수도용 폴리에틸렌 분체 라이닝 강관 | 1호 | PA | PEP－A | 1차 방청 도장 |
| | 2호 | PB | PEP－B | 아연 도금 |
| | 3호 | PC | PEP－C | 폴리에틸렌 피복(2층) |
| | 4호 | PD | PEP－D | 폴리에틸렌 피복(1층) |

### (21) 경질 염화비닐 라이닝 강관 [KS D 3761] - [SGP-V] (Unplasticized Polyvinyl Chloride Lining Steel Pipes)

**용도**

- 최고 사용 압력 10(kgf/cm$^2$) 이하의 수도에 사용
- 관의 내면에 경질 염화비닐 수지를 라이닝하고 외면은 아연 도금이나 경질 염화비닐 수지로 피복
- 원관(原管)은 KS D 3507의 배관용 탄소 강관(SPP) 또는 KS D 3537의 수도용 아연도 강관(SPPW)을 사용하며, 관의 양 끝은 플레인 엔드로 한다.

**종류와 기호**

| 종류 | 기호 | 원관 | 외면 | 적용 |
|---|---|---|---|---|
| 경질 염화비닐 라이닝 강관 A | SGP-VA | SPP 흑관 | 1차 방청 도장 | 옥내 배관 |
| 경질 염화비닐 라이닝 강관 B | SGP-VB | SPPW | 아연 도금 | 옥내 배관, 옥외 노출 배관 |

| 종류 | 기호 | 원관 | 외면 | 적용 |
|---|---|---|---|---|
| 경질 염화비닐 라이닝 강관 C | SGP-VC | SPP 백관 | 아연 도금 | 옥내 배관 및 옥외 노출 배관 |
| 경질 염화비닐 라이닝 강관 D | SGP-VD | SPP 흑관 | 경질 염화 비닐 피복 | 지중 매설 배관 및 옥외 노출 배관 |

### (22) 이음매 없는 유정용 강관 [KS D 3584] – [STO]

| 용 도 |
|---|
|  –유정의 굴착 및 채유 등에 사용하는 둥근 머리 나사를 한 이음매 없는 강관.<br>• 종류 : 케이싱, 튜빙, 드릴 파이프 등 3가<br>• 제조 방법 : 순산소 전로 및 전기로에 의한 강괴로부터 이음매 없이 제조<br>–관의 호칭은 바깥지름×무게 |

### (23) 고압가스 용기용 이음매 없는 강관 [KS D 3575] – [STHG]
(Seamless steel tubes for high pressure gas cylinder)

| 용 도 |
|---|
| –소형 이음매 없는 강제 고압가스 용기 및 이음매 없는 강제 고압가스 용기의 제조에 사용하는 이음매 없는 강관으로, 관의 종류는 5가지가 있다.<br>–제조 방법은 전기로 또는 순산소 회전로에 의해 제조된 강괴에서 이음매 없이 제조 |

### (24) 가열로용 강관 [KS D 3587] – [STF] (Steel tubes for fired heater)

| 용 도 |
|---|
|  –석유 정제 공업, 석유 화학 공업 등의 가열로에서 프로세스 유체의 가열을 위하여 사용하는 탄소 강관 및 합금<br>–탄소 강관(STF410), 합금 강관(STFA12), (STFA22), (STFA23), (STFA24), (STFA25), (STFA2 6) 등 지름은 50~250A까지 9종<br>–두께는 4.0~28 mm |

➲ 강관의 표시방법 1

**배관용 탄소강관**

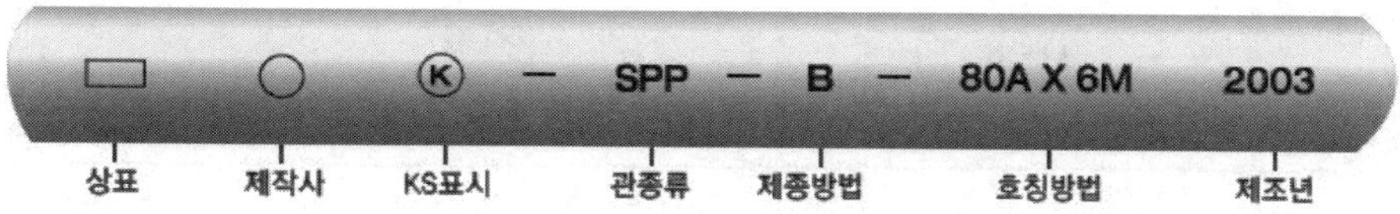


**압력 배관용 탄소강관**

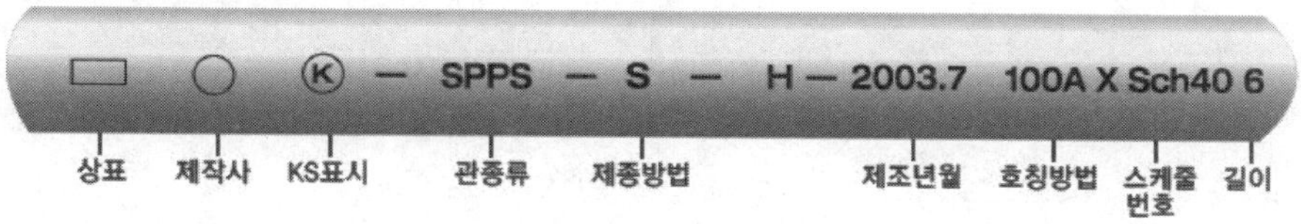


**수도용 폴리에틸렌 분체 라이닝강관**

## 강관의 표시방법 2

| 내 용 | 기 호 | 내 용 | 기 호 |
|---|---|---|---|
| 아크 용접 강관 | −A | 냉간 가공 레이저 용접 강관 | −L−C |
| 단접 강관 | −B | 용접부 가공 레이저 용접 강관 | −L−B |
| 전기 저항 용접 강관 | −E | 냉간 가공 전기 저항 용접 강관 | −E−C |
| 레이저 용접 강관 | −L | 열간 가공 이음매 없는 강관 | −S−H |
| 용접부 가공 자동 아크 용접 강관 | −A−B | 냉간 가공 이음매 없는 강관 | −S−C |
| 냉간 가공 아크 용접 강관 | −A−C | 열간 가공, 냉간 가공 이외의 전기 저항 용접 강관 | −E−G |
| 냉간 가공 단접 강관 | −B−C | 열간 가공 전기 저항 용접 강관 | −E−H |

# 04 주철관

**학습 목표**

주철관의 종류와 용도, 제조 방법에 관한 지식을 습득할 수 있다.

## 1 특성

내식성 내마모성이 우수하고 인장 강도, 충격치, 휨 강도는 적으나 압축 강도는 크다. 강관 대비 내식성 및 내구성이 뛰어나 급수관, 가스 공급관, 광산용관, 통신용 지하 매설용관, 건축물의 오배수관 등에 사용

## 2 제조방법

- 수직법(vertical method) : 주형을 관의 소켓 쪽을 아래로 하여 수직으로 세우고 여기에 용선을 부어서 주조하는 방법
- 원심력법(centrifugal method) : 금형 또는 모래형을 회전시키면서 여기에 쇳물을 흘러 보내어 주조하는 방법

## 3 재질별 분류

| | |
|---|---|
| 보통 주철관 | 인장 강도 10~15(kgf/mm$^2$) 정도의 회주철, 주조성이 좋고 값이 싸다. 일반 배수용 주철관으로 사용 |
| 고급 주철관 | 인장 강도 25(kgf/mm$^2$) 이상인 회주철, 주철 중의 흑연 함량을 적게 하고 강성을 첨가하여 기계적 성질이 좋고 강도가 크다. |
| 덕타일 주철관<br>(구상 흑연 주철관) | 덕타일 주철관은 주철 중의 흑연을 용융 상태에서 구상화(球狀化)시킴으로써 관의 질을 균일하게 하여 강도를 증가시킨 관이다.<br>인장 강도 43(kgf/mm$^2$) 이상, 연신율 10% 이상 |

1. 수도용 입형 주철 직관
2. 수도용 원심력 사형 주철관
3. 수도용 원심력 금형 주철관
4. 수도용 원심력 덕타일 주철관
5. 수도용 주철관의 종류별 최고 사용 정수두

### (1) 수도용 입형 주철 직관 [KS D 4310] (Cast iron cast pipe for water works)

양질의 선철에 강을 배합하여 사형(砂型)에 의하여 주조한 관

**종류**

① 보통 압관 : 최대 사용 정수두 75 m, 기호 A

② 저압관 : 최대 사용 정수두 45 m, 기호 LA

③ 관의 유효 길이 3 m, 4 m ± 20 mm

[수도용 입형 주철 직관]

### (2) 관의 표시 방법

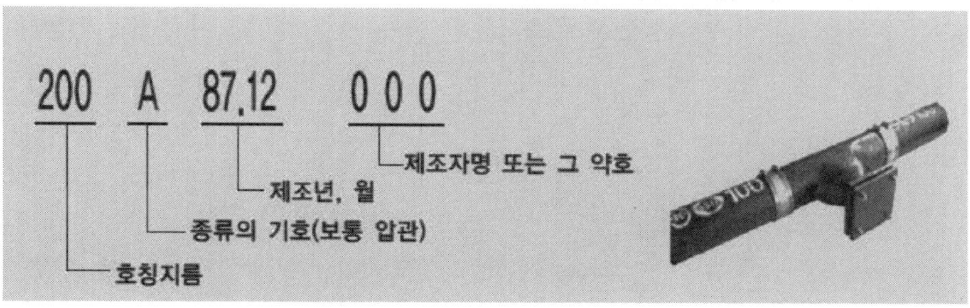

[수도용 입형 주철 직관의 최대 사용 정수두와 시험 수압]

| 종류<br>(표시 기호) | 최대 사용<br>정수두 (m) | 시험 수압 | |
|---|---|---|---|
| | | 호칭 지름 (mm) | 수압 (Kgf/cm²) |
| 보통 압관 : A | 75 | 450 이하 | 17.5 |
| | | 500 이상 | 14.0 |
| 저압관 : LA | 45 | 450 이하 | 12.5 |
| | | 500 이상 | 10.5 |

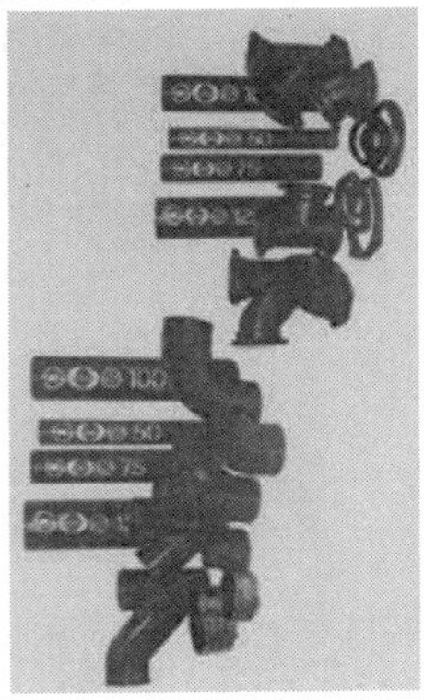

## (3) 수도용 원심력 사형 주철관[KS D 4306] (Cast-iron pipe centrifugally cast in sand linded moulds for water works)

관의 바깥지름을 기본으로 하여 만든 주형(사형)을 회전시키면서 양질의 선철 또는 여기에 강을 배합한 선철을 주입하여 원심력의 작용으로 주조한 관

원심력의 작용으로 재질이 치밀하여 두께가 균일하고, 강도가 크기 때문에 관의 두께를 얇게 만들 수 있다.

➲ 종류 : 고압관, 보통압관, 저압관

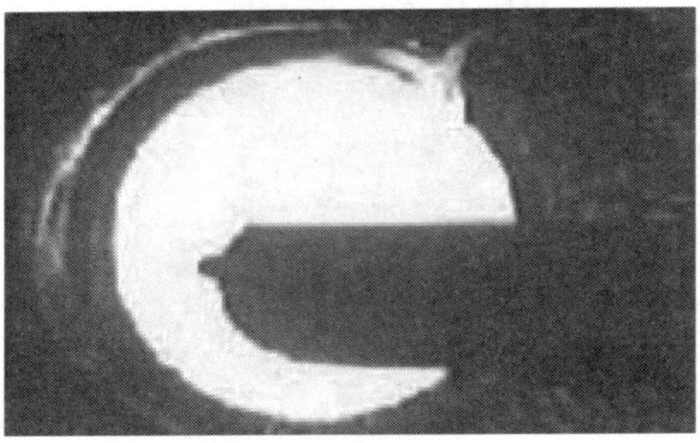

[주철관 원심 주조 1]

[주철관 원심 주조 2]

**➲ 관의 이음부 모양** : 소켓관, 기계식 이음관

| 소켓관 (허브타입) | 기계식 이음관 (노허브타입) |
|---|---|
| 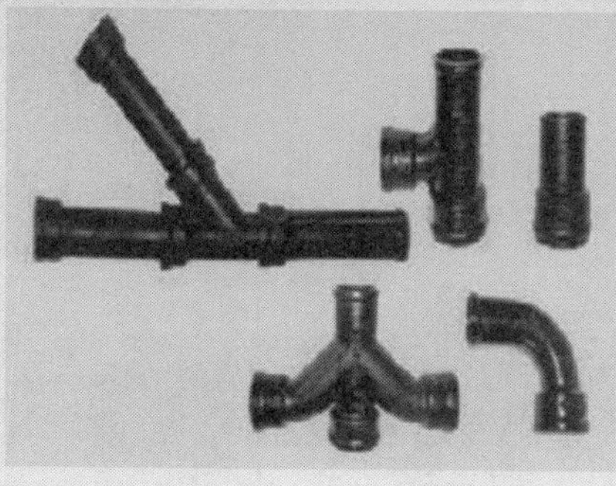 | 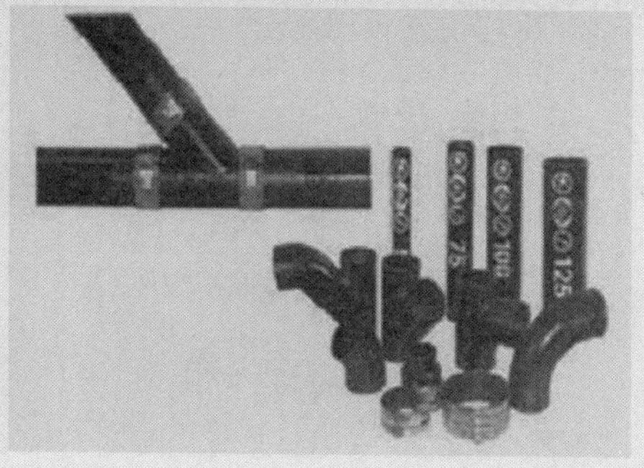  |

• 호칭 지름 80~1000(mm)의 16종

[ 수도용 원심형 사형 주철관의 최대 사용 정수두와 시험 수압 ]

| 종류 (표시 기호) | 최대 사용 정수두(m) | 시험 수압 | |
|---|---|---|---|
| | | 호칭 지름 (mm) | 수압 (Kgf/cm$^2$) |
| 고압관 : B | 100 | 600 이하 | 35 |
| | | 700 이상 | 25 |
| 보통 압관 : A | 75 | 600 이하 | 35 |
| | | 700 이상 | 20 |
| 저압관 : LA | 45 | 600 이하 | 35 |
| | | 700 이상 | 15 |

### (4) 수도용 원심력 덕타일 주철관 [KS D 4311] (Ductile iron pipe)

구상 흑연 주철관 또는 연성 주철관이라고도 하며, 주철 중의 흑연을 구상화(球狀化) 시킴으로써 관의 질을 균일하게 하여 강도를 증가시킨 관이며 관의 호칭 지름 80~1,200 mm까지 제조, 표준 길이는 4 m, 5 m, 6 m의 3가지이다.

땅속 또는 지상에 배관하여 압력 상태 또는 무압력 상태에서 물의 수송 등에 사용한다.

1) 특징

① 보통 회주철관보다 관의 수명이 길다.

② 강관과 같이 높은 강도와 인성이 있다.

③ 변형에 대한 높은 가요성 및 가공성이 있다.

④ 보통 주철관과 같이 내식성이 풍부하다.

2) 관의 종류

두께 : 4종관(1, 2, 3, 4종 관), 호칭 지름(DN) : 60~120의 18종

3) 이음 방법

| 메커니컬 이음식 | KP 메커니컬 이음식 | 타이튼 이음식(Tyton Joint) |
|---|---|---|
|  |  | 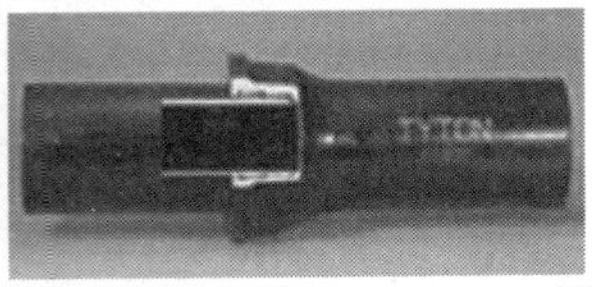 |
| 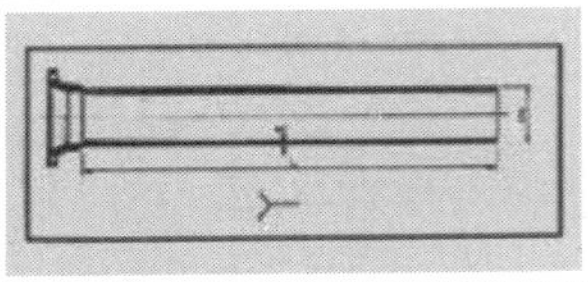 | 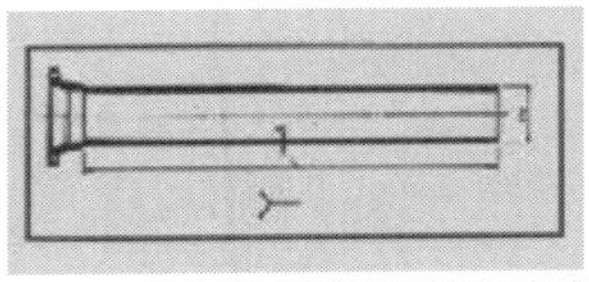 | 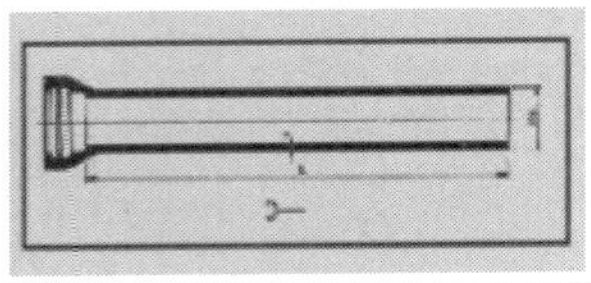 |

4) 관의 표시 방법

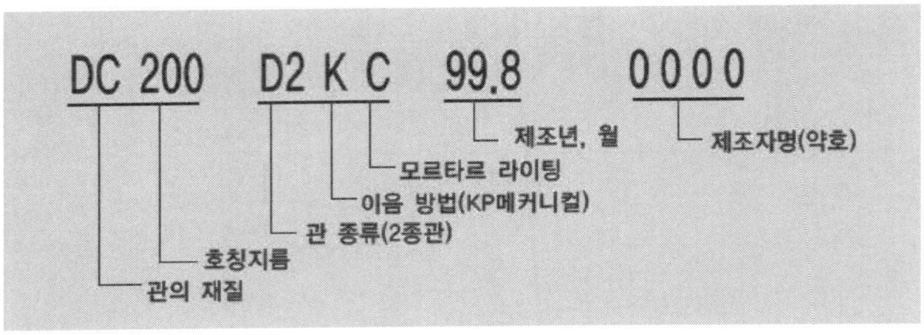


## (5) 수도용 주철관의 종류별 최고 사용 정수두

| 규격 번호 | 명 칭 | 최대 사용 정수두 | | |
|---|---|---|---|---|
| | | 고압관(100 m) | 보통 압관(75 m) | 저압관(45 m) |
| KS D 4310 | 수도용 입형 주철직관 | 없음 | ○ | ○ |
| KS D 4306 | 수도용 원심력 사형 주철관 | ○ | ○ | ○ |
| KS D 4312 | 수도용 원심력 금형 주철관 | ○ | ○ | 없음 |
| KS D 4309 | 수도용 주철 이형관 | ○ | ○ | 없음 |
| KS D 4311 | 덕타일 주철관 1종 관, 2종 관, 3종 관, 4종 관 | 관의 종류는 사용 정수두, 충격 수압 및 매설 깊이에 의해 결정한다. A형 75~1,500, B형 1,200~1,500, C형(스피커트형) 75~1,500 | | |

## (6) 원심력 모르타르 라이닝 주철관

부식 방지를 위해 삽입구를 제외한 관의 내면에 시멘트 모르타르로 라이닝한 관. 내식성이 있고 마찰 저항이 적으며, 수질 변화가 적은 장점이 있어 수도용 등에 많이 사용된다.

1) **종류** : 수도용 원심력 모래형 주철관, 원심력 금형 주철관, 원심력 덕타일 주철관

관의 내면에 시멘트와 세골재의 질량 배합비 1 : 3.5로 배합하여 라이닝한다.

## (7) 배수용 주철관 KS D 4307 (Cast-iron Soilpipe Pipes and fitting)

허브(Hub) 배수용 주철관
직관 1종, 직관 2종, 이형관 3종

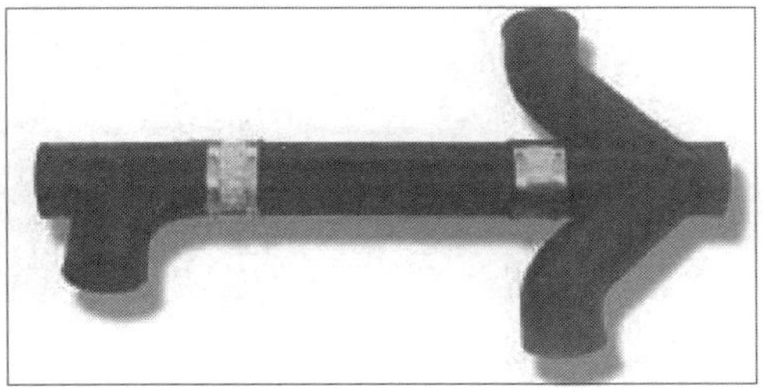

노허브(NO-hub) 배수용 주철
직관 1종, 이형관 2종

# 05 동 및 동 합금관

**학습 목표**

동관의 특징, 종류, 분류, 규격에 관한 지식을 습득할 수 있다.

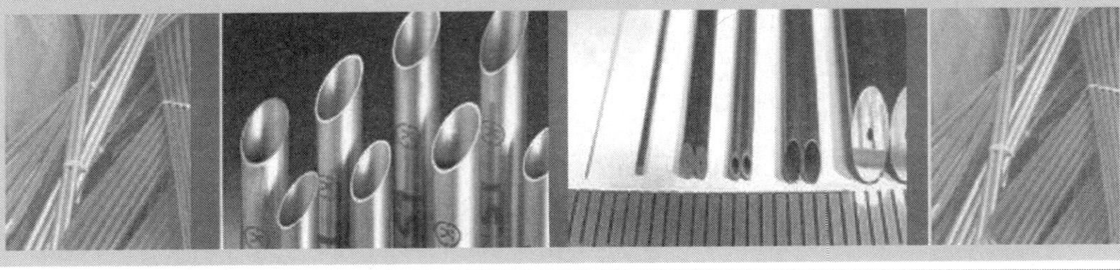

## 1 동관

### (1) 특징

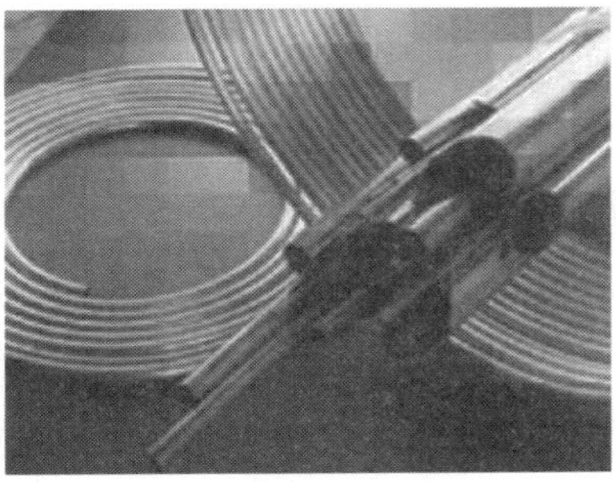

(a)

(b)

1) 동관의 장점

① 내식성이 우수하다.

② 마찰 손실이 적다.

③ 무게가 가볍다.

④ 동결, 충격, 진동, 열 변형에 강하다.

⑤ 가공성이 좋다.

⑥ 시공률이 좋다.

⑦ 위생적이다.

⑧ 경제적이다.

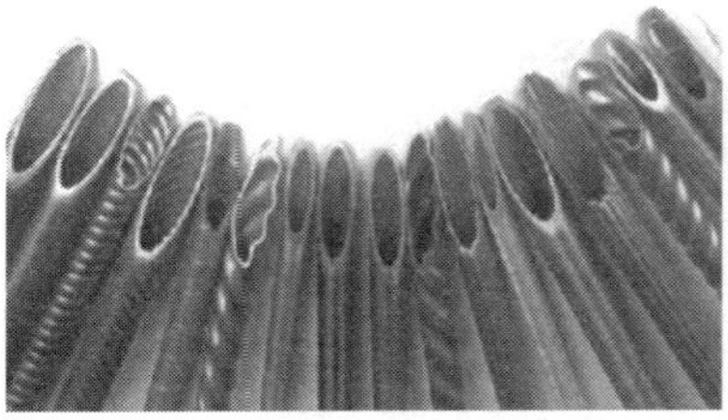

[ 가공된 동관 ]

2) 동관의 특성

[ 동관(스파이럴 튜브) ]

① **담수** : 내식성 크며, 연수에는 부식된다.

② **경수** : 보호 피막 생성, 동의 용해 방지

③ 습기와 접촉하면 녹청이 생긴다.

④ 아세톤, 에테르, 프레온가스, 휘발유 등에 침식되지 않는다.

⑤ **알칼리** : 가성 소다, 가성 칼리 등에 내식성 크다.

⑥ **산** : 초산, 진한 황산, 암모니아에는 부식된다.

⑦ **염류** : 내식성이 크다.

## (2) 동관의 분류

1) 형태별 분류

| 직 관 | 팬케이크 코일 |
|---|---|
| 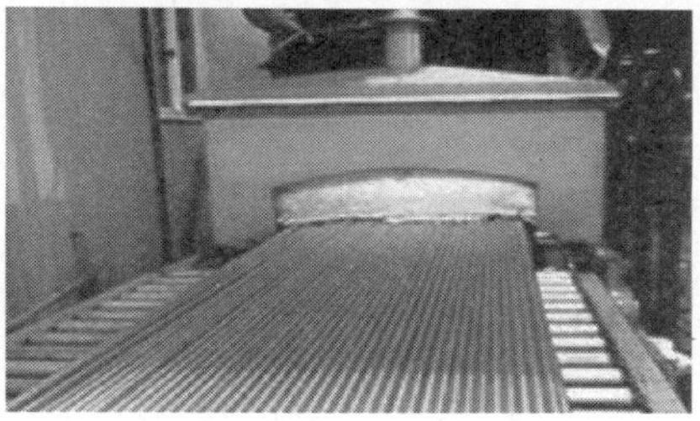 |  |
| 건축물의 냉난방, 급수, 급탕, 열 교환기용으로 사용되며, 15~150 A는 6 m, 200 A는 3 m로 생산된다. | 상수도, 가스 등 장거리 배관 공업용으로 사용되며, 코일의 길이는 15 m, 30 m 두종류로 생산된다. |

| 레벨 와운드 코일 | 온수 온돌용 벤딩 코일 |
|---|---|
|  |  |
| 상수도, 가스 등 장거리 배관 공업용으로 사용하며, 코일 길이는 약 200~300 m로 생산한다. | 조립식 온수 온돌용 동관으로, 열전도율과 내식성이 뛰어나며, 충격에 강하고 시공이 용이하다. |

### 2) 사용된 소재에 따른 분류

| 종 류 | 비 고 |
|---|---|
| 인탈산 동관 | –용융동 중의 산소를 인(p)으로 탈산하여 $O_2$함유량을 100 ppm 이하로 관리함.<br>–전연성, 내식성, 열전도성, 용접성, 가공성이 우수<br>–전기, 전자 부품, Radiator, Gasket 등 사용 |
| 타프피치 동관 | –높은 전기 전도도와 기계적·물리적 성질 우수<br>–표준 소성 : Cu 99.9 %, $O_2$ 400 ppm 정도<br>–수배전반, 각종 스위치, 컨넥터 차단기, 자동차 분야 사용 |
| 무산소 동관 | –순도 99.9 % 이상<br>–전자레인지 마그네트론, 전자부품, 압착 단자 등의 필수 소재 |
| 동합 금관 | –용도 다양 |

## (3) 동관의 종류, 등급 및 기호

| 구 분 | 종 류 | 비 고 |
|---|---|---|
| 질별 분류 | 연질(O) | 가장 연하다 |
| | 반연질(OL) | 연질에 약간의 경도 강도 부여 |
| | 반경질(1/2H) | 경질에 약간의 연성 부여 |
| | 경질(H) | 가장 강하다 |
| 두께별 분류 | K타입 | 가장 두껍다 |
| | L타입 | 두껍다 |
| | M타입 | 보통 두께 |
| | N타입 | 얇은 두께(KS 규격은 없음) |
| 용도별 분류 | 워터 튜브(순동 제품) | 물에 사용, 일반적인 배관용 |
| | ACR 튜브(순동 제품) | 열 교환용 코일(에어컨, 냉동기) |
| | 콘덴서 튜브(동합금 제품) | 열 교환기류의 열 교환용 코일 |

| 종 류 | 등 급 | 기 호 | 특색 및 용도 보기 |
|---|---|---|---|
| 무산소동 | 보통급 | C 1020T(') | 전기·열전도선, 전연성이 우수, 용접성, 내식성, 내후성이 좋다. 열 교환기용, 전기용, 화학공업용, 급수 급탕용 등에 사용. |
| | 특수급 | C 1020TS(') | |
| 타프피치동 | 보통급 | C 1100T(') | 전기 열전도성이 우수, 드로잉성, 내식성, 내후성이 좋다. 전기 부품 등에 사용. |
| | 특수급 | C 1100TS(') | |

| 종 류 | 등 급 | 기 호 | 특색 및 용도 보기 |
|---|---|---|---|
| 인탈산동 | 보통급 | C 1201T | 굽힘성, 드로잉성, 용접성, 내식성, 열전도성이 좋다. C 1220은 고온의 환원성 분위기에서 가열해도 수소 취하를 일으키지 않는다. 열 교환기용, 화학 공업용, 급수·가스관 등 사용. |
| | 특수급 | C 1201TS | |
| | 보통급 | C 1220T | |
| | 특수급 | C 1220TS | |

### (4) 동관의 규격

1) 강관에 대체되는 동관의 규격

| 강관의 구경(A) | 대체 동관의 구경 | | 강관의 구경(A) | 대체 동관의 구경 | |
|---|---|---|---|---|---|
| | 냉수용(A) | 온수용(A) | | 냉수용(A) | 온수용(A) |
| 15(1/2) | 10 | 10 | 40(1 · 1/2) | 32 | 25 |
| 20(3/4) | 15 | 15 | 50(2) | 40 | 32 |
| 25(1) | 20 | 20 | 65(2 · 1/2) | 50 | 40 |
| 32(1 · 1/4) | 25 | 25 | 80(3) | 65 | 50 |

( ) 안은 호칭경 B의 기준이다.

## 2 동합금관

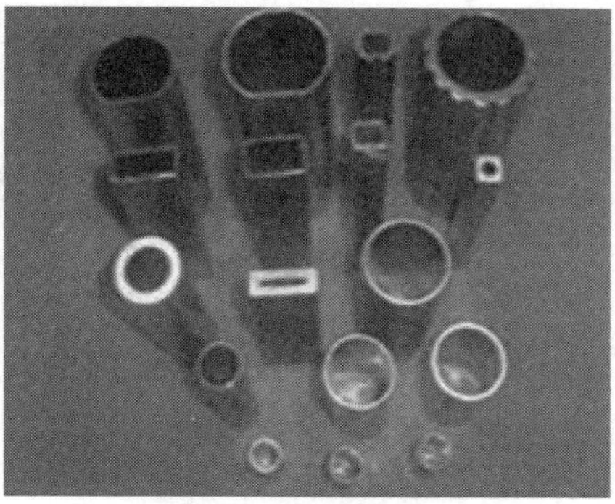

[ 동합금관 종류 ]

[ 황동 튜브 ]

### (1) 이음매 없는 동합금관 (KS D 5301) (Copper and Copper Alloy and Seamless Pipes and Tubes)

- 종류 : 단동, 황동, 규소청동, 복수기용 황동, 복수기용 백동

[종류, 등급 및 기호(1)]

| 등 급 | 기 호 | 명 칭 | 특색 및 용도 |
|---|---|---|---|
| 보통급, 특수급 | C 2200T, C 2200TS | 단동 | –색깔광택이 아름답고, 압광성, 굽힘성, 드로잉성, 내식성이 좋다.<br>–화장품 케이스, 급·배수관, 이음쇠 등에 사용 |
| 보통급, 특수급 | C 2300T, C 2300TS | | |
| 보통급, 특수급 | C 2600T, C 2600TS | 황동 | –압광성, 굽힘성, 드로잉성, 도금성이 좋다.<br>–열 교환기, 커튼봉, 위생관, 모든 기기 부품, 안테나 로드 등 사용.<br>–C 2800은 강도가 높다. |
| 보통급, 특수급 | C 2700T, C 2700TS | | |
| 보통급, 특수급 | C 2800T, C 2800TS | | |
| 보통급 | C 6561T | 규소 청동 | –내산성이 좋고 강도가 높다.<br>–화학 공업용 등에 사용 |

[종류, 등급 및 기호(2)]

| 등 급 | 기 호 | 명 칭 | 특색 및 용도 |
|---|---|---|---|
| 보통급, 특수급 | C 4430T, C 4430TS | 복수기용 황동 | 내식성, 내해수성이 좋다. 화력·원자력 발전용 북수기, 선박용 복수기, 급수 가열기, 증류기, 유냉각기, 조수 장치 등의 열 교환기용 사용  |
| 보통급, 특수급 | C 6870T, C 6870TS | | |
| 보통급, 특수급 | C 6871T, C 6871TS | | |
| 보통급, 특수급 | C 7060T, C 7060TS | 복수기용 백동 | 내식성, 특히 내해수성이 좋고, 고온의 사용에 적합하다. 선박용 복수기, 급수 가열기, 화학 공업용, 조수 장치용  |
| 보통급, 특수급 | C 7100T, C 7100TS | | |
| 보통급, 특수급 | C 7150T, C 7150TS | | |
| 보통급, 특수급 | C 7164T, C 7164TS | | |

### (2) 이음매 없는 니켈 동합금관(NCuP) – [KS D 5539]

- 니켈(Ni) 63~70 % 함유한 동관
- 기계적 강도가 우수하고, 질에 따라 2종으로 분류한다.
- **관의 크기** : 냉간 가공관은 바깥지름 4~240 mm, 열간 가공관은 바깥지름 38~240 mm

[종류, 등급 및 기호]

| 합금 번호 | 합금 기호 | 종 류 | 용 도 |
|---|---|---|---|
| NW4400 | NiCu30 | 니켈 동합금관 | -내식성, 내산성이 좋다.<br>-강도가 높고, 고온의 사용에 적합<br>-급수 가열기, 화학 공업용 |
| NW4402 | NiCu30 · LC | | |

## (3) 동 및 동합금 용접관

[종류, 등급 및 기호]

| 등 급 | 기 호 | 명 칭 | 특색 및 용도 |
|---|---|---|---|
| 보통급 | C 1220 TW | 인탈산동 용접관 | 압광성, 굽힘성, 수축성, 용접성, 내식성, 열전도성이 좋다. 화학 공업용, 급수, 급탕용, 가스관 등에 사용 |
| 특수급 | C 1220 TWS | | |
| 보통급 | C 2600 TW | 황동 용접관 | 압광성, 굽힘성, 수축성, 도금성이 좋다. 열 교환기, 커튼봉, 위생관, 모든 기기 부품, 안테나 등에 사용 |
| 특수급 | C 2600 TWS | | |
| 보통급 | C 2680 TW | 애드미럴티 황동 용접관 | 내식성이 좋다. 가스관, 열 교환기용 등에 사용 |
| 특수급 | C 2680 TWS | | |
| 보통급 | C 7060 TW | 백동 용접관 | 내식성 특히 내해수성이 좋고, 비교적 고온의 사용에 적합하다. 악기용, 건재용, 장식용, 열 교환기용 등에 사용 |
| 특수급 | C 7060 TWS | | |
| 보통급 | C 7150 TW | | |
| 특수급 | C 7150 TWS | | |

## (4) 이음매 없는 복수기용 백동관관

[종류, 등급 및 기호]

| 종 류 | 기 호 | 등 급 | 특색 및 용도 |
|---|---|---|---|
| 1종 | CNTF 1 | 보통급 | 내식성, 특히 내해수성이 좋으며, 비교적 고온 사용에 적합하다.<br>선박용 복수기, 급수 가열기, 화학 공업용, 해수 탈염용 등 |
| | CNTF 1 S | 특수급 | |
| 2종 | CNTF 2 | 보통급 | |
| | CNTF 2 S | 특수급 | |
| 3종 | CNTF 3 | 보통급 | |
| | CNTF 3 S | 특수급 | |

# 06 스테인리스 강관

**학습 목표**

스테인리스 강관의 특성, 종류, 분류, 규격에 관한 지식을 습득할 수 있다.

## 개 요

스테인리스강(STS)은 내식성을 확보하기 위하여 탄소강에 약 12% 이상의 크롬(Cr) 성분을 넣어서 만든 합금강.

물성 향상을 위해 탄소(C), 니켈(Ni), 규소(Si), 망간(Mn), 몰리브덴(Mo), 질소(N) 등 원소를 첨가함.

① **대표적인 스테인리스강** : 크롬계(13 Cr강, 18 Cr강), 크롬니켈계(18 Cr−8 Ni강)

② Cr이 강의 표면에 매우 얇은 Cr 203층(20~30$\mu$m)을 형성하여 부동태 피막(passivity layer)의 역할로 녹이 잘 슬지 않음.

③ 화학 성분에 따라 Fe−Cr계(400계), Fe−Cr−Ni계(300계)로 분류

④ **금속 조직상** : 오스테나이트계, 페라이트계, 마르텐사이트계로 분류

⑤ 배관용은 Fe−Cr−Ni계의 오스테나이트계가 주로 이용됨.

## 1 특성

① 내식성이 우수하여 사용 환경의 제약이 적고 위생적이다.

② 내화・내열성, 내마모성, 내충격성이 우수하다.

③ 기계적 강도가 높다.

④ 마찰 손실이 적다.

⑤ 관의 두께를 얇게 할 수 있어 단위 길이 당 무게가 가볍다.

⑥ 표면이 아름다워 의장성이 뛰어나다.

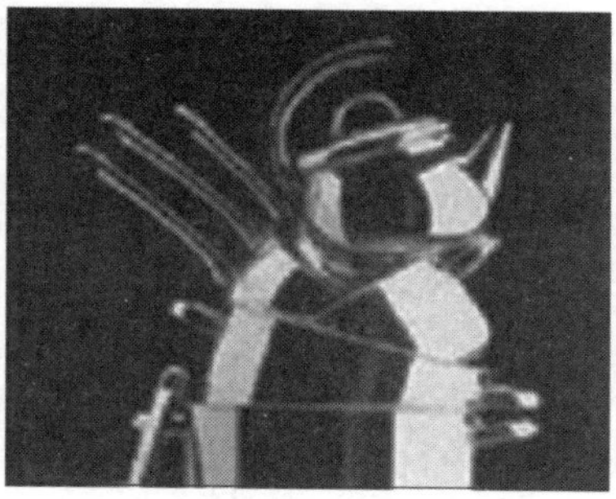

**➲ 관의 종류(재질별 종류)**

① 배관용 스테인리스 강관
② 일반 배관용 스테인리스 강관
③ 스테인리스 강관
④ 배관용 아크 용접 대구경 스테인리스 강관
⑤ 보일러 · 열 교환기용 스테인리스 강관
⑥ 기계 구조용 스테인리스 강관
⑦ 스테인리스강 주름관

### (1) 배관용 스테인리스 강관 [KS D 3576] – [STSxxxTP](Stainless Steel Pipes)

| 용 도 | |
|---|---|
|  | –섬유, 화학, 펄프 제지, 섬유 공업 등의 내식 · 내열 · 저온 · 고온용 등의 배관에 사용되는 관<br>• **관의 종류 :** 오스테나이트계 강관 16종, 오스테나잍,–페라이트계 강관 2종, 페라이트계 강관 1종 등 모두 19종<br>• **치수 표시 :** 호칭 지름×호칭 두께 (예 : 50A×Sch 10S) 또는 바깥지름×두께 |

### (2) 일반 배관용 스테인리스 강관 [KS D 3595] – [STSxxxTPD]
(Light gauge Stainless Steel Pipes for ordinary piping)

**용 도**

최고 사용 압력 1.0 Mpa(10 Kgf/cm$^2$) 이하 사용

| 종류의 기호 | 용 도(참고) |
|---|---|
| STS 304 TPD | 통상의 급수, 급탕, 배수, 냉온수 등의 배관용 |
| STS 316 TPD | 수질, 환경 등에서 STS 304 TPD 보다 높은 내식성이 요구되는 경우 |

호칭 지름을 나타내는 기호는 A나 B 대신 [Su] 사용, 1개의 길이는 원친적으로 4,000 mm로 한다.

### (3) 스테인리스 강관 위생용 [KS D 3585] – [STSxxxTBS]
(Stainless Steel Sanitary Pipes)

**용 도**

–주로 낙농·식품 공업 등에 사용하는 관.
–관의 종류 : STS304TBS, STS304LTBS, STS316TBS, STS316LTBS의 4종류
–관의 제조는 이음매 없이 제조하든가, 자동 아크 용접이나 레이저 용접 또는 전기 저항 용접을 하여 고용화 열처리를 한다.

- 관의 바깥지름 : 25.4~165.2 mm까지 제도
- 치수 표시 : 바깥지름×두께

### (4) 배관용 아크 용접 대구경 스테인리스 강관[KS D 3588] – [STSxxxTPY] (Large Diameter Welded Stainless Steel Pipes)

| 용 도 |
|---|
|  –석유 화학, 펄프 제지, 섬유 공업 등의 내식용, 저온용, 고온용 등의 배관에 사용<br>–강종은 STS304, STS304L, STS316, STS316L 등 19종류가 있다.<br>• 호칭 지름 : 150 mm부터 1,000 mm까지<br>• 스케줄 번호 : 5S~20S까지 규정<br>• 치수 : 호칭 지름×호칭 두께 또는 바깥지름×두께<br>• 실례 : 500(A)×Sch 10S와 같이 한다. |

### (5) 보일러 · 열교환기용 스테인리스 강관 [KS D 3577] – [STSxxxTB] (Stainless Steel for boiler heat exchange tubes)

| 용 도 |
|---|
|  –관의 내외에서 열의 교환용으로 사용되는 스테인리스 강관으로, 보일러의 과열 기관, 석유 · 화학 공업의 열 교환기관, 콘덴서관, 촉매관 등에 사용된다.<br>• 종류 : 오스테나이트계 강관<br>오스테나이트–페라이트계 강관<br>페라이트계 강관 |

### (6) 기계 구조용 스테인리스 강관 [KS D 3536] – [STSxxxTK] (Large Diameter Welded Stainless Steel Pipes)

<table>
<tr><th>규격명</th><th>KS 규격</th><th>용 도</th></tr>
<tr><td>기계 구조용<br>스테인리스 강관</td><td>KS D 3536<br>[STSxxxTK]</td><td rowspan="2">–기계, 자동차, 자전거, 가구, 기구, 기타 기계 부품 및 구조물에 사용<br>–오스테나이트계, 페라이트계, 마르텐사이트계<br>• 강종 : STS430TKA, STS430TKC 등 13 종류가 있으며, 원형관과 각형관이 있다.<br>–이음매 없이 제조하거나 전기 저항 용접 또는 자동 아크 용접에 의하여 제조된다.<br>• 치수 표시 : 바깥지름×두께</td></tr>
<tr><td colspan="2"></td></tr>
</table>

### (7) 스테인리스강 주름관 [KS D 3528] – [FMP] (Stainless Steel Flexible Pipes)

| 용 도 |
|---|
| –급수, 급탕, 난방 및 일반 배관에 사용<br>–관은 쉽게 굽힐 수 있으며, 접속쇠 끝단부는 관용 테이퍼 나사로 누설이 없도록 되어 있다.<br>–관의 종류는 화학 성분에 따라 4종이 있으며, 호칭 지름은 10~32A까지 5종이 있다. |
|  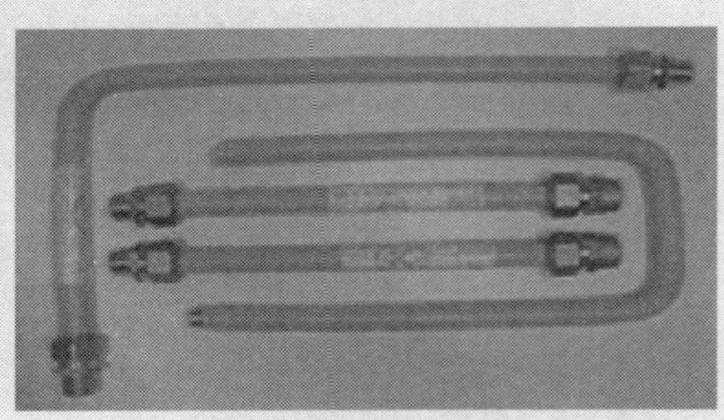 |

# 07 연관 및 기타 관

학습 목표

연관 및 기타 관의 특징, 종류, 분류, 규격에 관한 지식을 습득할 수 있다.

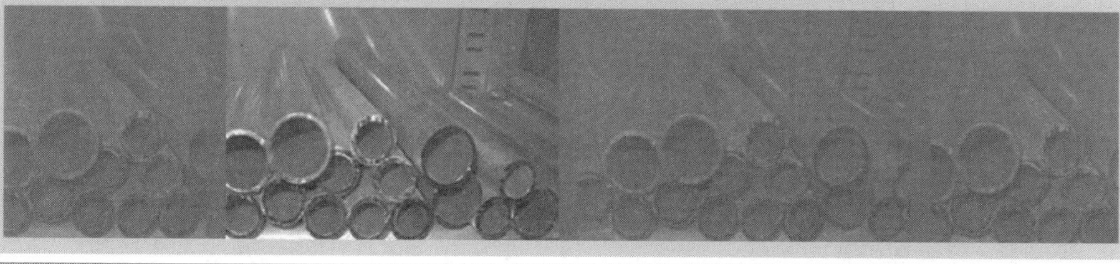

## 1 특성

① 전성(展性)·연성(延性)이 풍부하여 가공이 용이하다. 그러나 수평 배관에서는 휘어지기 쉽다.

② 부식성이 적다. 그러나 산에는 강하지만(내산성) 알칼리성에는 약하다.

③ 신축(伸縮)에 유리하다.

④ 천연수, 수돗물 또는 바닷물에서 불활성 피막을 만들어 관의 용해나 부식을 방지한다.

⑤ 비중이 11.3으로 무거우며 충격에 약하다.

⑥ 초산이나 진한 염산 등에 침식되며, 증류수나 멸균수 등 극연수에도 다소 침식된다.

## 2 연관의 종류

### (1) 일반 공업용 연 및 연합금관 [KS D 6702] – [Pbt, TPbt,HPbt] (Lead and Alloy Tubes for Common Industries)

| 용 도 |
|---|
| 압출에 의해 제조하며, 화학 성분에 따라 1종, 2종, 3종의 3종류가 있다. |

(공업용) 연관의 기호 및 화학 성분

| 종 류 | 기 호 | 화학성분 Pb |
|---|---|---|
| 연관 1종(화학 공업용) | PbT1 | 99.9 % 이상 |
| 연관 2종(일반용) | PbT2 | 99.5 %? 이상 |
| 연관 3종(가스용) | PbT3 | 99.5 %? 이상 |

1) 종류 및 기호

| 종 류 | 기 호 | 특색 및 용도 |
|---|---|---|
| 공업용 연관 1종 | PbT-1 | 납이 99.9 % 이상, 살 두께가 두껍고 화학 공업용에 적합. 인장 강도 1.07(kgf/mm$^2$), 연산율 60 % 정도. |
| 공업용 연관 2종 | PbT-2 | 납이 99.60 % 이상, 내식성 및 가공성이 우수하고 살 두께가 얇으며 일반 배수용에 적합. 인장 강도 1.2(kgf/mm$^2$), 연산율 55 % 정도. |
| 텔루트 연관 | TPbT | 텔루트를 미량 첨가한 합금 납관.<br>살 두께는 공업용 납관 1종과 같음.<br>내크리프성이 우수, 고온(100~150 ℃)에서 사용.<br>화학 공업용, 인장 강도 1.2(kgf/mm$^2$), 연산율 50 % 정도. |

2) 종류 및 기호

| 종 류 | 기 호 | 특색 및 용도 |
|---|---|---|
| 경연관 1종 | HPbT4 | 안티몬을 4 % 첨가한 합금 연관.<br>상온부터 120 ℃의 사용 영역에서 고강도・고경도를 나타내며 화학 공업용의 장치류 등 적용이 가능하고, 인장 강도 2.6(kgf/mm$^2$), 연산율 50 % 정도. |
| 경연관 6종 | HPbT6 | 안티몬을 6 % 첨가한 합금 연관.<br>인장 강도 2.9(kgf/mm$^2$), 연산율 50 % 정도. |

### (2) 수도용 폴리에틸렌 라이닝 연관 [KS D 6703]-[PbTW] (Polyethylene lining lead pipes for water supply)

| 용 도 |
|---|
| -사용 압력 0.75 MPa 이하의 수도에 사용<br>-내면에 폴리에틸렌 분체를 융착시켜 피복한 관으로, 안지름 10~50 mm까지의 지름이 작은 관에 사용<br>-라이닝 연관의 내압성은 상온의 물로 수압 시험을 실시하였을 때 특종의 경우는 2.3 MPa(23.5 kgf/cm$^2$), 1종 및 2종은 1.75 MPa(17.8 kgf/cm$^2$)의 수압에서 1분간 이상이 없어야 한다. |

◐ 종류 및 기호

| 종 류 | 기 호 | 특색 및 용도 |
|---|---|---|
| 라이닝 연관 특종 | PbTWS-L | 텔루리움(TE)을 첨가한 소관 특종에 라이닝 피막 및 외면 피복을 한 관.<br>굽힘성, 내피로성, 내식성이 뛰어나고 내수 충격성이 높다.<br>소관의 인장 강도는 약 19.6 N/mm$^2$(2.00 kgf/mm$^2$) |
| 라이닝 연관 1종 | PbTW1-L | 순납이(Pb 99.8 %)의 소관 1종에 라이닝 피막 및 외면 피복을 한 관.<br>굽힘성, 내식성이 뛰어나고 내수 충격성이 높다.<br>소관의 인장 강도는 약 13.2 N/mm$^2$(1.35 kgf/mm$^2$) |
| 라이닝 연관 2종 | PbTW2-L | 안티몬(Sb)을 첨가한 소관 2종에 라이닝 피막 및 외면 피복을 한 관.<br>굽힘성, 내식성이 뛰어나고 내수 충격성이 높다.<br>소관의 인장 강도는 약 15.2 N/mm$^2$(1.55 kgf/mm$^2$) |

### (3) 배수용 연관 (KS 규격 : 관련 규격)

| 용 도 |
|---|
| -상온에서 구부리기와 관 끝 넓히기가 쉬워서, 위생 기구를 배수관에 연결하는 기구 배수관 등 장소가 좁고 복잡한 굴곡을 필요로 하는 곳에 사용<br>-관의 치수는 KS D 6702(일반 공업용 연 및 연합금관) 2종, 두께 3.0 mm 및 4.5 mm, 관의 안지름 13~125 mm |

### (4) 기타 관

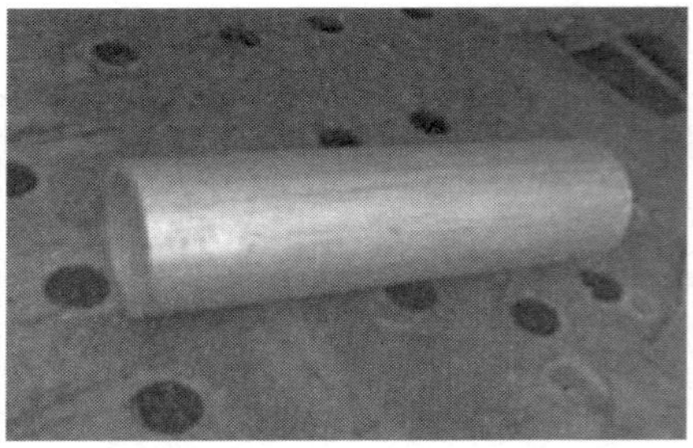

1) 알루미늄관

① 특성

2) 알루미늄관의 종류

① 이음매 없는 알루미늄 및 알루미늄 합금관

② 알루미늄 및 알루미늄 합금 용접관

3) 규소 청동관, 니켈 및 니켈 합금관

4) 티탄관

① 배관용 티탄관

② 열 교환기용 티탄관

5) 주석관

### (5) 알루미늄관

1) 장점

① 가볍다.

② 강하다.

③ 내식성이 강하다.

④ 가공성이 좋다.

⑤ 전기가 잘 통한다.

⑥ 자기를 띠지 않는다.

⑦ 열을 잘 전한다.

2) 단점

① 경도가 낮다.

② 전체 수축률이 크다.

③ 선팽창 계수가 크다.

④ 고온 사용 시 제약을 받는다.

⑤ 탄성 계수가 강의 1/3 수준이다.

⑥ 자전극 전위가 낮기 때문에 부식된다.

⑦ 유기산에는 비교적 안정적이나 무기산류에는 침식된다.

### (6) 이음매 없는 알루미늄 및 알루미늄 합금관 [KS D 6761] – [Axxx PE, PD] (Aluminium and aluminium alloy seamless pipes and tubes)

**용 도**

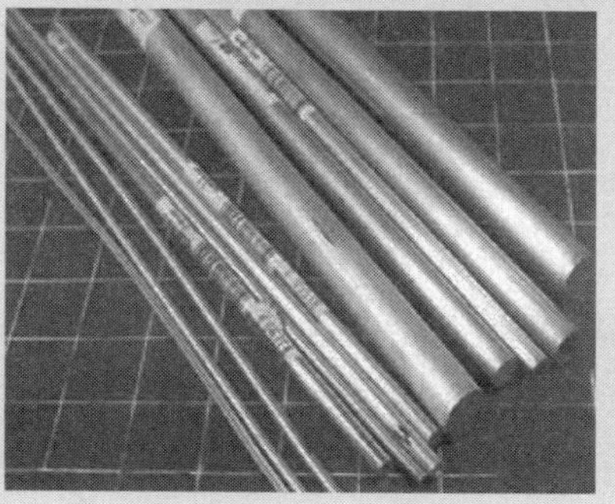

- 제조 방법 : 압출관, 인발관
- 용도 : 구조용, 장식용, 반사경용, 주방용, 전기 전열용

–관의 치수는 바깥지름, 안지름 및 두께 중 어느 2개를 지정한다.

–압출관의 바깥지름 15~420 mm 18종, 두께는 1~50 mm, 인발관의 바깥지름 6~200 mm 20종, 두께는 0.6~18 mm

### (7) 알루미늄 및 알루미늄 합금 용접관 [KS D 6713] – [Axxx TW] (Aluminium and aluminium alloy welded pipes and tubes)

**용 도**

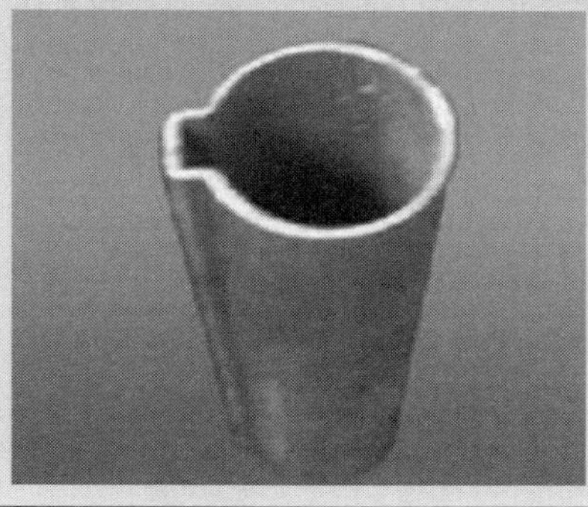

–알루미늄 및 알루미늄 합금의 용접관과 알루미늄 및 알루미늄 합금 판을 이너트가스 아크용접 또는 이와 동등한 용접 방법으로 용접한 알루미늄 및 알루미늄 합금의 용접관이다.

–용접관의 치수는 바깥지름이 6 mm부터 28종, 두께는 0.5~2.5 mm

–아크 용접관은 호칭 지름 200~1,500A까지 20종, 두께는 5~40 mm

### (8) 규소 청동관, 니켈 및 니켈 합금관

| 규격명 | KS규격 | 용 도 |
|---|---|---|
| 이음매 없는 규소 청동관 | KS D 5538<br>[SiBP] | 규소 청동 이음매 없는 관은 내산성이 우수하고 강도가 높아 화학 공업용 배관에 사용한다. |
| 열 교환기용 이음매 없는 니켈, 크롬, 철 합금관 | KS D 3757<br>[NCF−TB] | 응축기, 열 교환기용 원형 단면을 갖는 이음매 없는 니켈 및 니켈 합금관은 일반용 관과 응축기 및 열 교환기용 관으로 종류는 6종이 있음.<br>NCF600TB, NCF625TB, NCF690TB, NCF800TB, NCF800HTB, NCF825TB |

### (9) 주석관

| 용 도 |
|---|
| −주석관은 연관과 함께 냉간 압출 제관기에 의하여 제조<br>−양조 공장, 화학 공장 등의 알코올이나 맥주 등의 수송관, 병원이나 제약 공장의 증류수(극연수), 소독액 등의 수송관에 사용<br>−주석은 고가이므로 연관의 내면에 주석 도금한 주석 도금 연관, 동관에 주석 도금한 주석 도금 동관 등이 만들어지고 있다. |

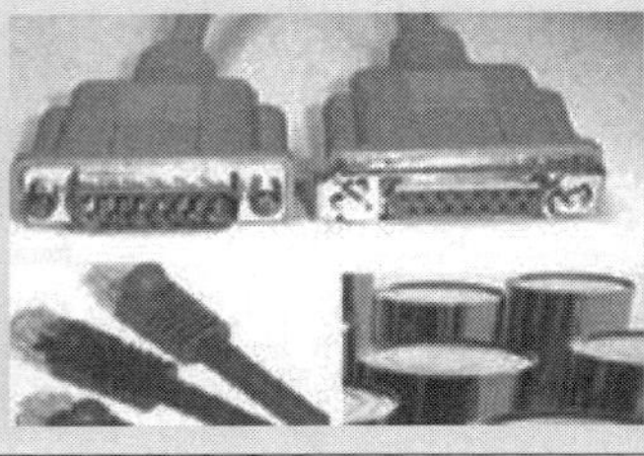

# 제 2 장 배관 이음재료

## 01 강관 및 주철의 이음재료

**학습 목표**

배관의 이음재료를 KS규정에 따라 강관 · 비금속관 · 비금속관 이음쇠 및 신축이음쇠의 종류와 모양과 용도를 교제를 통하여 알 수 있다.

### 1 가단 주철제 이음쇠

#### (1) 관의 방향을 바꿀 때 사용하는 이음쇠

(1) 90° 엘보

(2)45° 엘보

(3) 암수엘보

(4) 45° 암수엘보

(5) 45° Y

(6) 90° 벤드

(7) 90° 암수벤드

(8) 45° 벤드

(9) 45° 암수벤드

(10) 리턴벤드

#### (2) 관을 도중에서 분기할 때 사용하는 이음쇠

(1) 3방향 엘보

(2)Tee

(3) 이경 T

(4) 3방향 T

(5) 크로스

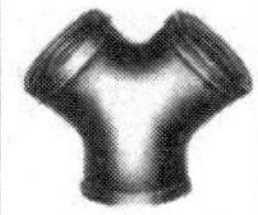
(6) 90° Y

### (3) 동경관을 직선으로 연결 할 때 사용하는 이음쇠

(1) 소켓

(2) 니플

(3) 오버올 크로스

### (4) 이경관을 연결 할 때 사용되는 이음쇠

(1) 이경 엘보

(2) 리듀서

(3) 이경 니플

(4) 부싱

### (5) 관의 끝을 막을 때 사용되는 이음쇠

(1) 플러그

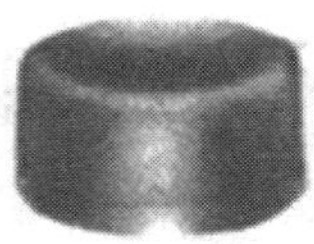
(2) 캡

### (6) 관을 수리, 교체 및 분해 할 경우 사용되는 이음쇠

(1) 유니언

(2) 플랜지

## (7) 이음쇠 크기를 표시하는 방법

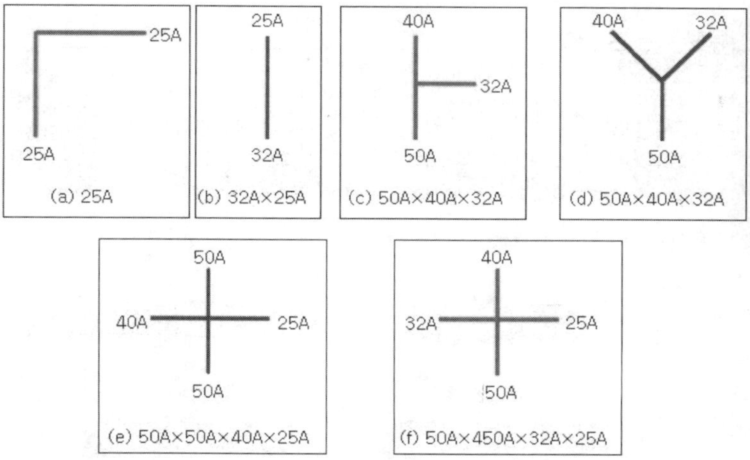


(a) 25A (b) 32A×25A (c) 50A×40A×32A (d) 50A×40A×32A (e) 50A×50A×40A×25A (f) 50A×450A×32A×25A

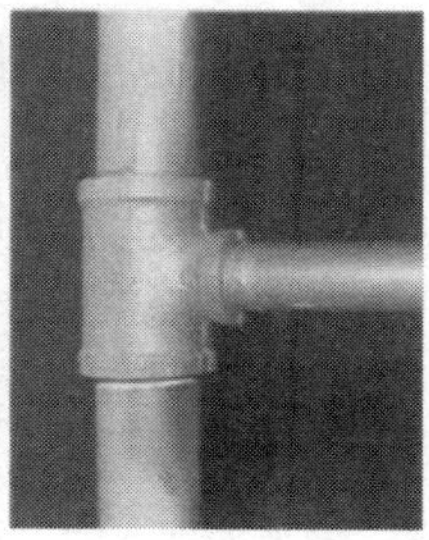

## (8) 유체상태에 따른 최고사용압력

| 유체의 상태 | 최고 사용 압력(kgf/cm$^2$) |
|---|---|
| 300 (℃) 이하의 증기, 공기, 가스 및 기름 | 10.2 |
| 200 (℃) 이하의 증기, 공기, 가스 및 기름 및 맥동수 | 14.3 |
| 120 (℃) 이하의 정류수 | 20.4 |

## (9) 가단 주철관 이음쇠

| 예 | 규격 번호 또는 규격 명칭 | 모양에 의한 종류 | 표면 상태에 의한 분류 | 호칭 |
|---|---|---|---|---|
| 보기 1 | KS B 1531 | 지름이 다른 암수 엘보 | | 2 3/4 |
| 보기 2 | 나사식 가단 주철제 관 이음쇠 | 45° 엘보 | (도금) | 1 1/2 |

## 2 강관제관 이음쇠

### (1) 관 이음쇠의 종류 및 모양

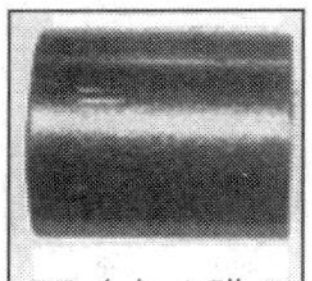
(a) 소켓

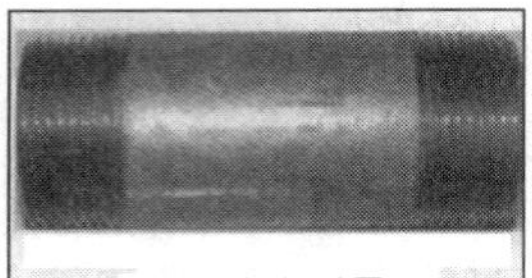
(b) 배럴 니플

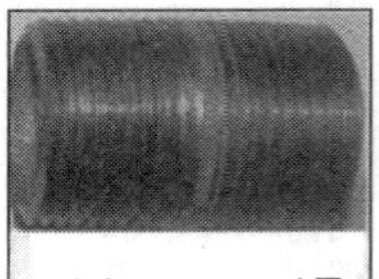
(c) 크로스 니플

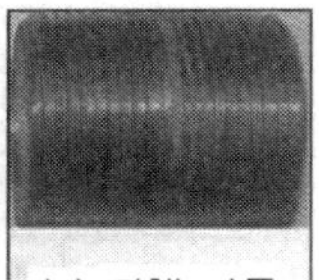
(d) 평행 니플

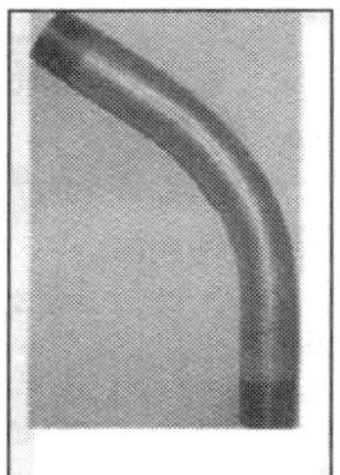
(e) 45° 벤드

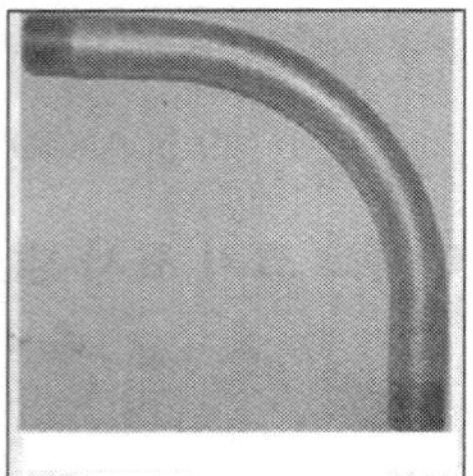
(f) 90° 벤드

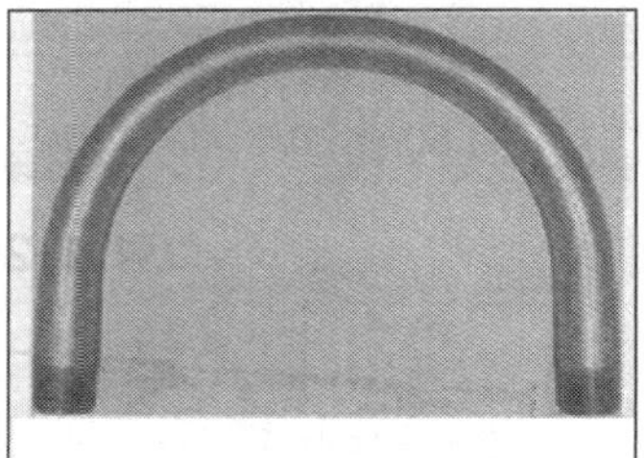
(g) 리턴 벤드

## 3 배수관 이음쇠

### (1) 배수관 이음쇠의 종류 및 모양_1

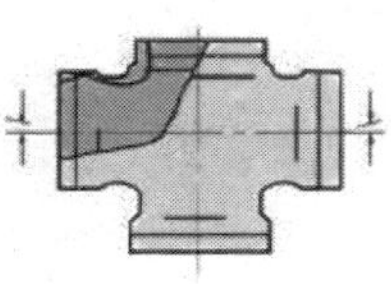
(a) 이경 90° 양Y

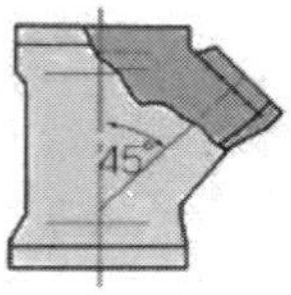

(b) 이경 45° Y45°

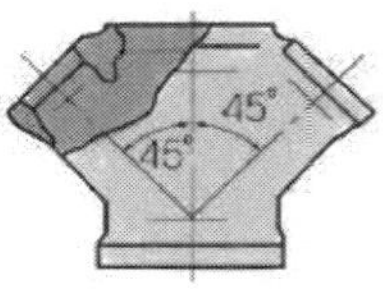

(c) 이경 45° 양Y

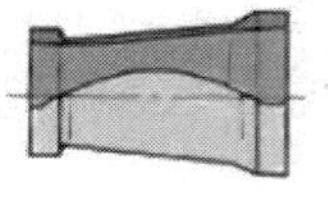
(d) 늘림소켓(확대관)

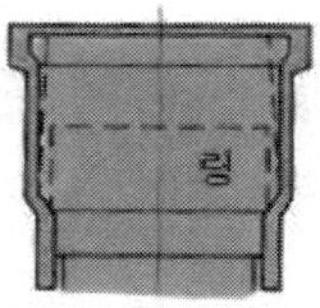

(e) 태커

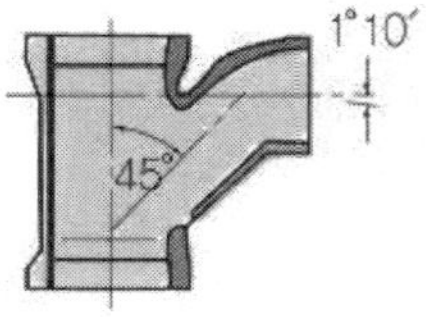

(f) 이경 90° 대곡 Y

### (2) 배수관 이음쇠의 종류 및 모양_2

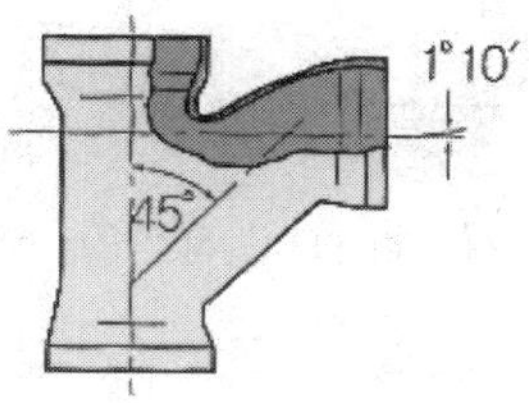


(a) 90° 대곡Y

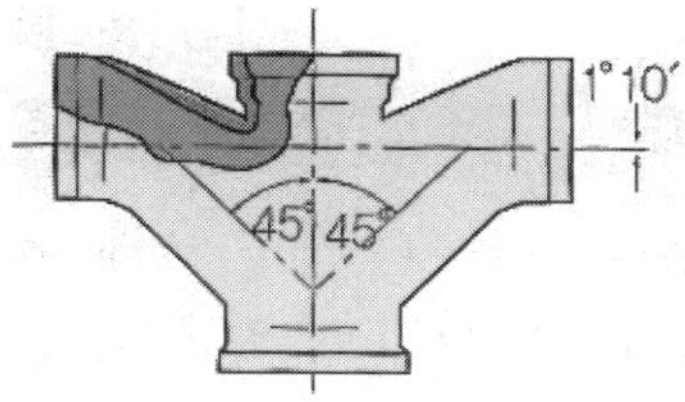


(b) 90° 대곡 양 Y

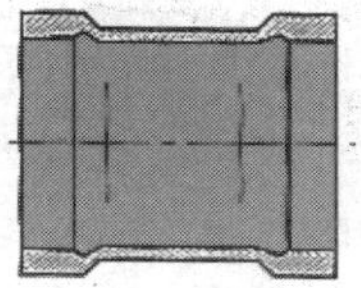

(c) 소켓

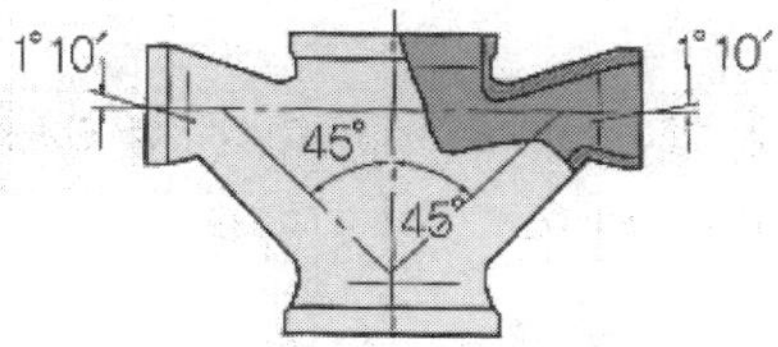


(d) 이경90° 대곡 양Y

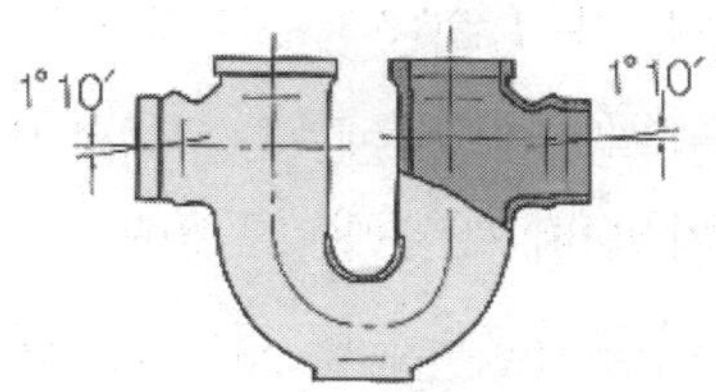


(e) U트랩

## 4 맞대기 용접식 관 이음쇠

### (1) 맞대기 용접식 관 이음쇠 모양

(a) 45° 엘보

(b) 90° 쇼트엘보

(c) 90° 롱엘보

(d) 180° 엘보

(e) 180° 롱엘보

(f) 동심 리듀서

(g) 편심 리듀서

(h) 동경 T

(i) 이경T

(j) 캡

### (2) 모양에 따른 종류 및 기호

(f) 동심 리듀서

(h) 동경 T

(j) 캡

<table>
<tr><th colspan="3">모양에 따른 종류</th><th rowspan="2">기 호</th></tr>
<tr><th>대분류</th><th colspan="2">소분류</th></tr>
<tr><td>45° 엘보</td><td colspan="2">롱</td><td>45E(L)</td></tr>
<tr><td rowspan="2">90° 엘보</td><td colspan="2">롱</td><td>90E(L)</td></tr>
<tr><td colspan="2">쇼트</td><td>90E(S)</td></tr>
<tr><td rowspan="2">180° 엘보</td><td colspan="2">롱</td><td>180E(L)</td></tr>
<tr><td colspan="2">쇼트</td><td>180E(S)</td></tr>
<tr><td rowspan="4">리듀서</td><td rowspan="2">동심</td><td>1형</td><td>R(C) 1</td></tr>
<tr><td>2형</td><td>R(C) 2</td></tr>
<tr><td rowspan="2">편심</td><td>1형</td><td>R(E) 1</td></tr>
<tr><td>2형</td><td>R(E) 2</td></tr>
<tr><td rowspan="2">T</td><td colspan="2">같은 지름</td><td>T(S)</td></tr>
<tr><td colspan="2">다른 지름</td><td>T(R)</td></tr>
<tr><td>캡</td><td colspan="2">–</td><td>C</td></tr>
</table>

## 5 삽입용 접식 관 이음쇠

### (1) 관 이음쇠 모양

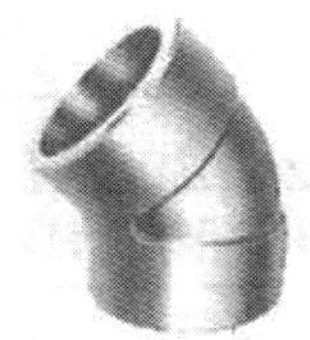

(a) 45° 엘보

(b) 90° 엘보

(c) T

(d) 크로스

(e) 커플링

(f) 캡

(e) 180° 롱엘보

(g) 편심 리듀서

| 모양에 따른 종류 | | 기 호 |
|---|---|---|
| 대분류 | 소분류 | |
| 45° 엘보 | 롱 | 45E(L) |
| 90° 엘보 | 롱 | 90E(L) |
| | 쇼트 | 90E(S) |
| 180° 엘보 | 롱 | 180E(L) |
| | 쇼트 | 180E(S) |
| 리듀서 | 동심 | R(C) |
| | 편심 | R(E) |
| T | 같은 지름 | T(S) |
| | 다른 지름 | T(R) |
| 캡 | – | C |

### (2) 관 이음쇠 모양에 따른 종류 및 기호

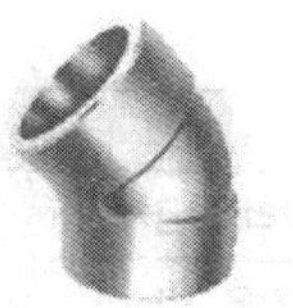

(a) 45° 엘보

(b) 크로스

| 모양에 따른 종류 | | 기 호 |
|---|---|---|
| 대분류 | 소분류 | |
| 45° 엘보 | 같은 지름 | 45E(S) |
| | 다른 지름 | 45E(R) |
| 90° 엘보 | 같은 지름 | 90E(S) |
| | 다른 지름 | 90E(R) |
| 커플링 | 같은 지름 | FC(S) |
| | 다른 지름 | FC(R) |
| 하프커플링 | – | HC |
| 캡 | – | C |
| 45° Y | 같은 지름 | 45Y(S) |
| | 다른 지름 | 45Y(R) |
| T | 같은 지름 | T(S) |
| | 다른 지름 | T(R) |
| 크로스 | 같은 지름 | CROSS(S) |

### (3) 관의 삽입용접

| 용 도 | |
|---|---|
| 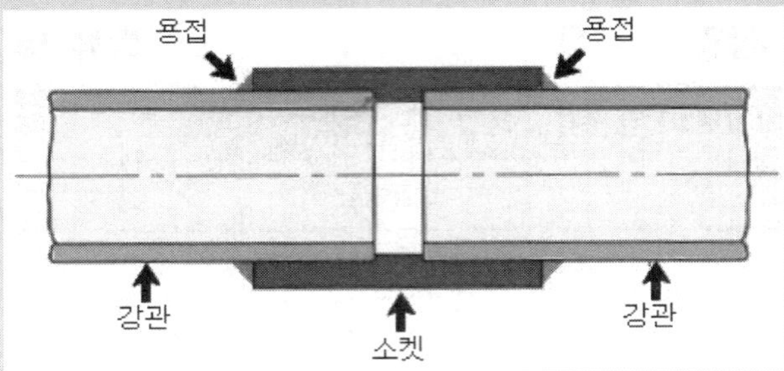 | 1. 압력배관용<br>2. 고압배관용<br>3. 고온 및 저온배관용<br>4. 합금강배관용<br>5. 스케인리스 강용 |



➲ 특징 : 배관의 용접이음에 채택하며 누수 될 염려가 없고 관 지름의 변화가 없는 것이 특징이다.

## 6 플랜지(flange)의 관이음 방법에 따른 분류

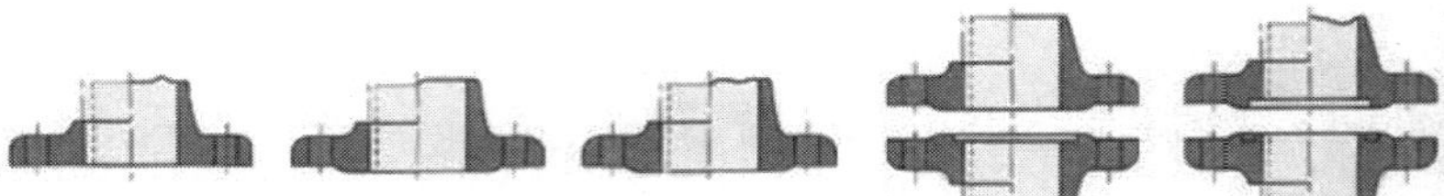

(a) 전면 시트 (b) 대평면 시트 (c) 소평면 시트 (d) 삽입형 시트 (e) 홈꼴형 시트

[ 플랜지 시트의 모양에 따른 종류에 따른 종류 및 용도 ]

| 플랜지 종류 | 호칭압력(kgf/cm$^2$) | 용 도 |
|---|---|---|
| 전면 시트 | 16 이하 | 주철제 및 구리 합금제 플랜지 |
| 대평면 시트 | 63 이하 | 부드러운 패킹을 사용하는 플랜지 |
| 소명면 시트 | 16 이상 | 경질의 패킹을 사용하는 플랜지 |
| 삽입형 시트 | 16 이상 | 기밀을 요하는 경우 |
| 홈꼴형 시트 | 16 이상 | 위험성 유체 배관 및 기밀유지 |

# 7 홈 조인트(groove joint)

## (1) 홈 조인트의 종류

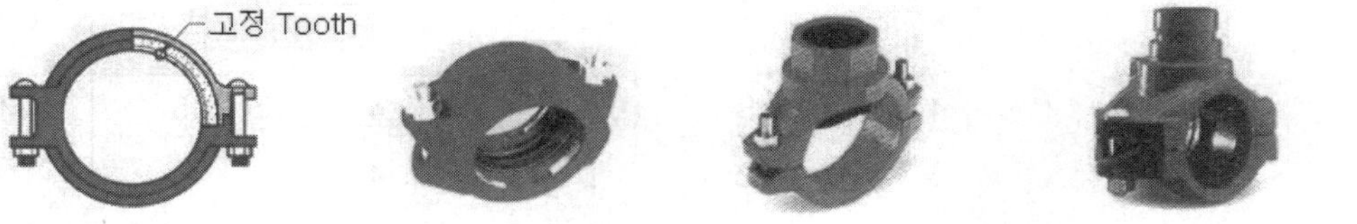


(a) 고정식 홈 조인트 (b) 유동식 홈 조인트 (c) 고정식 티 홈 조인트 (d) 유동식 티 홈 조인트

## (2) 홈 조인트(groove joint)의 장점

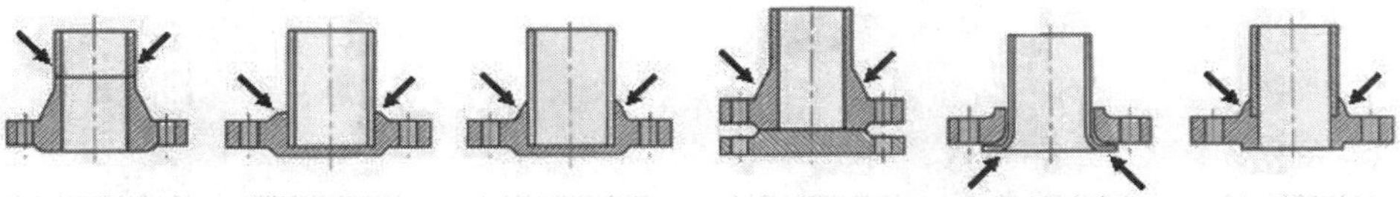

(a) 맞대기용접 플랜지 (b) 나사이음 플랜지 (c) 슬리브용접 플랜지 (d) 블라인드 플랜지 (e) 유합플랜지 (랩조인트) (f) 소켓용접 플랜지

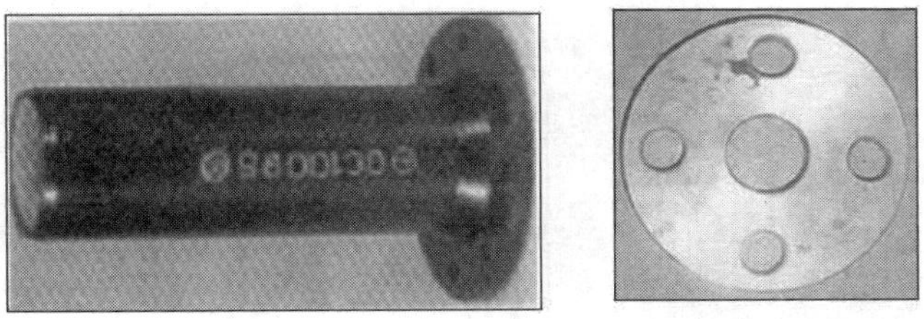

[맞대기 용접플랜지]

[ 주철관 이음쇠의 모양 특징 및 용도 ]

| 모 양 | 용접, 나사배관에 비해 장점 |
|---|---|
| <br>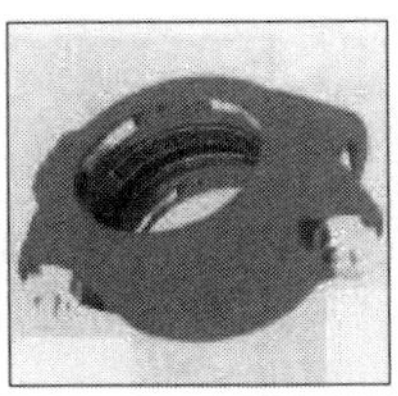 | • 3배 정도 빠른 시공을 할 수 있다.<br>• 용접, 나사배관에 비해 기밀성이 좋음<br>• 온도변화 및 진동에 대한 신축, 유동성 좋음<br>• 소음 및 진동 전달 최소화<br>• 무용접이므로 배관 수명이 길다.<br>• 플랜지에 비해 볼트 수량이 적게 든다.<br>• 유지 보수 및 시스템 교환이 용이하다.<br>• 숙련공이 필요하지 않다. |

## 8 수도용 주철관 이형관

### (1) 90° 곡관, T형관, 전용곡관, 플랜지관

(a) 90°곡관

(b) 소켓 T형관

(c) 소켓 플랜지 T형관

(d) 소화기전용곡관

(e) 소켓 플랜지관 1호

### (2) 소켓형, Y형, 공기밸브, 편락관, 플랜지형

| 모 양 | 특징 및 용도 |
| --- | --- |
| <br> | ◆ 특징<br>• 강관에서는 이음쇠, 주철관에서 이음쇠를 통칭하여 이형관(異形管)이라고 한다.<br>• 나사이음쇠에 비해 부식에 강하다.<br>• 최대 사용 정수두는 75 mm 이하이나 관지름 500 mm 이하의 것은 최대 사용 정수두 100 mm의 고압관에도 사용할 수 있다.<br>◆ 용도<br>• 수도용<br>• 배수용 |

## 9 배수용 주철관 이형관

### (1) 배수용 주철관 이형관의 종류

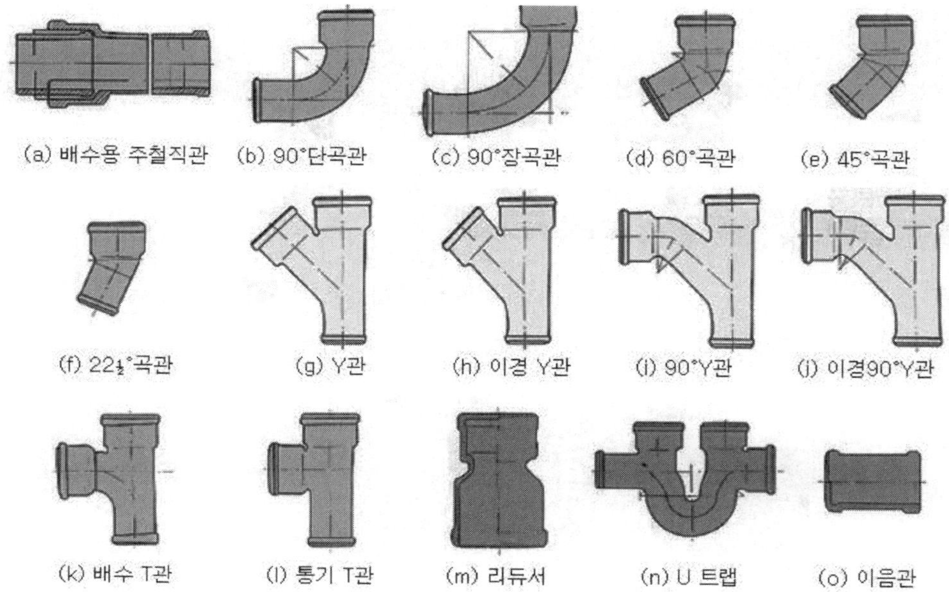

(a) 배수용 주철직관 (b) 90°단곡관 (c) 90°장곡관 (d) 60°곡관 (e) 45°곡관

(f) 22$\frac{1}{2}$°곡관 (g) Y관 (h) 이경 Y관 (i) 90°Y관 (j) 이경90°Y관

(k) 배수 T관 (l) 통기 T관 (m) 리듀서 (n) U 트랩 (o) 이음관

# 02 비철 금속관 이음쇠

**학습 목표**

KS규정에 따라 동관 · 동합금관 · 스테인리스 · MR조인트 용접식 이음쇠의 종류와 모양과 용도를 교제를 통하여 알 수 있다.

## 1 동관 및 동합금관 이음쇠

[동 및 동합금강 이음쇠의 모형과 특징 및 용도]

| 모 양 | 특징 및 용도 |
|---|---|
| 동 이음쇠의 모형<br>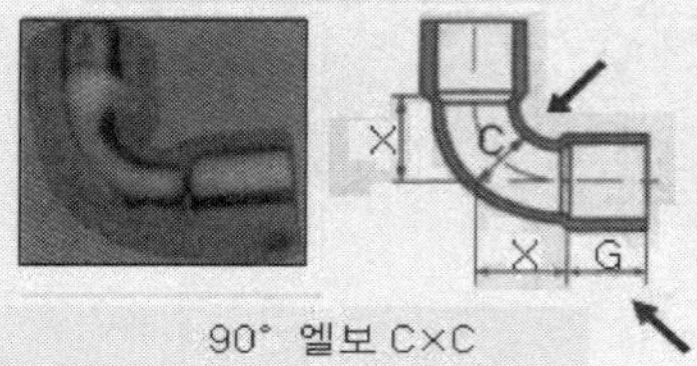<br>90° 엘보 C×C<br>동합금관 이음쇠의 모형<br>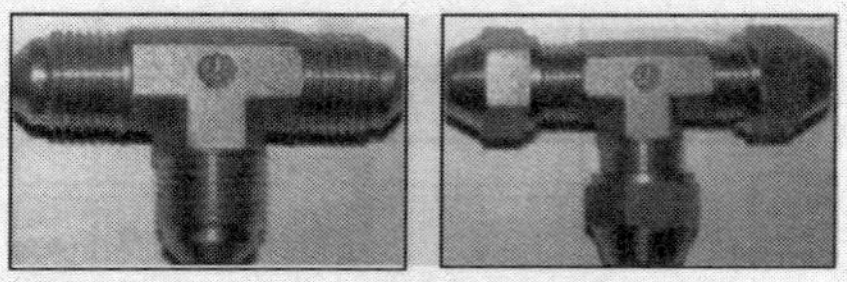<br>(a) 티 | ◆ 특징<br>• 용접시 가열시간이 짧아 공수 절감<br>• 벽 두께가 균일하므로 취약부분 적음<br>• 내식성이 좋아 부식에 의한 누설이 적음<br>• 내면이 통관과 같아 압력손실이 적음<br>• 배관 공간이 적음<br>• 공사비용의 절감<br>◆ 용도<br>• 열교환 기용, 수도용, 화학공업용 |

### (1) 순동 이음쇠

[이음의 명칭과 표기]

| 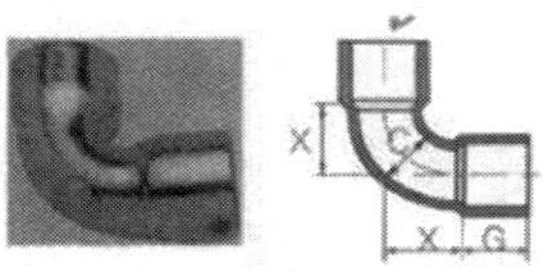 | 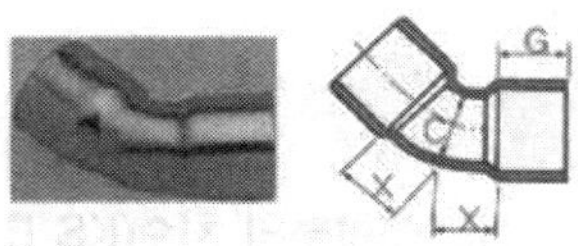 | 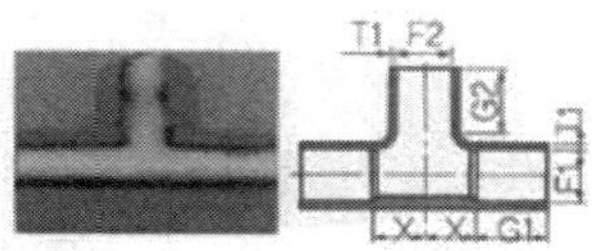 |
|---|---|---|
| 90° 엘보 C×C | 45° 엘보 C×C | 티 C×C×C |

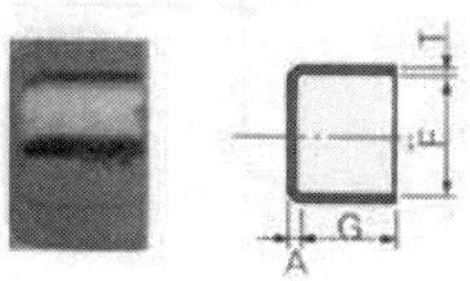

캡 C

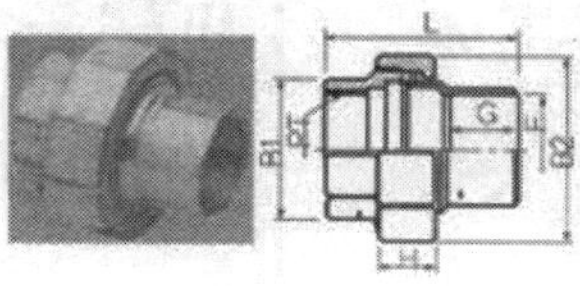

절연 유니언 C×C

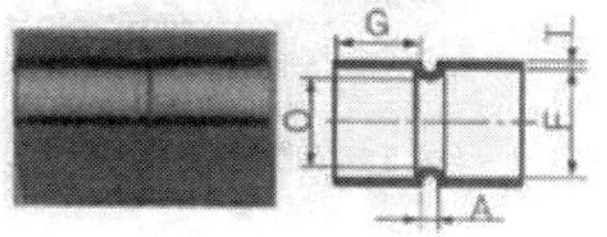

소켓 C×C

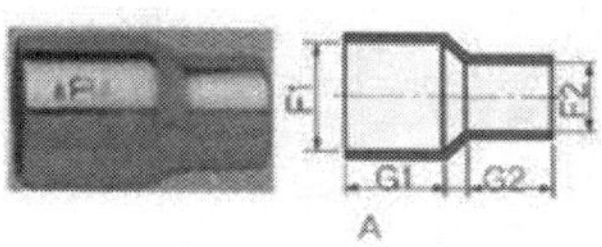

리듀서 C×C

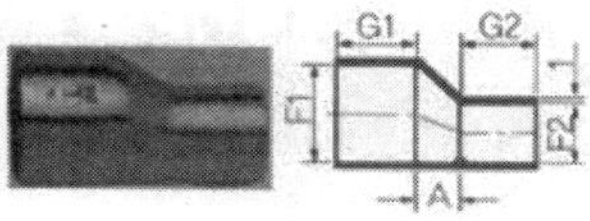

편심 리듀서

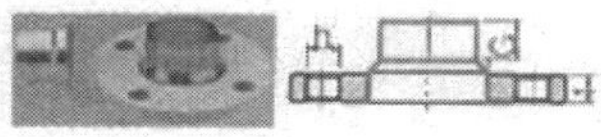

절연 플랜지

## (2) 플레어관 이음쇠(Copper alloy fitting for flared copper tube)

[ 이음의 명칭과 표기 ]

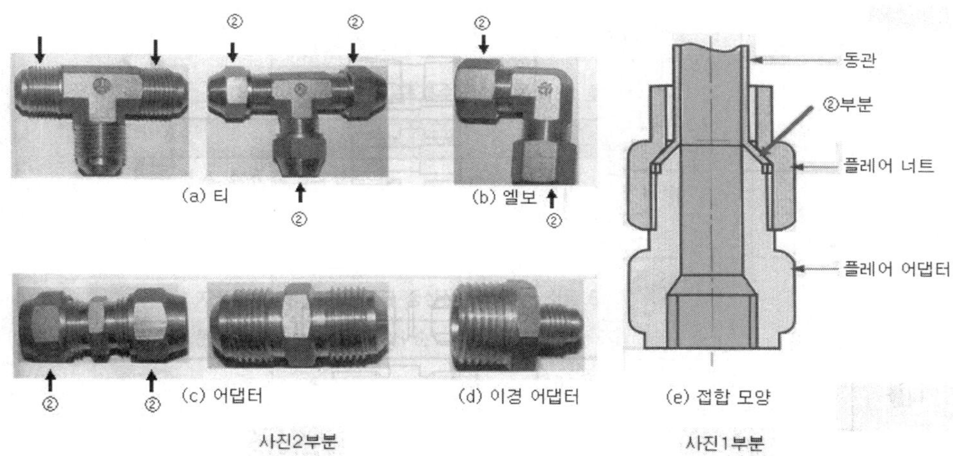


## (3) 동합금 납땜 관 이음쇠(Copper alloy solder-joint fitting)

[ 티, 니플, 소켓 ]

| 종 류 | 기 호 | 접합부 기호 | 단면 형상 | 실 물 |
|---|---|---|---|---|
| 티 | T | C×C×F | 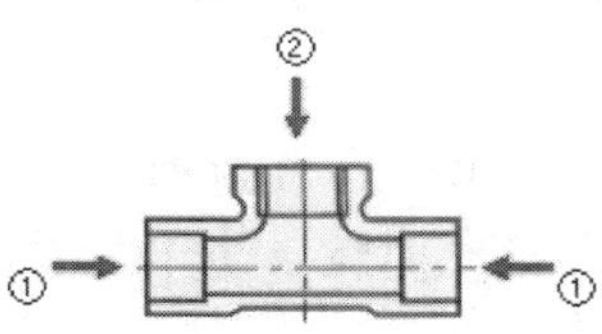 | 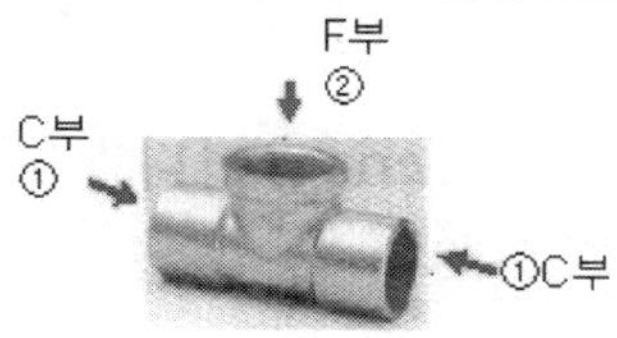 |

| 종 류 | 기 호 | 접합부 기호 | 단면 형상 | 실 물 |
|---|---|---|---|---|
| 티 | T | F×F×F |  |  |
| 니플 | | | 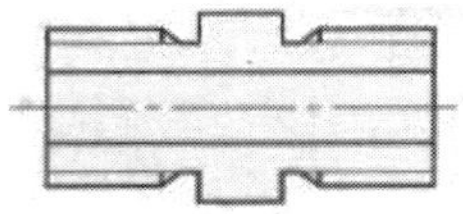 | 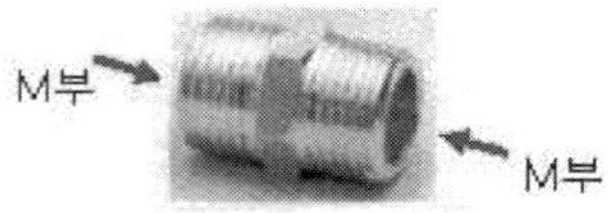 |
| 소켓 | | | 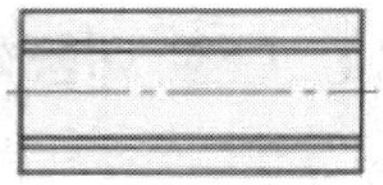 |  |

[ 90도 엘보 ]

| 종 류 | 기 호 | 접합부 기호 | 단면 형상 | 실 물 |
|---|---|---|---|---|
| 90° 엘보 | 90E | C×F | 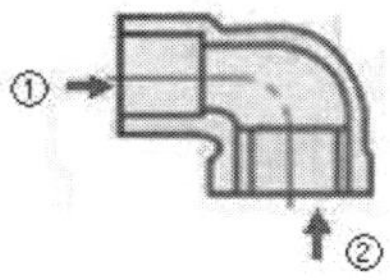 | 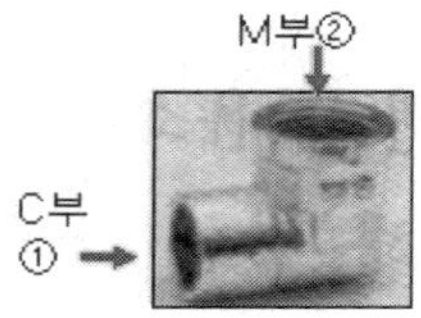 |
| | | C×M | 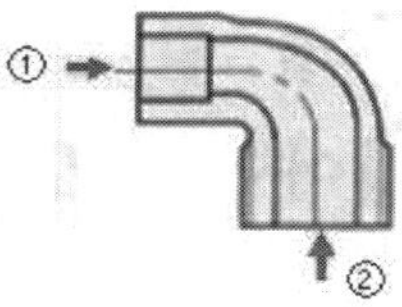 | 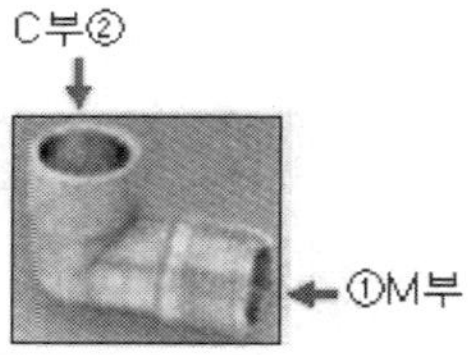 |
| | | F×F | 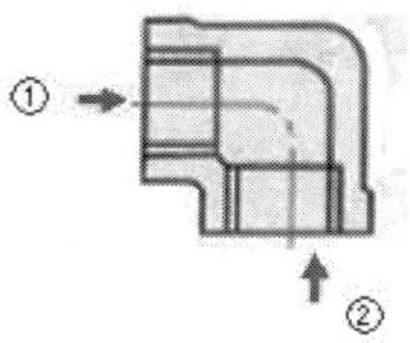 | 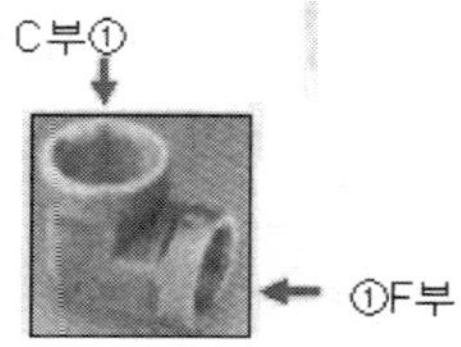 |

[ 어뎁터, 유니언 ]

| 종 류 | 기 호 | 접합부 기호 | 단면 형상 | 실 물 |
|---|---|---|---|---|
| 어댑터 | AD | C×F | 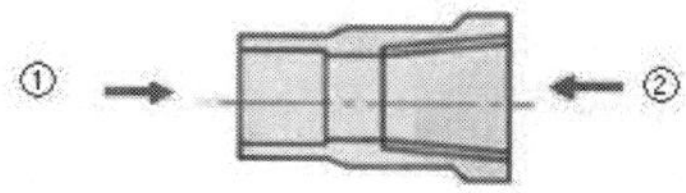 |  |
| | | C×M | 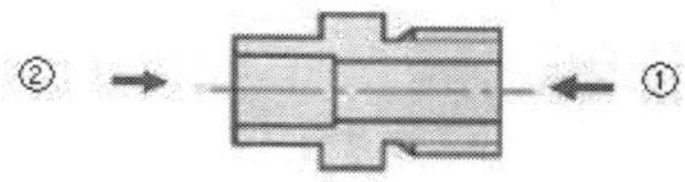 | 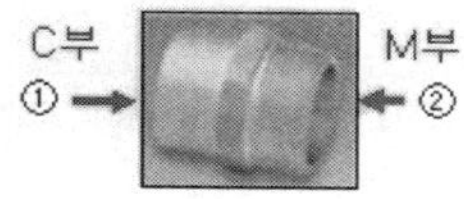 |
| 유니언 | U | C×F | 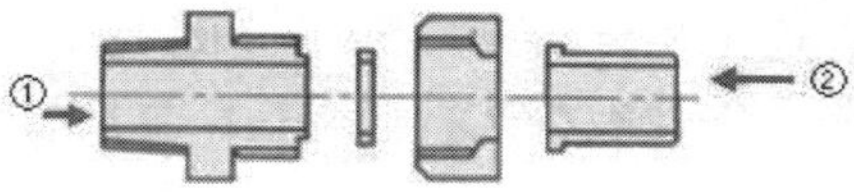 |  |
| | | C×M | 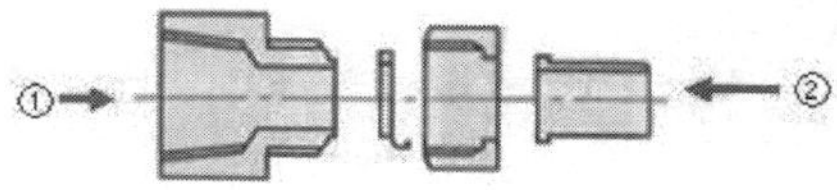 | 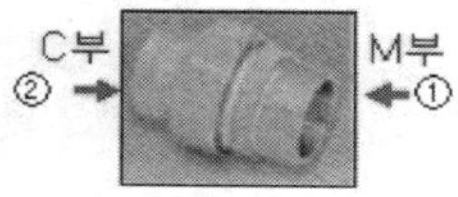 |

## 2 동합금 이음쇠(Bronze fitting)

### (1) 동합금 주물 이음쇠(Cast bronze fitting)

[ 구경수 이음쇠의 호칭법 ]

| 구경수 | 호 칭 | 호칭법 |
|---|---|---|
| 2 | 큰 경 A, 작은 경 B의 순 | A×B×C |
| 3 | 동일 또는 평행한 중심선상에 있는 큰 경을 A, 작은 경을 B, 나머지 C의 순 | A×B×C |
| 4 | 최대 지름을 A, 이것과 평행한 중심선상에 있는 것을 B, 남은 2개 중 지름이 큰 것을 C, 작은 것을 D의 순 | A×B×C×D |

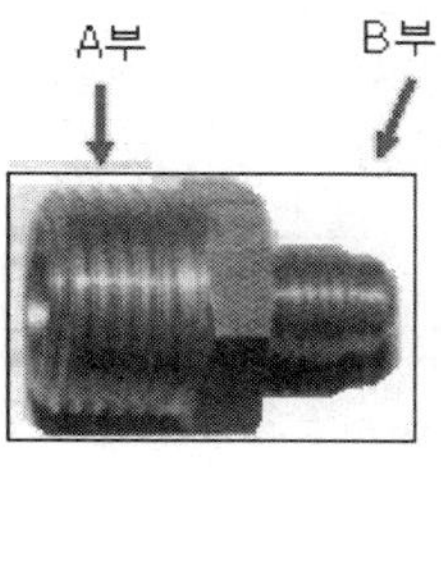

## 3 스테인리스 강관(Stainless pipes)

[ 스테인리스 강관 이음쇠의 모양과 특징 및 용도 ]

| 모 양 | 특징 및 용도 |
|---|---|
| 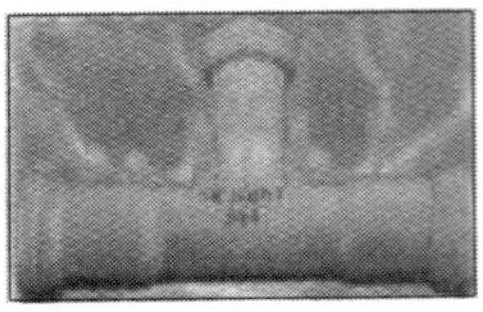<br>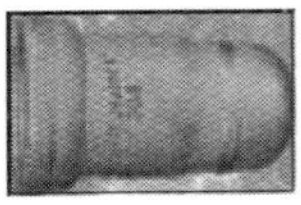<br>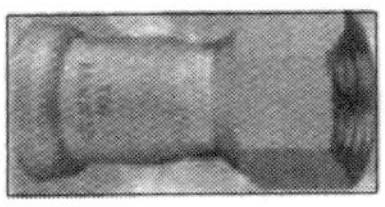 | ◆ 특징<br>• 작업시간 단축<br>• 전용 압착공구 사용<br>• 작업은 비숙련자도 가능<br>• 화기 사용을 안 함<br>• 경량배관 및 청결배관<br>• 이음쇠의 소형 경량임<br>• 공사비용의 절감<br>◆ 용도<br>• 화학장치, 의료기기용, 원자력배관 위생용, 냉난반용, 주방기기, 싱크대용 |

### (1) 일반 배관용 스테인리스강 강관 프레스식 관 이음쇠 (Light gauge stainless steel pipes press fitting for ordinary piping)

[ 소켓, 리듀서, 90도 엘보 ]

| 모양에 따른 종류 | 기 호 | 접합부 기호 | 단면 형상 | 실 물 |
|---|---|---|---|---|
| 소켓 | S | P×P | 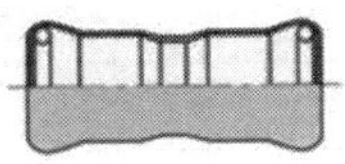 |  |
| 베어 소켓 | BS | P×P | 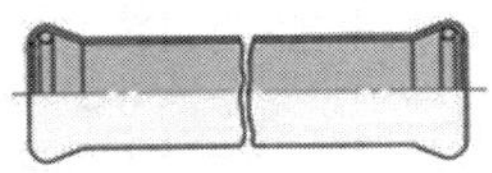 |  |
| 리듀서 | R | P×P | 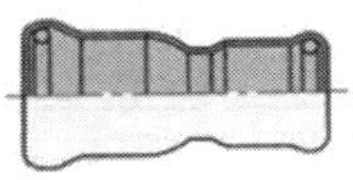 | 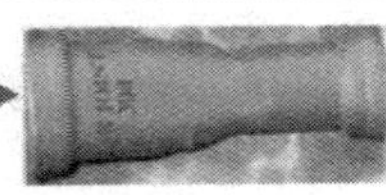 |
| 90° 엘보 | 90E | P×P |  |  |

[ 45도 엘보, 티, 급수전용 티, 어뎁터 엘보 ]

| 모양에 따른 종류 | 기 호 | 접합부 기호 | 단면 형상 | 실 물 |
|---|---|---|---|---|
| 45° 엘보 | 45E | P×P | 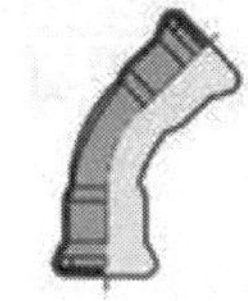 | 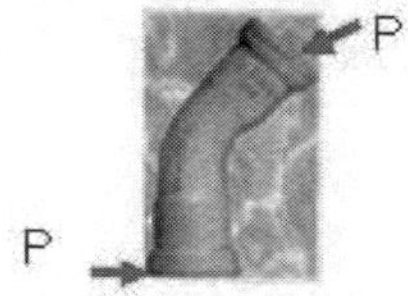 |
| 티 | T | P×P×P | 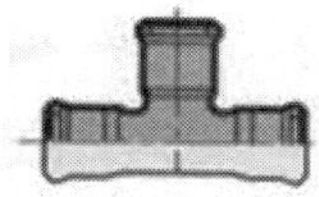 |  |
| 급수 전용 엘보 Ⅱ형 | EW-Ⅱ | P×F |  | 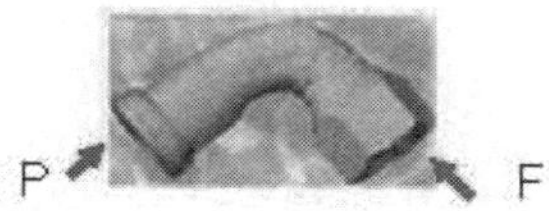 |
| 급수 전용 티 | TW | P×P×F | 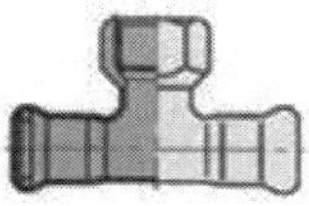 | 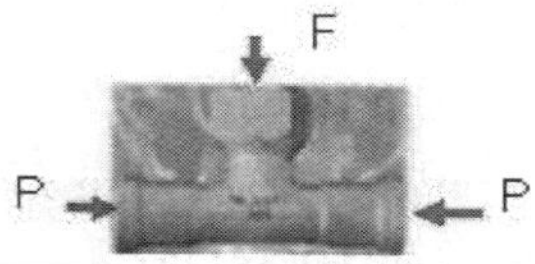 |
| 어댑터 엘보 F(암) | AE-F | P×F | 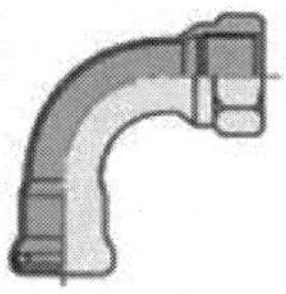 | 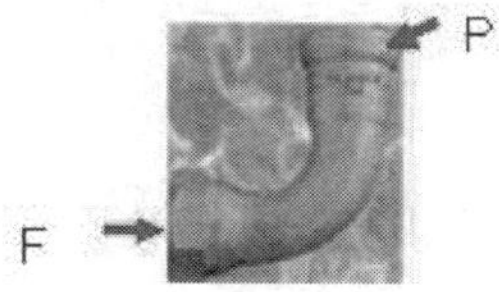 |

[ 이경 티, 캡, 급수전용 소켓, 급수전용 엘보 ]

| 모양에 따른 종류 | 기 호 | 접합부 기호 | 단면 형상 | 실 물 |
|---|---|---|---|---|
| 이경 티 | TR | P×P×P | 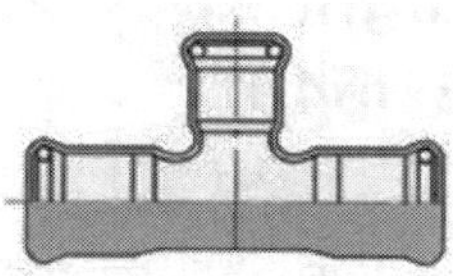 | 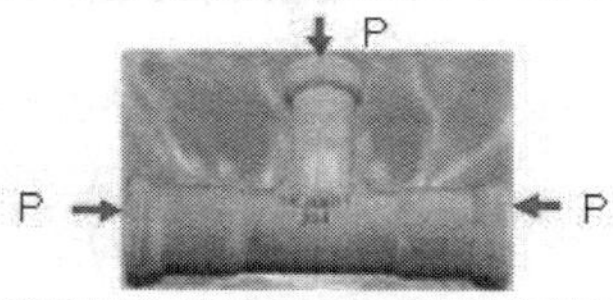 |
| 캡 | C | P | 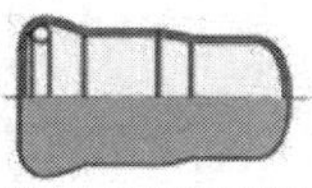 |  |
| 급수 전용 소켓 | SW | P×F | 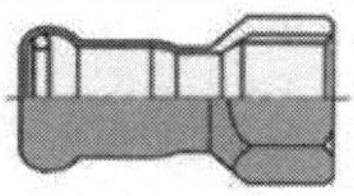 | 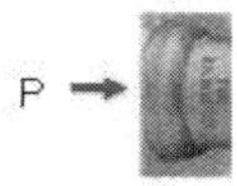 |
| 급수 전용 엘보 1형 | EW-1 | P×F |  | 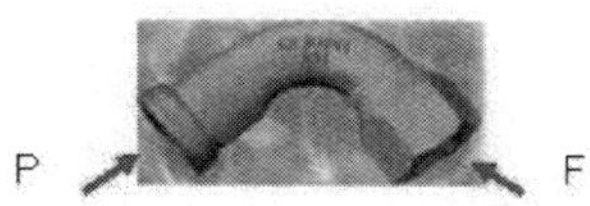 |

[어뎁터 엘보, 어뎁터 소켓, 케이 유니언]

| 모양에 따른 종류 | 기 호 | 접합부 기호 | 단면 형상 | 실 물 |
|---|---|---|---|---|
| 어댑터 엘보 M(숫) | AE−M | P×M | 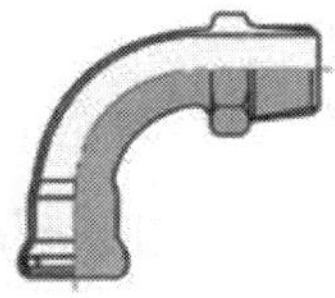 | 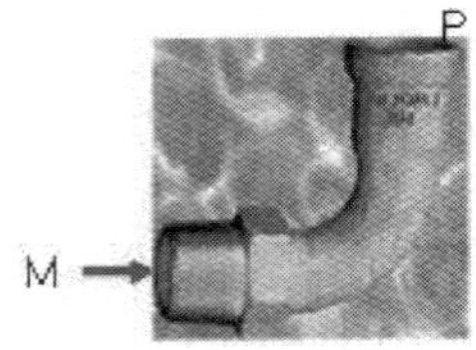 |
| 어댑터 소켓 F(암) | AS−F | P×F | 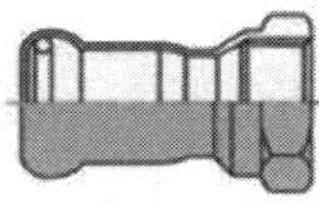 |  |
| 어댑터 소켓 M(TNT) | AS−M | P×M | 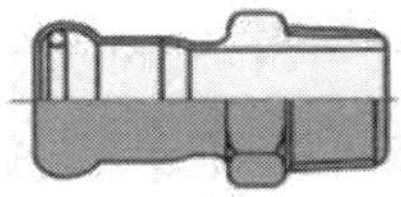 |  |
| 케이 유니언 | | | |  |

### (2) 일반 배관용 스테인리스 강관 그립식 관 이음쇠 (Grip type fitting for light stainless pipes for ordinary piping)

[일반배관용 스테인리스강관 그립식 관이음 접합부의 구조보기]

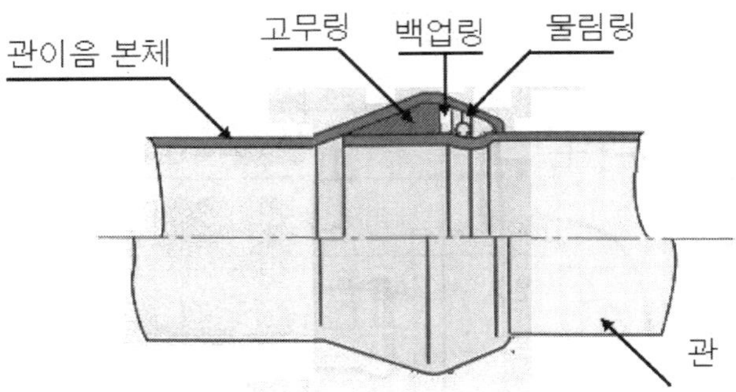

(a) 조임 후

### (3) MR 조인트 이음쇠

[ MR 조인트 이음쇠의 구조 ]

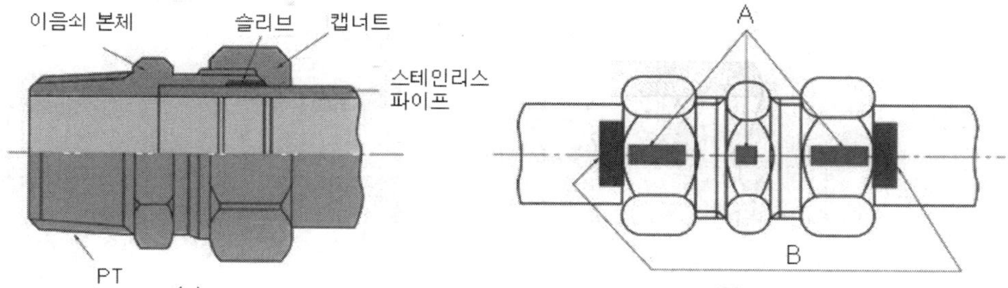


(a) (b)

### (4) 용접식 이음쇠

[ 용접식 이음쇠의 종류 ]

(a) 90° 엘보

(b) 리듀서

(c) 티

(d) 캡

(e) 45° 엘보

(f) 편심 리듀서

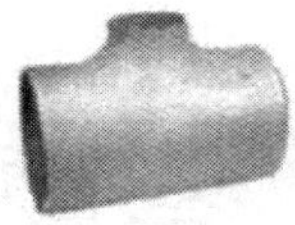

(g) 이경 티

(h) 랩 조인트 stub en

1) 맞대기 용접식 이음쇠(Butt weld type pipe fitting)

[ 맞대기 용접식 단면 베벨가공 형상 ]

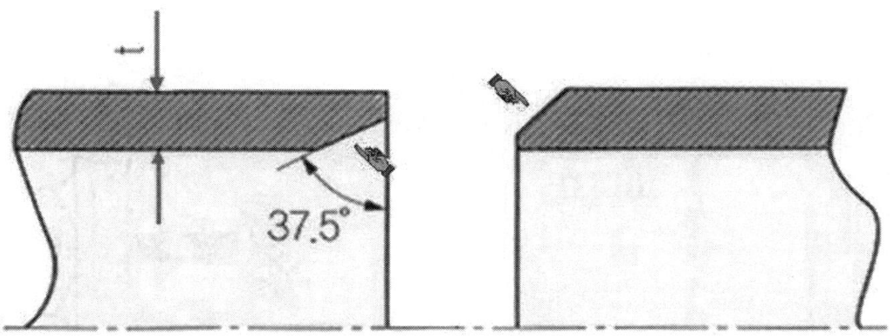


(a) SU 이음쇠 (b) 스케줄번호 이음쇠 OD 1,6 30°

2) 플랜지식 이음쇠

[ 스테인리스 강관의 플랜지 이음 ]

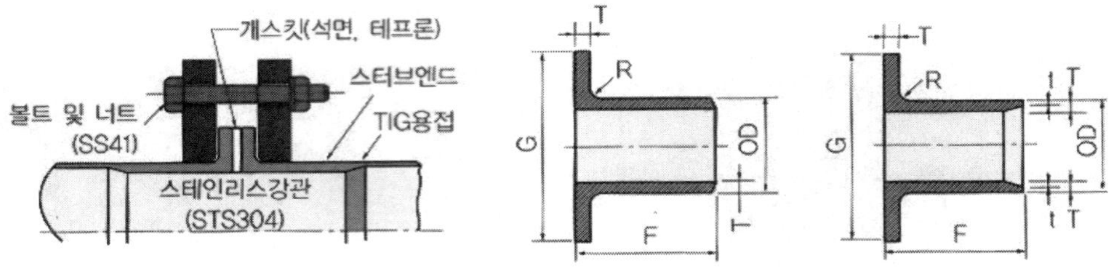


(a) 플랜지 이음 (b) Sch 10s 랩조인트 스터브 엔드 (c) SU 랩조인트 스터브 엔드

2) 개스킷(gasket)

[ 개스킷의 구조 ]

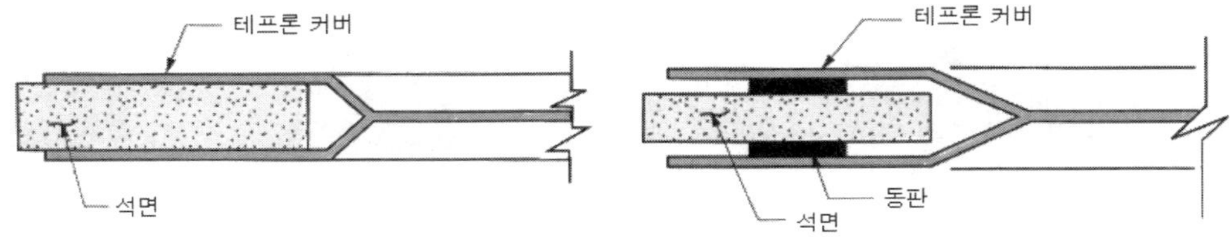


(a) 5~20[kgf/cm²] 개스킷 (b) 30~40[kgf/cm²] 개스킷

# 03 비금속관 이음쇠

**학습 목표**

KS규정에 따라 수도용 경질염화비닐관 · 폴리에틸렌관 폴리브틸렌 · 가교화 폴리에틸렌 이음쇠의 종류와 모양 및 용도를 교제를 통하여 알 수 있다.

## 1 수도용 경질염화비닐 이음관

[ TS와 HTS 형의 종류 ]

| 종 류 | | 비 고 |
|---|---|---|
| TS | A형 | 사출성형기에 의해 제조된 경질염화비닐 이음관 |
| | B형 | 원관을 가공한 경질염화비닐 이음관 |
| HITS | A형 | 사출성형기에 의해 제조된 경질연화비닐 이음관 |
| | B형 | 원관을 가공한 경질염화비닐 이음관 |

[ 이음관의 종류 ]

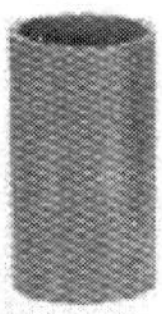
(a) 소켓

(b) 이경 소켓

(c) 엘보

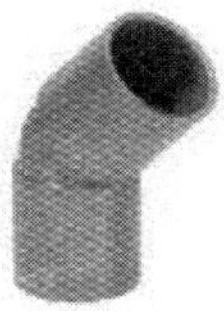
(d) 45° 엘보

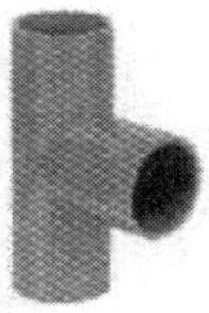
(e) 티

(f) 급수전 엘보

(g) 급수전용 소켓

(h) 급수전용 티

(i) 밸브용 소켓

(j) 캡

(k) 양쪽 소켓 칼라 이음관

(l) 플랜지

## 2 배수용 경질염화비닐 이음관

[ 엘보, 티, Y관의 종류 ]

(a) 90° 엘보

(b) 90° 롱굴곡엘보

(c) 45° 엘보

(d) 90° T

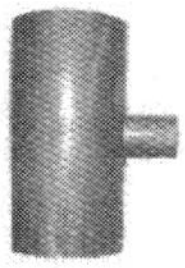
(e) 이경 90° Y

(f) 롱굴곡 90° Y

(g) 이경 90° 롱굴곡 양Y

(h) 45° Y

[ 소켓, 인크리저, 유니언소켓, P트랩, 캡, 바닥트랩, 소재구, 슬리브 ]

(i) 캡

(j) 바닥 트랩(아파트용)

(k) 바닥 트랩(주택용)

(l) 소제구

(m) 슬리브

(n) 소켓

(o) 인크리저(N)

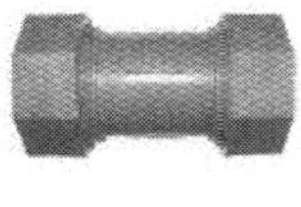
(p) 유니언 소켓

(q) P트랩

[ 폴리에틸렌 이음관의 종류 및 기호 ]

| 종 류 | 기 호 | 호칭지름 |
|---|---|---|
| 소켓 | S | 12, 15, 20, 25, 30, 40, 50 |
| 유니언 | U | 12×12, 15×12, 15×15, 20×12, 20×15, 20×20, 25×12, 25×15, 25×20, 25×25, 30×12, 30×15, 30×20, 30×25, 30×30, 40×12, 40×15, 40×20, 40×25, 40×30, 40×40, 50×12, 50×15, 50×20, 50×25, 50×30, 50×40, 50×50 |
| 티 | T | 12×1/2, 12×12, 15×1/2, 15×12, 20×1/2, 20×12, 20×15, 20×3/4, 20×20, 25×1/2, 25×12, 25×15, 25×3/4, 25×20, 25×1, 25×25, 30×1/2, 30×12, 30×15, 30×3/4, 30×20, 30×1, 30×25, 30×1 1/4, 30×30, 40×1/2, 40×12, 40×15, 40×3/4, 40×20, 40×1, 40×25, 40×1 1/4, 40×30, 40×1 1/2, 40×40, 50×1/2, 50×12, 50×15, 50×3/4, 50×20, 50×1, 50×25, 50×1 1/4, 50×1 |
| 엘보 | E | |

## (1) 수도용 폴리에틸렌(PE) 관이음관의 종류

[ 이음관의 종류 ]

| 분 류 | | 종류 |
|---|---|---|
| 융창식 이음관 | 커플링 접합 이음관 | 소켓, 이경 소켓, 엘보, 티, 캡, 수전용 소켓, 수전용 엘보, 유니언 소켓 |
| | 맞대는 접합 이음관 | 이경 소켓, 엘보, 티, 캡, 새들 |
| 죔식 이음관 | | 소켓, 이경 소켓, 엘보, 45° 벤드, 티, 플랜지관, 밸브 소켓 |

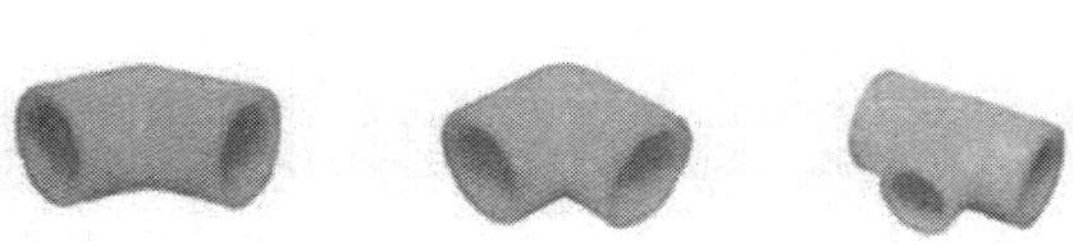

융착식 이음관의 모양

죔식 이음관의 모양

[ 맞대는 접합 이음관 종류 및 모양(1) ]

(a) 엘보 (b) 이경엘보 (c) 이경티 (d) 티 (e) 캡

(f) 이경소켓 (g) 소켓 (h) 새들 (i) 트랜지션 피팅 (j) 분기티

## (2) 수도용 폴리에틸렌(PE) 관이음관의 모양

[ 죔식 이음쇠 종류 및 모양 (2) ]

(a) 45° 엘보 (b) 90° 엘보 (c) 리듀서 (d) 밸브소켓

(e) 소켓 (f) 이경티 (g) 티 (h) 플랜지

# 3 폴리부틸렌(Polybutylene Pipe) 이음관

[ 열간 내압크리프 시험의 시험압력 ]

| 호칭지름 | 시험압력 (kgf/cm$^2$) | |
|---|---|---|
| | 1시간 크리프 시험 | 1000시간 크리프 시험 |
| 13~16 | 18 | 17 |
| 20~25 | 13 | 12 |
| 30~100 | 12 | 11 |

### (1) 폴리부틸렌(Polybutylene Pipe) 이음관의 모양

[ 소켓, 엘보, 티, 어댑터 종류 및 모양(1) ]

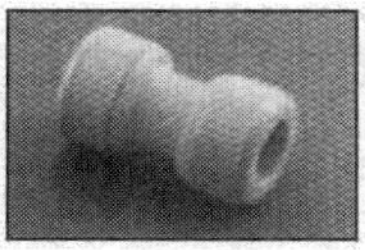
(a) 소켓

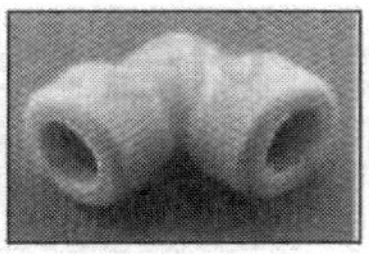
(b) 엘보

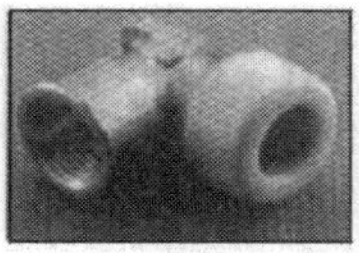
(c) 수전엘보

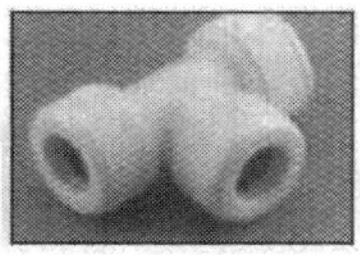
(d) 티

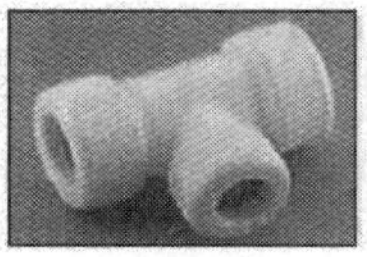
(e) BR티

(f) 수전티

(g) CF 어댑터

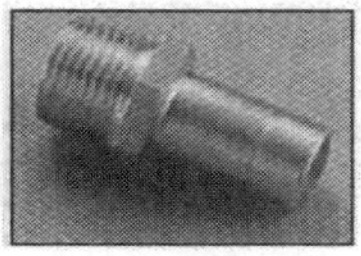
(h) CM 어댑터

[ 리듀서, 소켓, 벨브, 커넥터, 링, 와셔, 캡의 종류 및 모양(2) ]

## 4 가교화 폴리에틸렌 관이음쇠(Crosslinked polyethylene pipes)

[ 커플링, 티, 엘보 소켓, 밸브 소켓 ]

(a) 커플링

(b) 티

(c) 엘보 소켓

(d) 밸브 소켓

# 04 신축이음쇠

**학습 목표**

배관의 신축 흡수를 위한 슬리브형 · 벨로스형 · 루프형 · 스위블형 · 플렉시블 신축이음쇠의 종류와 모양 및 용도를 교제를 통하여 알 수 있다.

## 1 슬리브형 신축이음쇠

### (1) 슬리브형 신축이음쇠(Sleeve joint)

[ 단식 ]

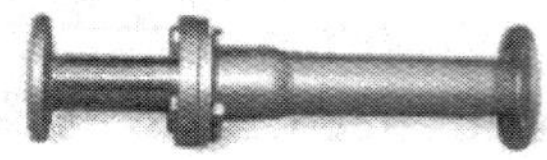

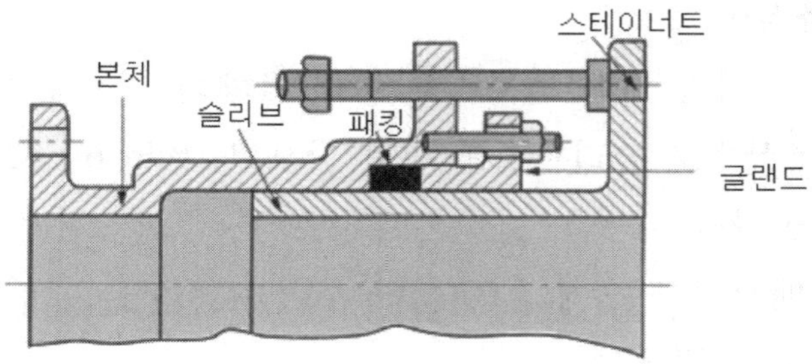


[ 복식 ]

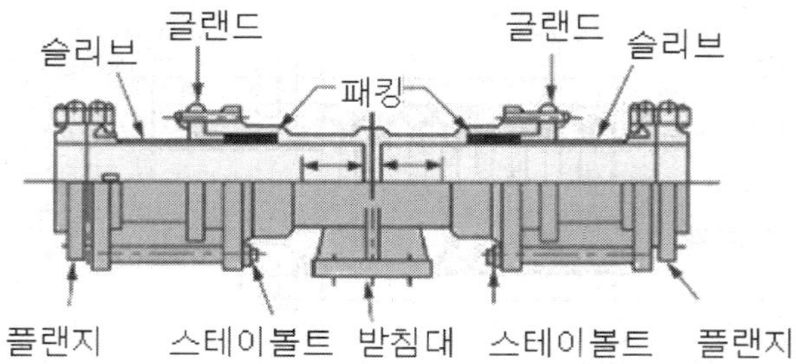

### ⑵ 벨로스형 신축이음쇠

[ 단식 ]

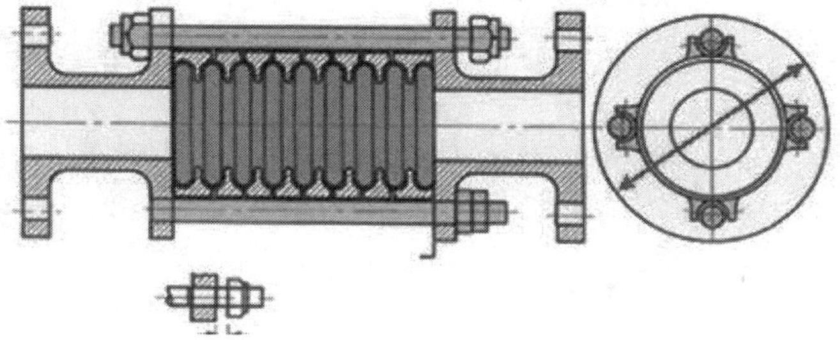

[ 복식 ]

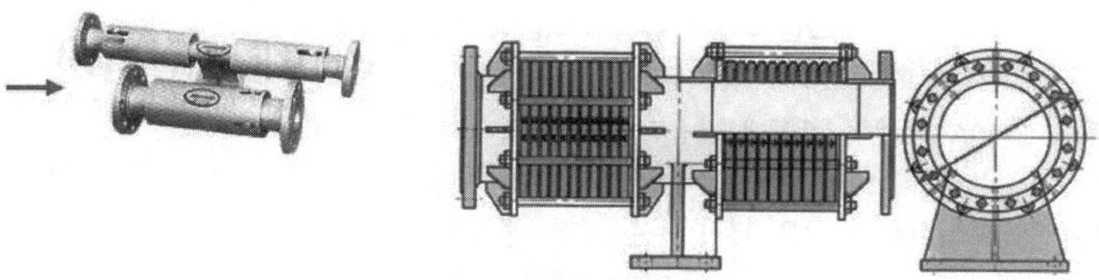

### ⑶ 루프형 신축이음쇠(Loop joint)

[ 각종 루프 및 오프셋의 형상 ]

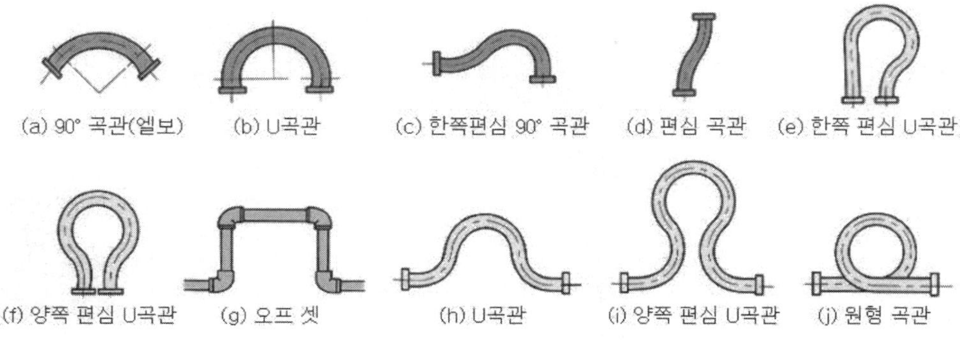

## 2 볼, 스위블형 신축 이음쇠

### (1) 볼 조인트 신축 이음쇠 오프셋 형상

[ 볼 조인트 신축 이음쇠를 이용한 오프셋의 형상 ]

(a) 90° 곡관(엘보) (b) U곡관 (c) 한쪽편심 90° 곡관 (d) 편심 곡관 (e) 한쪽 편심 U곡관

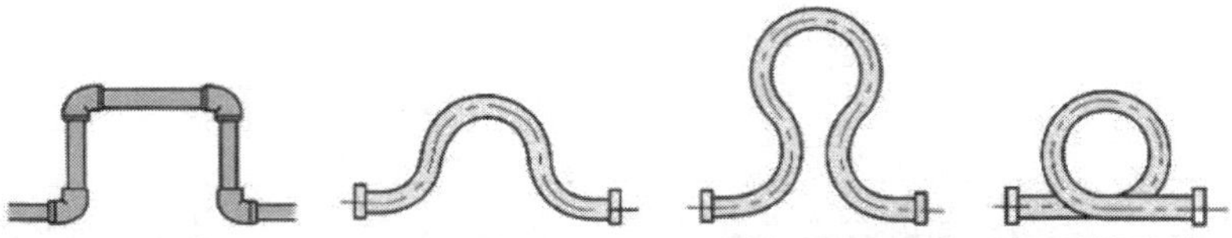

(f) 양쪽 편심 U곡관 (g) 오프 셋 (h) U곡관 (i) 양쪽 편심 U곡관 (j) 원형 곡관

### (2) 볼 조인트 신축이음쇠의 종류

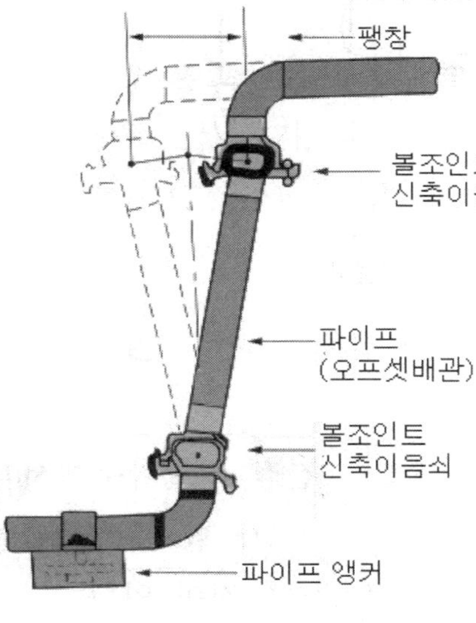

사진 2부분

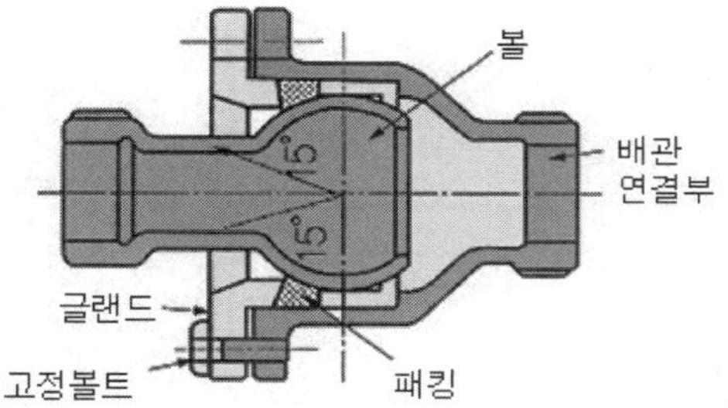


[ 나사식 ]

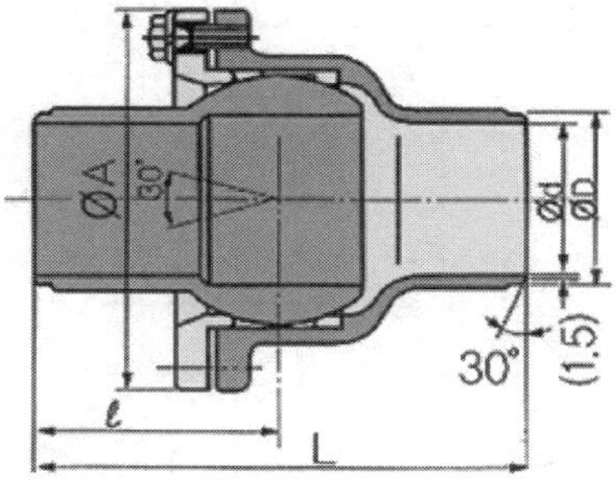


[ 용접식 ]

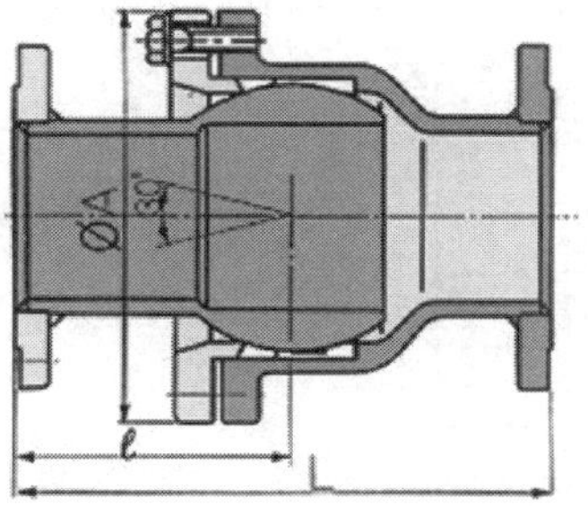


[ 플랜지식 ]

### ⑶ 스위블형(swivel) 신축이음쇠

[ 스위블 신축이음의 종류 ]

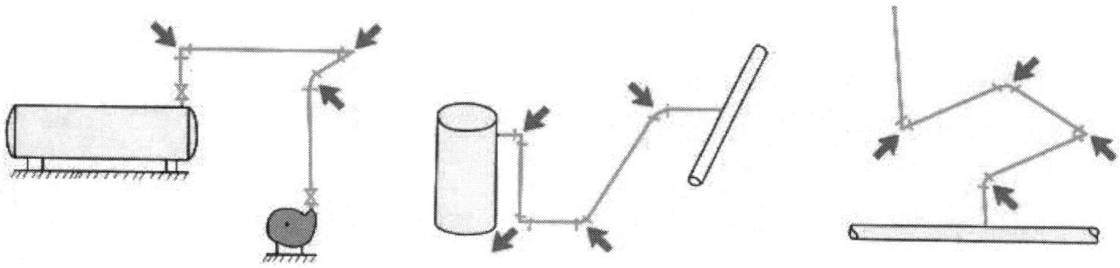

(a) 3엘보 (b) 4엘보 (c) 4엘보

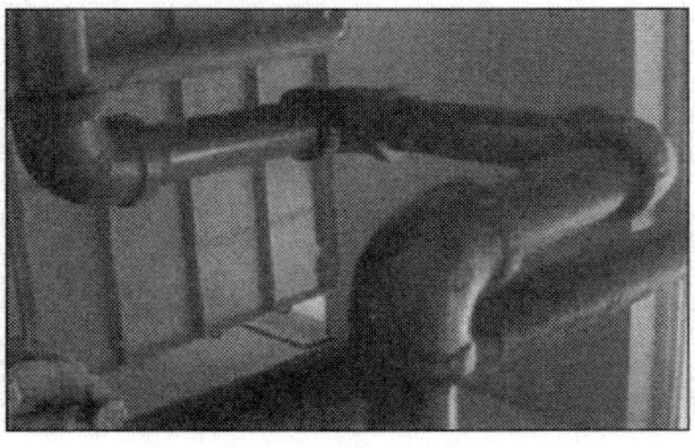

스위블형 사진

## 3 플렉시블 신축이음쇠

[ 플렉시블 커넥터 신축 이음의 종류 ]

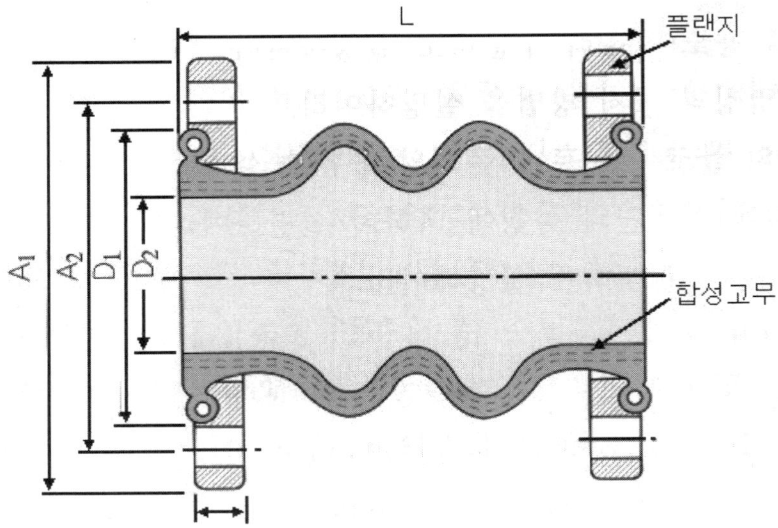


### (1) 플렉시블 커넥터

[ 플렉시블 튜브 ]

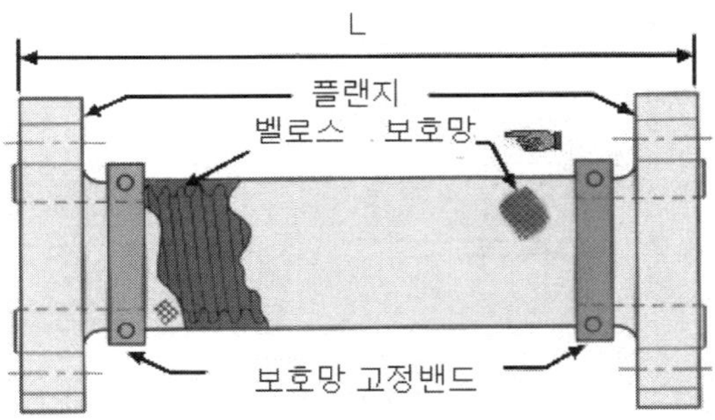

# 05 밸브(valve) / 스트레이너(strainer) / 트랩(trap)

**학습 목표**

KS규정에 따라 나사식 · 용접식 · 플랜지식 · 홈조인트 주철관 이음쇠의 종류와 모양 및 용도를 교제를 통하여 알 수 있다.

- 밸브(Valve)
  배관의 정지 및 조정을 정지밸브 · 조정밸브 · 냉매용 밸브 · 수전류의 종류와 모양 및 용도를 교제를 통하여 알 수 있다.

## 1 글로브(globe or stop) 밸브

### (1) 밸브의 구조

(a) 청동 글로브밸브

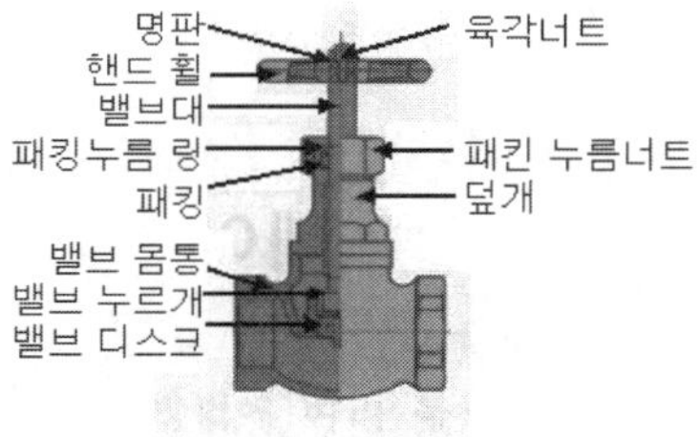


(b) 글로브밸브 메탈시트

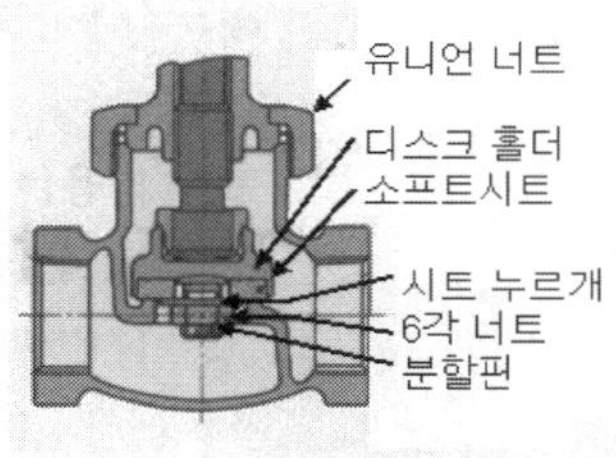


(c) 글로브밸브 소프트시트

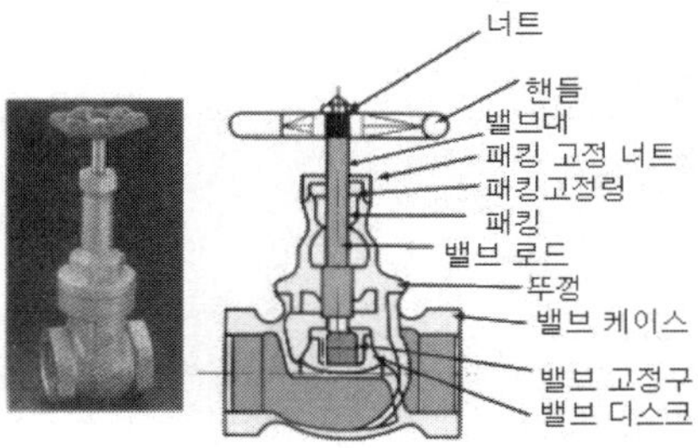


(a) Y형 글로브밸브

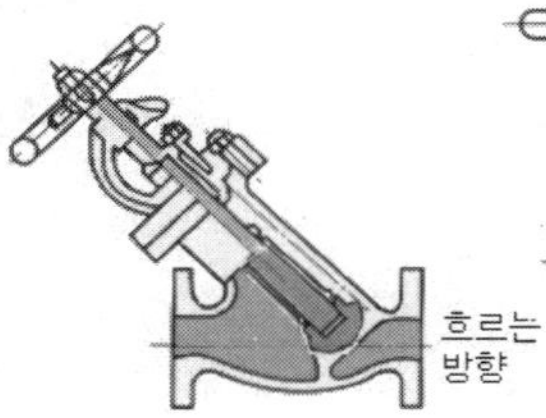


(b) 글로브밸브

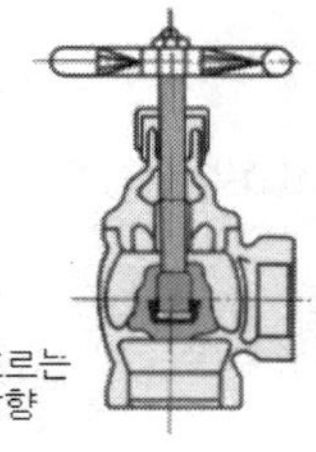

(c) 앵글 글로브밸브

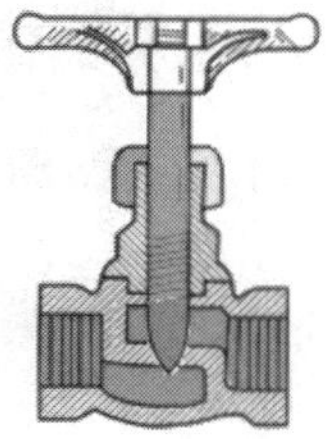

(d) 니들밸브

### (2) 글러브 밸브의 디스크의 형상

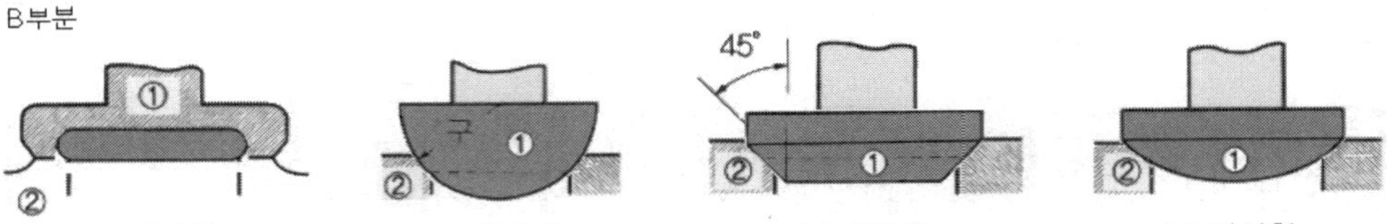


(a) 평면형 (b) 반구형 (c) 원뿔형 (d) 반원형

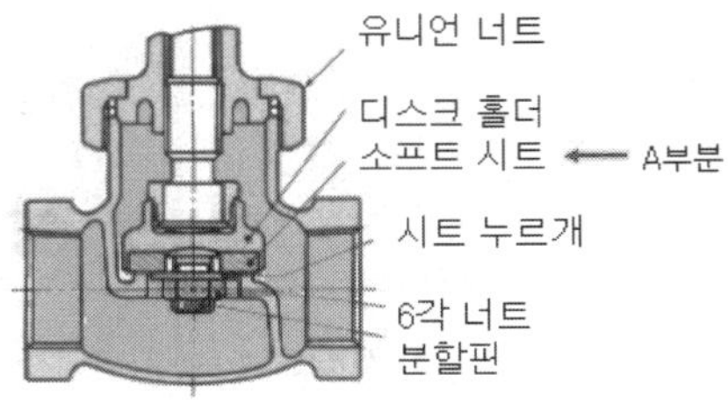


## 2 게이트 밸브(gate valve)

[ 모양 ]

[ 내부구조 ]

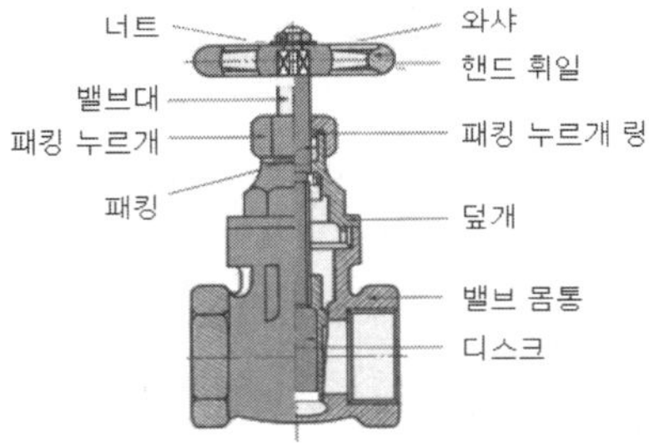


[ 도식기호]

### (1) 게이트 밸브(gate valve)의 종류

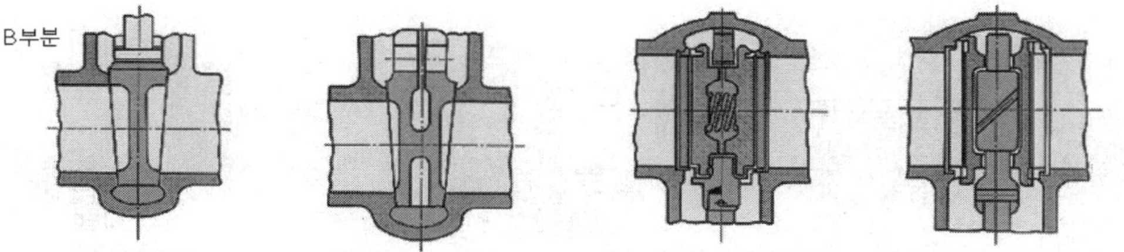


(a) 단체밸브 (b) 플렉시블밸브 (c) 패럴형 슬라이드밸브 (d) 더블디스크 게이트밸브

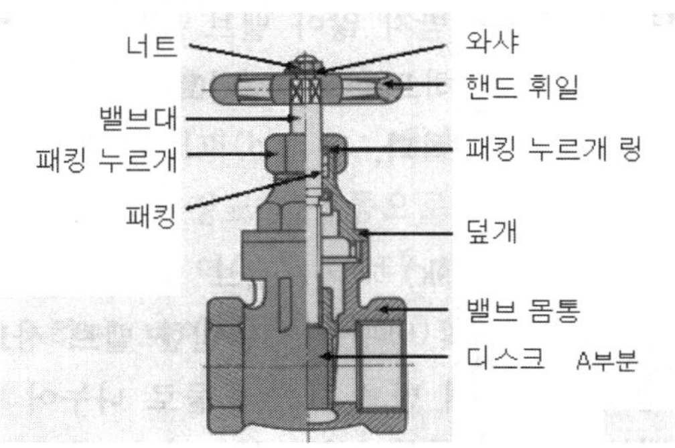


## 3 정지밸브

### (1) 체크밸브(check valve)

| 용도 및 종류 | 리프트형과 스윙형 |
|---|---|
| ◆ 용도<br>유체를 일정한 방향으로 흐르게 하고 역류를 방지하는 데 사용한다.<br>◆ 종류<br>• 리프트형(lift type)<br>• 스윙형(swing type)<br>• 헤머리스형(ha[mm]erless type)<br>• 풋형(foot type) | 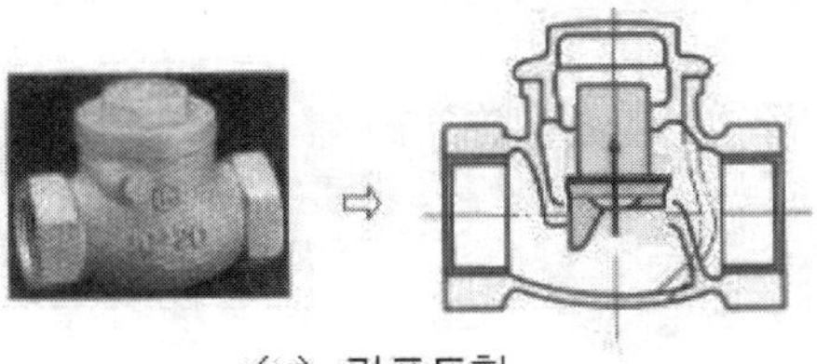<br>(a) 리프트형<br>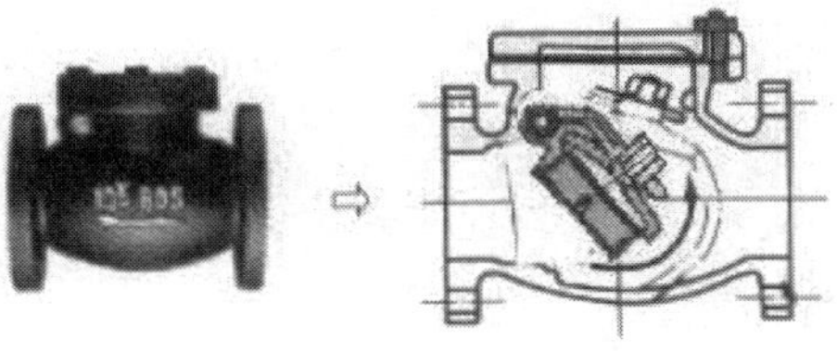<br>(b) 스윙형 |

[ 헤머리스형, 밸브뚜껑붙이형, 볼 풋형 ]

(a) 해머리스형 (b) 밸브뚜껑이붙이 풋형 (c) 볼 풋형

## (2) 콕(cock)

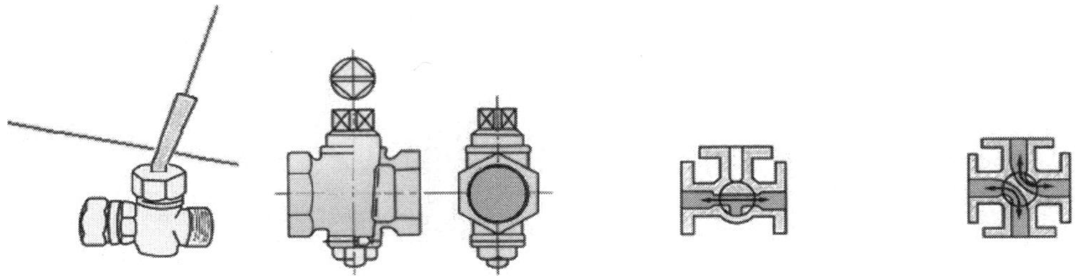

(a) 핸들 콕 (b) 2방콕(청동메인콕) (c) 4방콕 (d) 핸들콕

## (3) 버터플라이 밸브(butterfly valve)

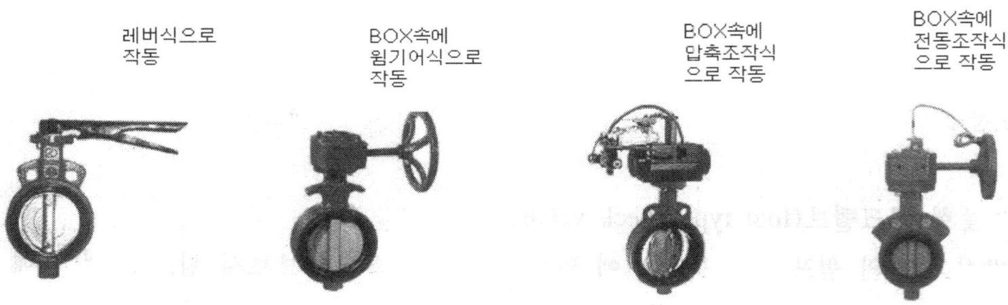


(a) 록레버식 (b) 웜기어식 (c) 압축조작식 (d) 전동조작식

### (4) 볼밸브(ball valve)

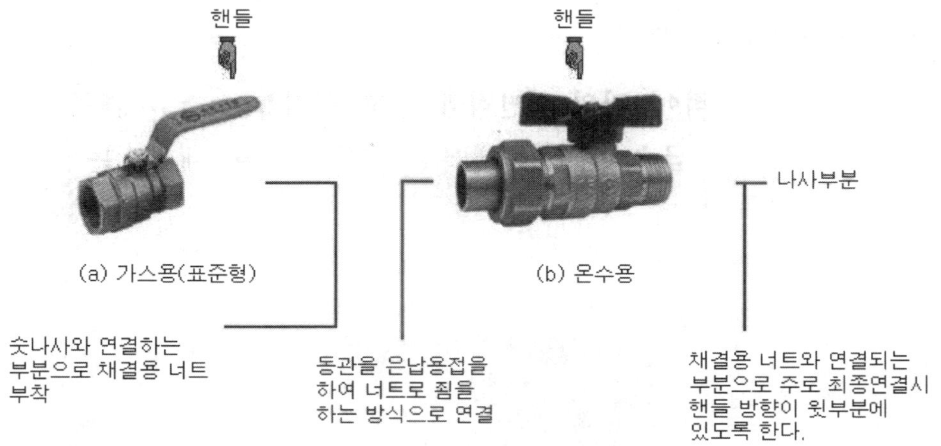


(a) 가스용(표준형) (b) 온수용

### (5) 다이어프램 밸브(diaphragm valve)

[모 양]

[종 류]

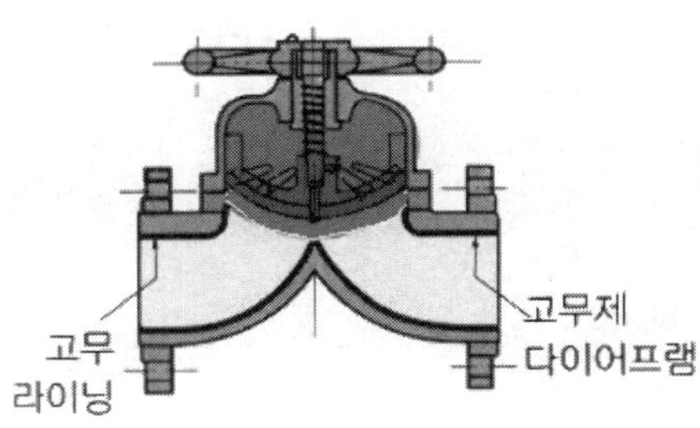


(a) 다이어프램 밸브

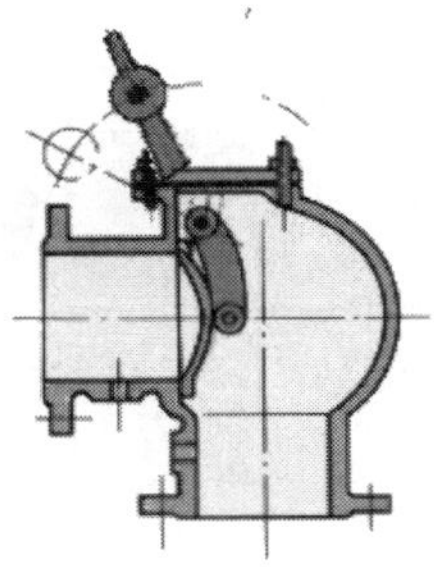

(b)플랩밸브

## 4 감압밸브

### (1) 파일럿식 감압밸브

[ 구조 ]

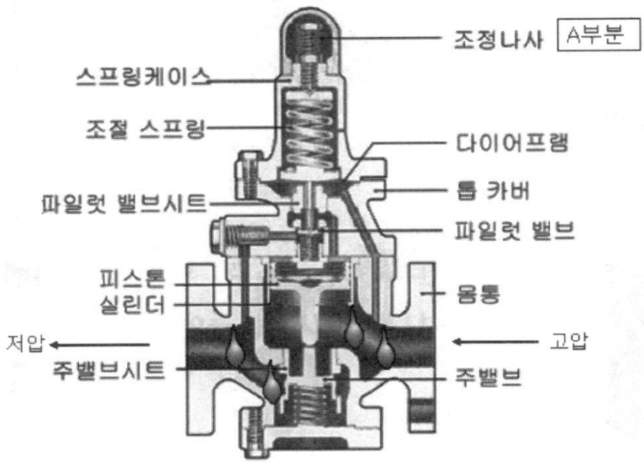


[ 모양 ]

[ 직관의 길이 ]

| 감압변 호칭구경(mm) | 직관부의 길이 | |
|---|---|---|
| | A(mm) | B(mm) |
| 15~40 | 400 | 900 |
| 50~100 | 900 | 1,500 |
| 125~200 | 1,200 | 2,500 |

[ 주위 배관도 ]

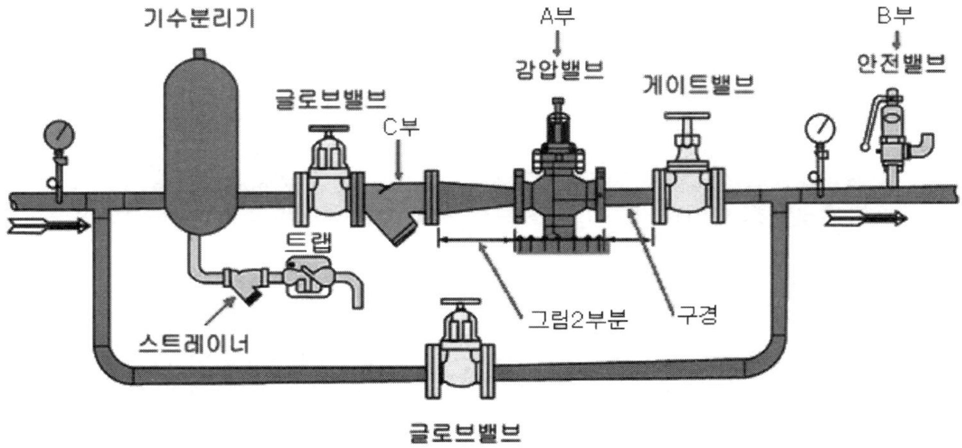

### ⑵ 직동식 감압밸브

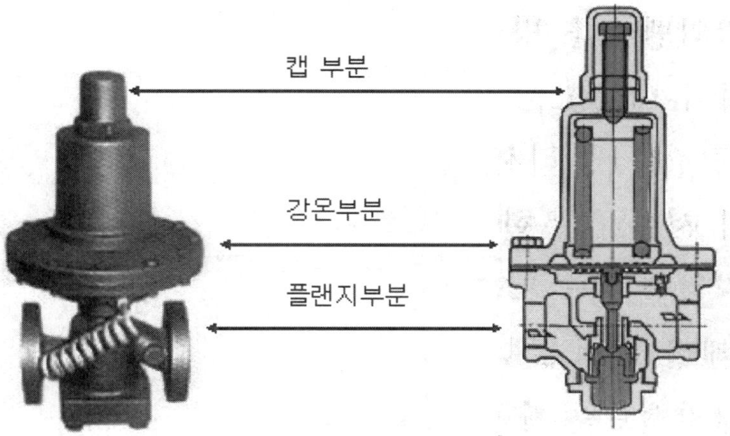


[ 모양 ] [ 내부 구조 ]

### ⑶ 타력식 감압밸브

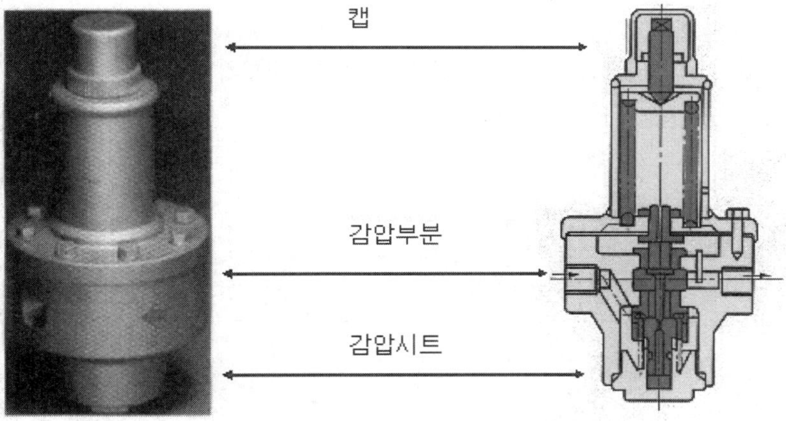


사진1부분 사진2부분

[ 모양 ] [ 내부 구조 ]

### (4) 감압밸브 설치

[ 감압밸브 설치 시(보기 1) ]

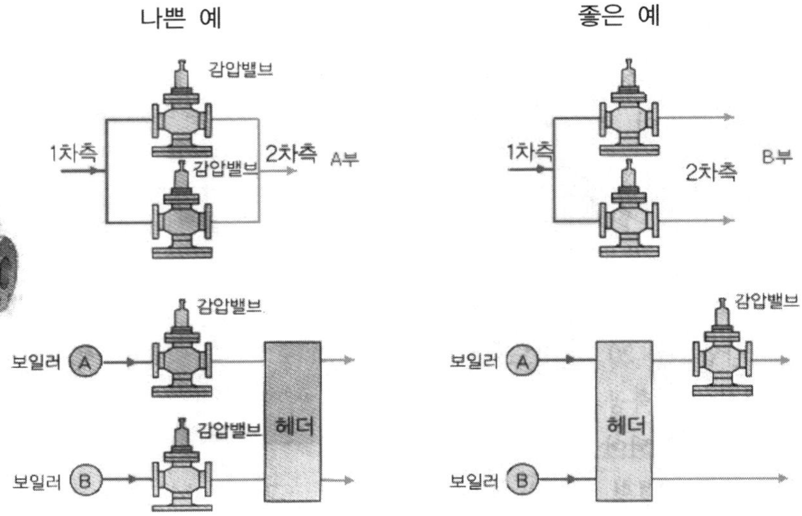


[ 감압밸브 설치 시(보기 2) ]

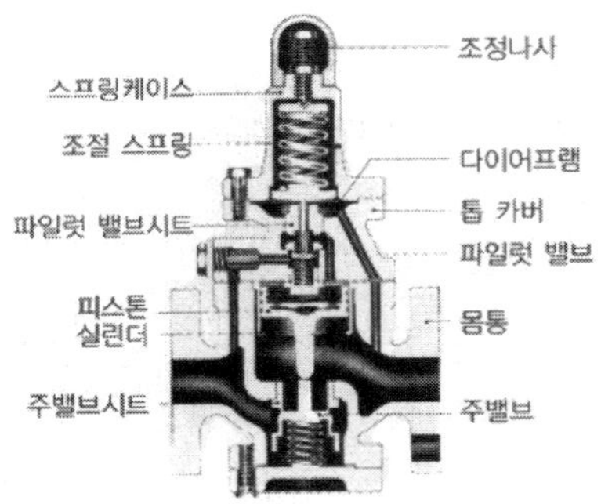


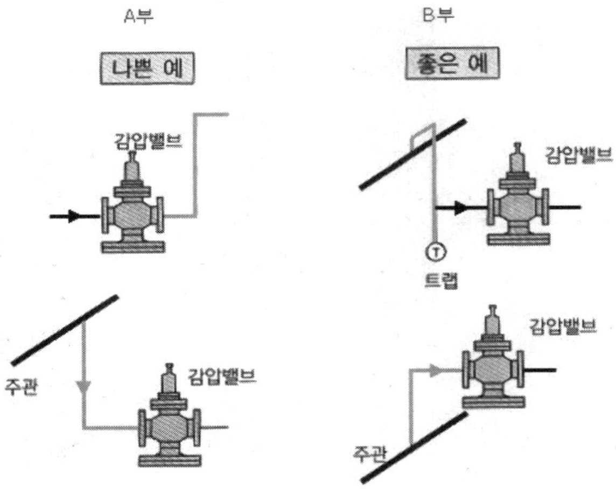

# 5 온도조절 밸브

## (1) 온도조절 밸브의 종류

[ 부착형, 플랜지형, 파이롯트 조절형, 유체용 감온통 ]

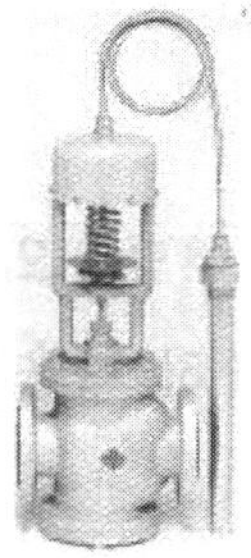
(a) 부착형(직동식)

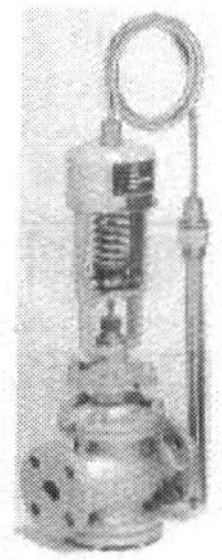
(b) 플랜지형(직동식)

(c) 파일롯트 조절형

(d) 유체용 감온통

## (2) 온도조절 밸브의 제어동작

[ 직동식 및 파이롯트식 온도조절 원리 제어동작 ]

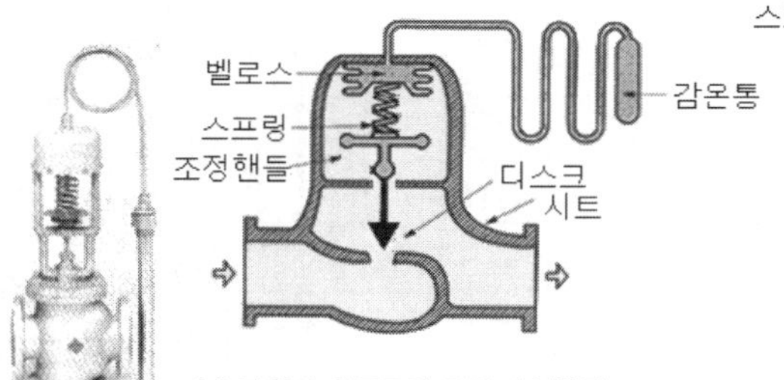

(a) 직동식 온도조절 원리 제어동작

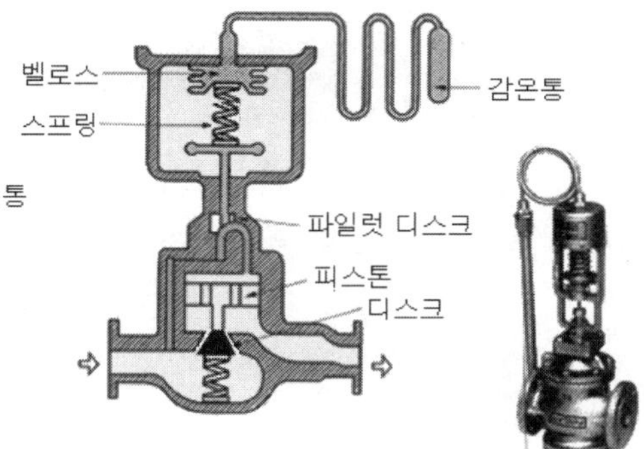

(b) 파이롯트식 온도조절 원리 제어동작

## (3) 온도조절 밸브의 제어방법

[ 직동식 및 파이롯트식 온도조절 방법 ]

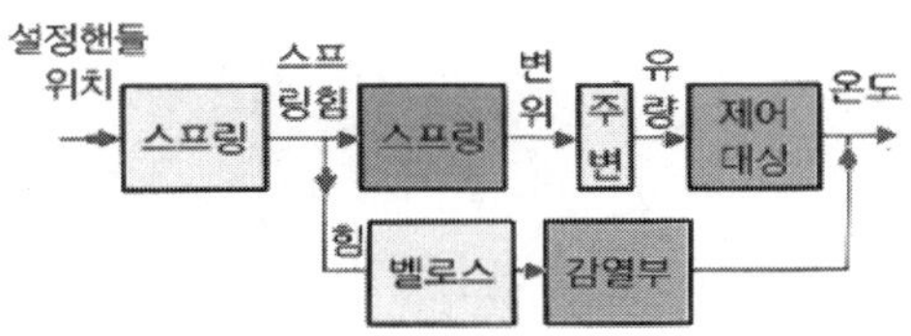

(a) 직동식 온도조절 방법

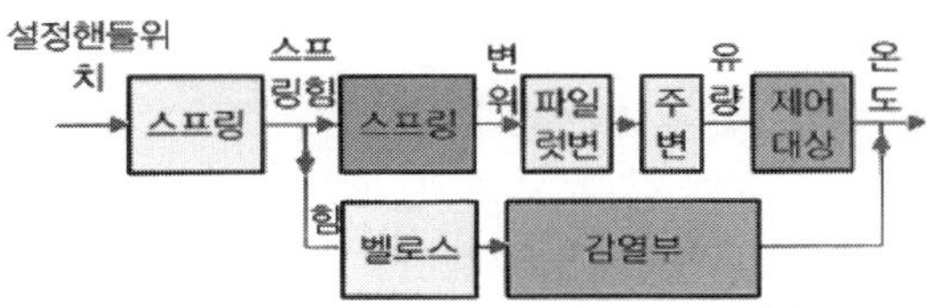

(b) 파일럿식 온도조절 방법

### ⑷ 실내 자동온도 조절밸브 설치 예

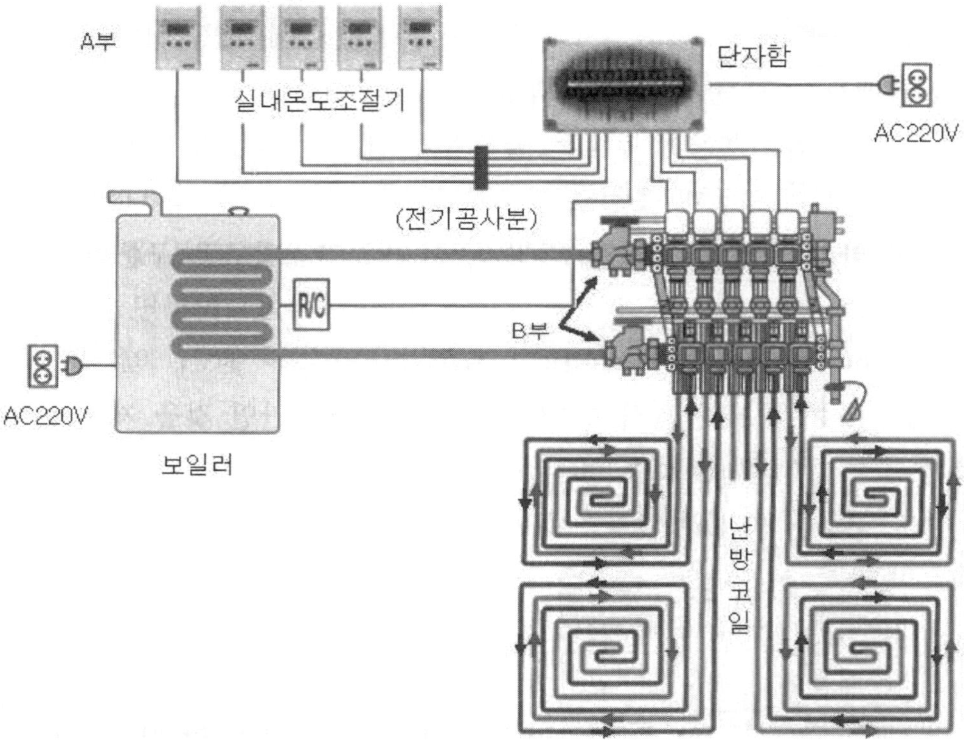

## (5) 안전밸브의 종류 및 특징

[ 안전밸브의 모양과 용도 및 종류 ]

| 모 양 | 용도 및 종류 |
|---|---|
| 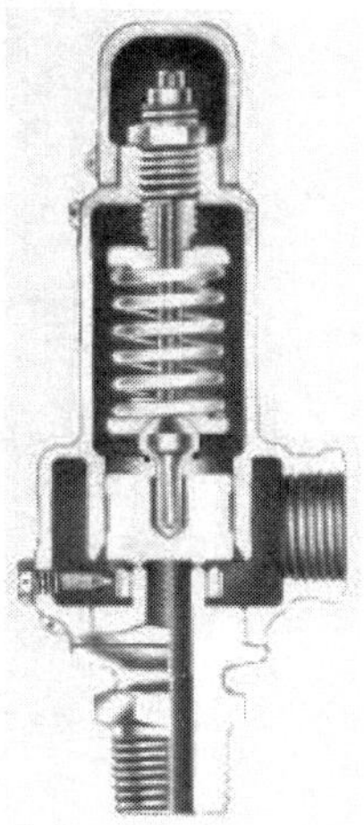 | ◆ 용도<br>고압 유체를 취급하는 배관이나 보일러 등의 압력 용기에 설치하여 관 또는 압력용기 속의 규정 압력 이상으로 되면 자동적으로 열려 안전한 수준으로 유지되는 밸브<br>◆ 종류<br>• 스프링식 안전밸브(저양정식, 고양정식, 전양정식, 전양식)<br>• 중추식 안전밸브<br>• 지렛대식 안전밸브<br>• 기체용 안전밸브<br>• 펌프 릴리프용 밸브 |

## (6) 저양정 스프링식 안전밸브

[ 저양정식 안전밸브 ]

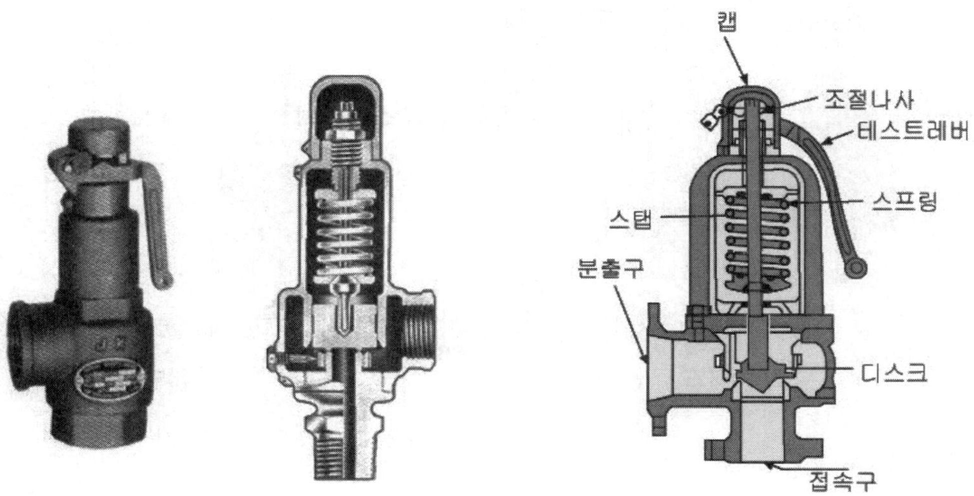


(a) 테스트 레버형 (b) 밀폐형 (c) 테스트 레버형 구조도

### (7) 고 · 전양정 스프링식 안전밸브

[ 전양정식 안전밸브 ]

[ 모양 ]

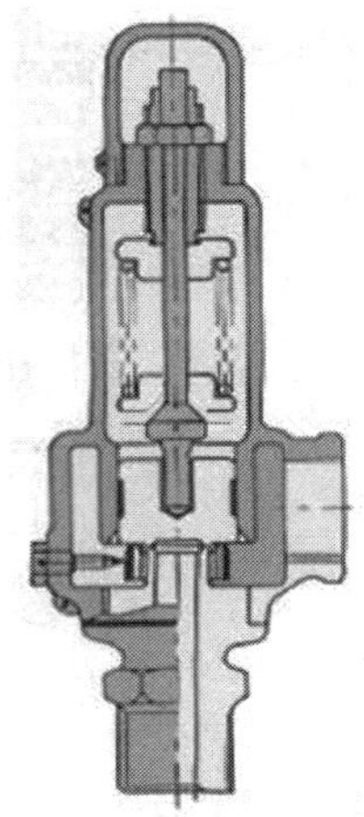

[ 내부구조 ]

모양은 비슷하고 시트지름의 1/7 이상 일 때 시트가 열려 안전밸브 역할을 함.

[ 전양식 안전밸브 ]

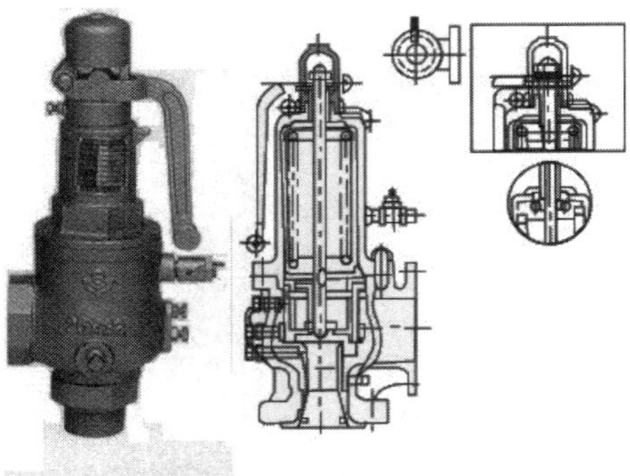

(a) 전량식 레버 부착형

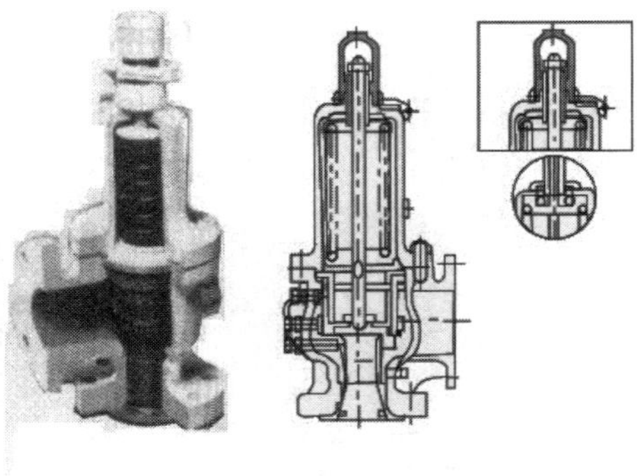

(b) 밀폐형

[ 모양 ]

[ 내부구조 ]

## (8) 중추식 및 지렛대식 안전밸브

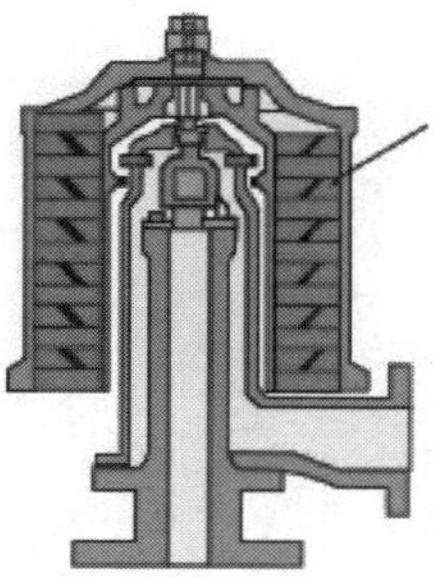


[ 중추식 안전밸브 ]

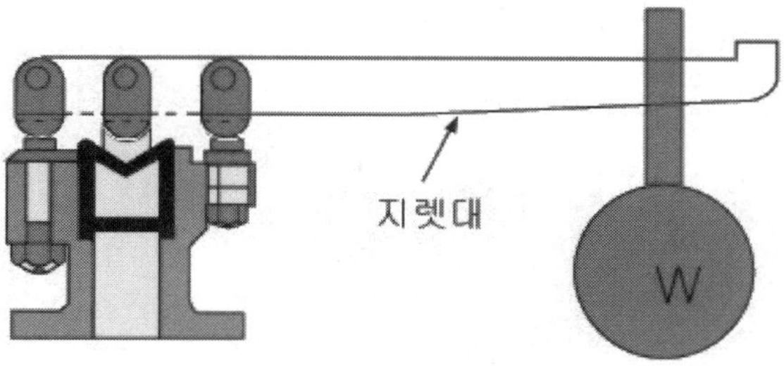


[ 지렛대식 안전밸브 ]

## (9) 기체용 안전밸브

[ 모양 ]

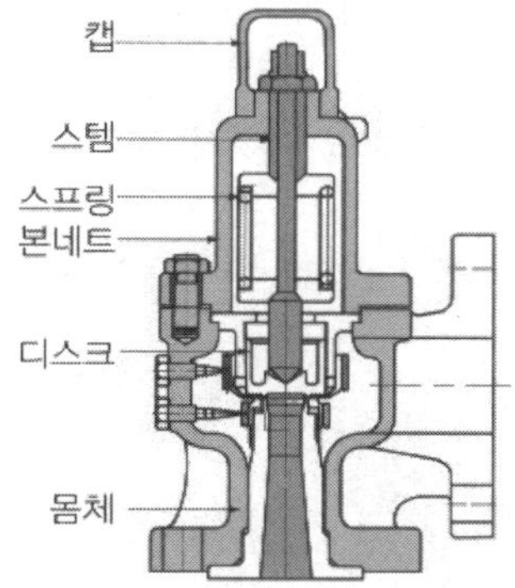


[ 내부구조 ]

## (10) 펌프 릴리프용 밸브와 온수용 안전밸브

(a) 덤프 릴리프용 밸브

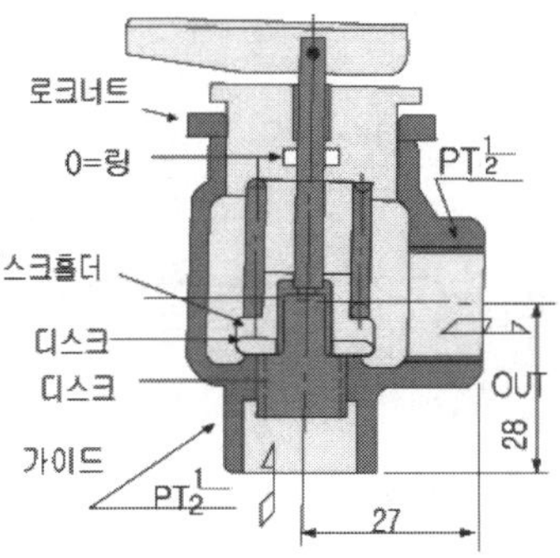


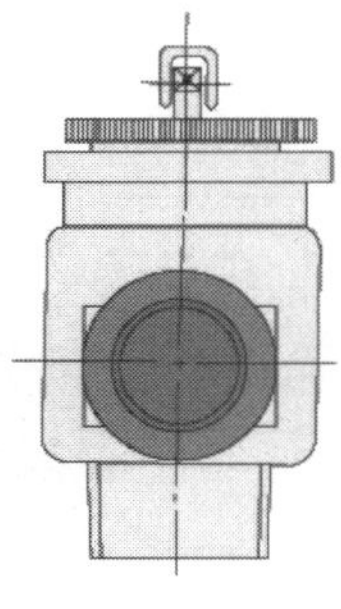

(b) 온수용 안전밸브

[ 모양 ]

[ 내부구조 ]

## (11) 펌프 릴리프용 밸브와 온수용 안전밸브

[ 모양 ]

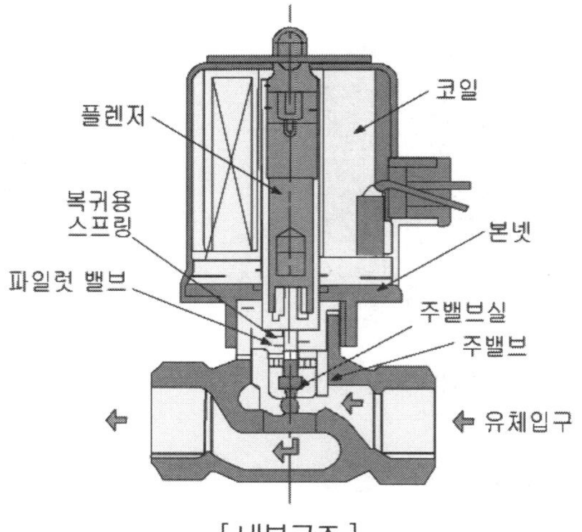


[ 내부구조 ]

## (12) 전자밸브의 온도조절 및 압력제어장치

[ 온도조절장치 및 압력제어장치 ]

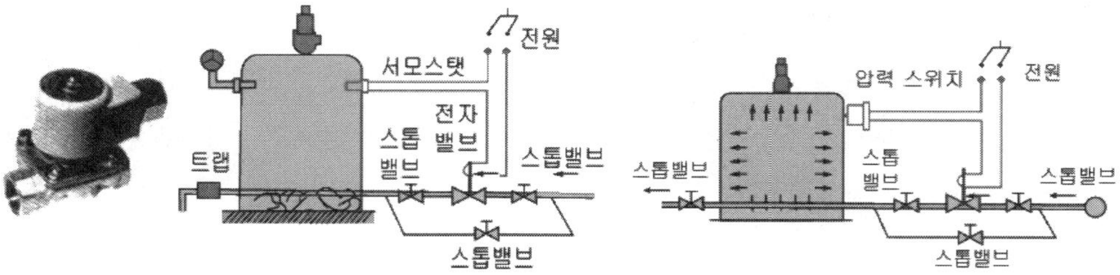


(a) 온도조절장치 (b)압력제어장치

## (13) 전자밸브의 수위제어 및 계량제어장치

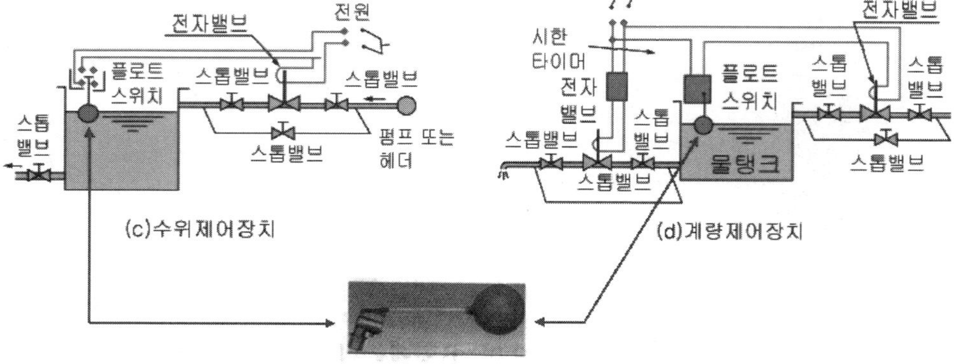


(c)수위제어장치 (d)계량제어장치

# 6 전동밸브

## (1) 2방향 전동밸브

[ 2방향 밸브의 모양 및 종류 ]

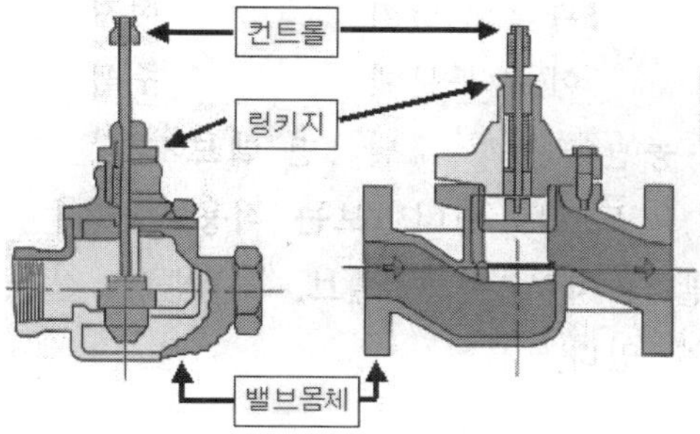


(a) 단좌형 (b) 복좌형

[ 내부구조 ]

(c) 공기 구동형

(d) 전기(자)식 구동형

(e) 액셔네이터 모터식

[ 모양 ]

## (2) 3방향 전동밸브

[ 3방향 밸브의 모양 및 종류 ]

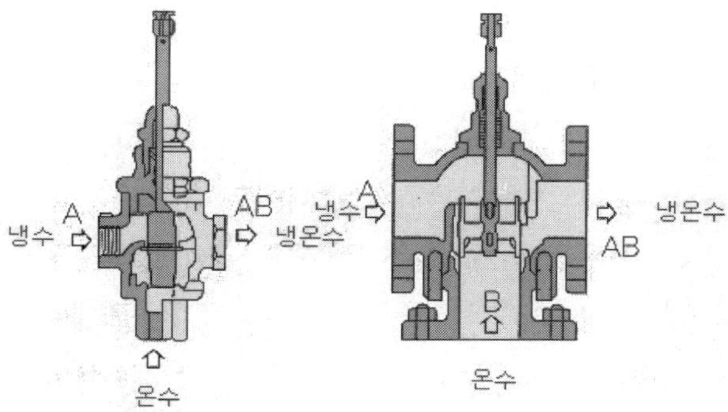


(a) 나사식 (b) 플랜지식

[ 내부구조 ]

(c) 모터구동형

(d) 공기압구동형

[ 모양 ]

## 7 오토매틱 워터밸브(Automatic Water valve)

### (1) 수위조절 밸브

[ 수위조절밸브 ]

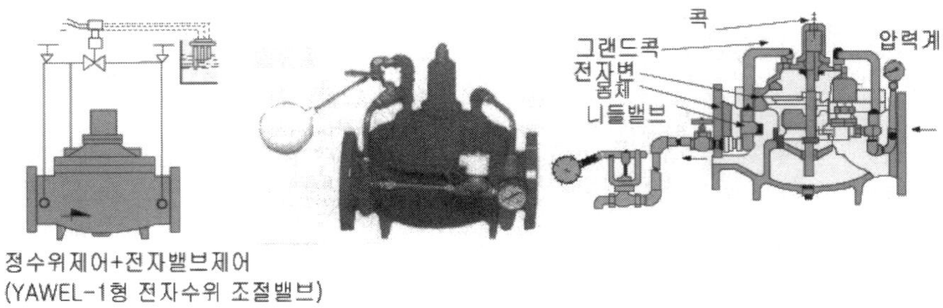


[ 전자 수위조절밸브 ]

### (2) 감압 및 감압전자 밸브

[ 감압밸브]

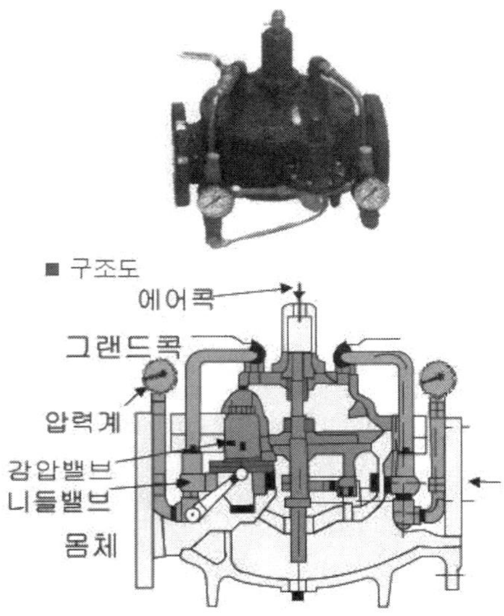


[감압전자밸브]

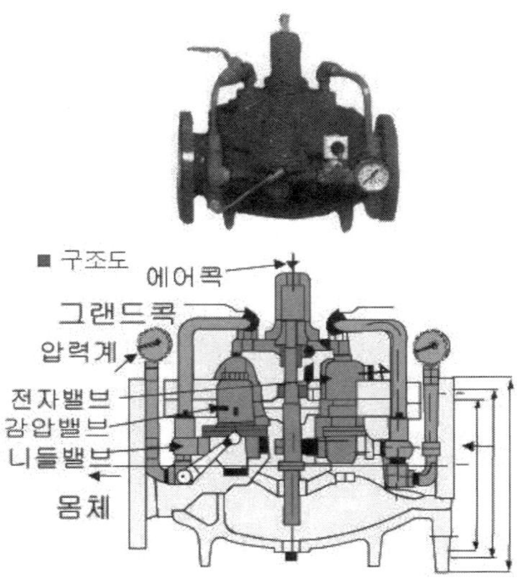

[ 감압 밸브] [감압전자 밸브]

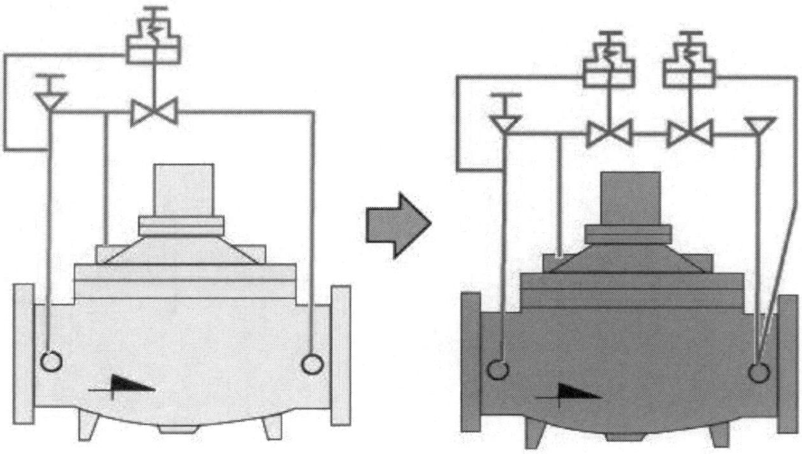

(a) 응용배관도

## 8 냉매 밸브

### (1) 팩드 밸브(packed valve) 및 팩리스 밸브(packless valve)

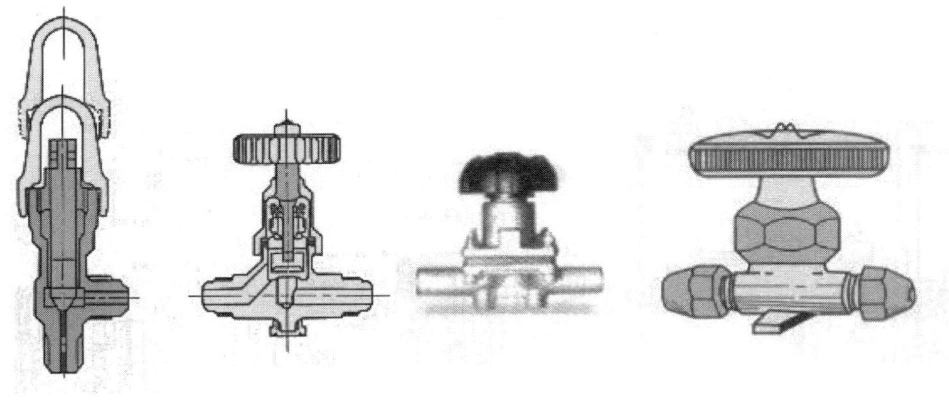

(a) 팩드 밸브 (b) 팩리스(벨로스) 밸브 (c) 팩리스(다이어프램)밸브

### (2) 플로트 밸브(float valve) 및 팽창 밸브

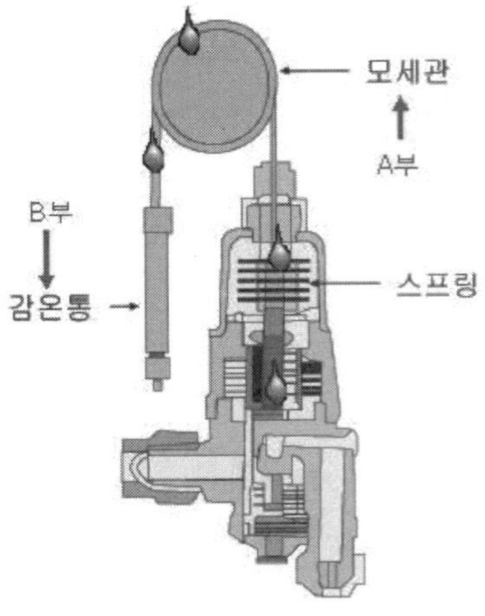


[ 팽창 밸브 ]

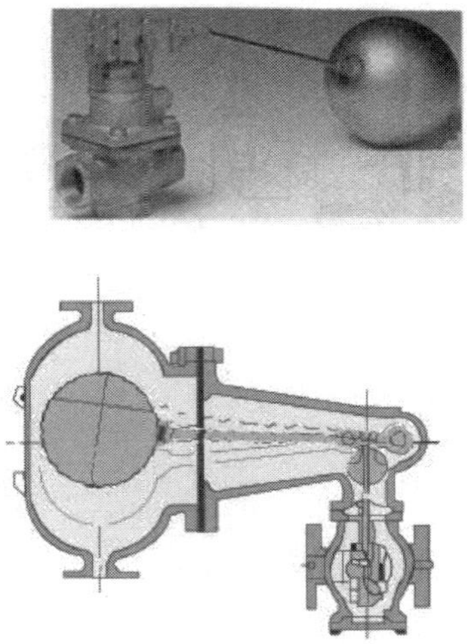

[ 플로트 밸브 ]

### (3) 증발압력 조정밸브, 전자밸브 및 자동급수 밸브

| 모 양 | 밸브 종류 | 특징 |
|---|---|---|
|  | 증발압력 조정밸브 | 증발기와 압축기 사이에 설치하여 증발기 부하와 관계없이 증발기에서 증발한 냉매온도를 항상 일정하게 유지하기 위해 사용하는 밸브 |
| | 전자밸브 | 팽창밸브의 바로 앞에 설치하여 압축기가 정지하고 있을 때는 냉매액이 증발기 속으로 유입하는 것을 방지해주는 밸브 |
| | 자동 급수밸브 | 수냉식 응축수의 냉각수 공급을 조정하는 밸브로다이프램 또는 벨로스가 부착되어 냉각수의 공급량을 자동적으로 가감한 밸브 |

# 9 수전류

## (1) 급수전(faucet)

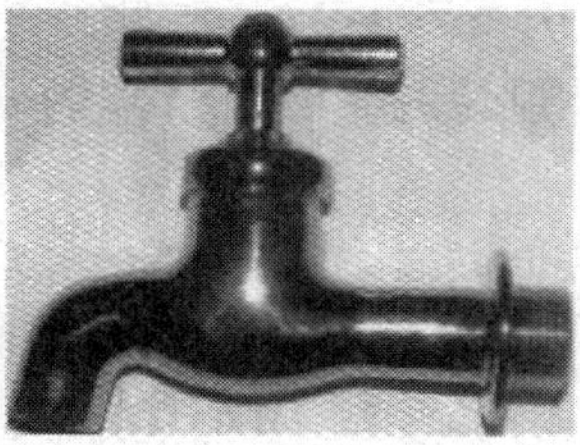

[ 모양 ]

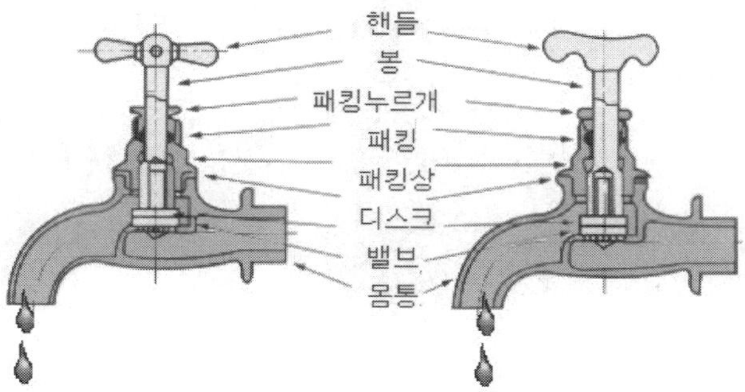


[ 내부구조 ]

[ 급수전 모양 및 종류 (1) ]

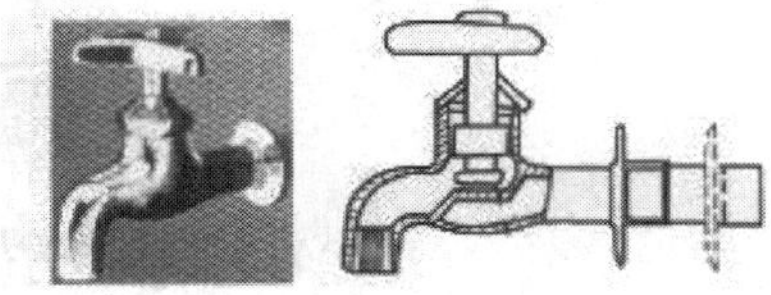

(a) 횡수전

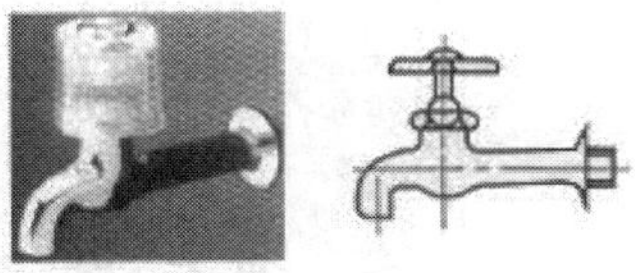

(b) 긴몸통 횡수전

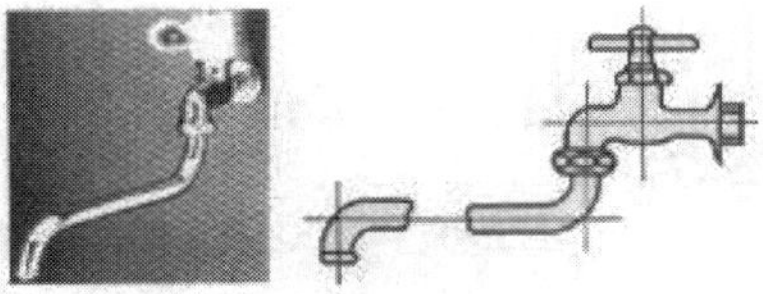

(c) 목돌림 수전

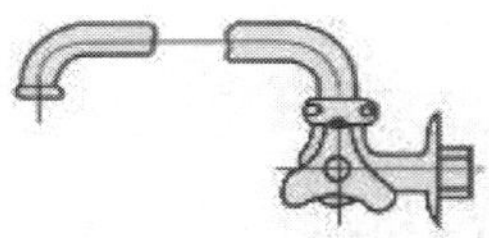

(d)가로형 목돌림수전

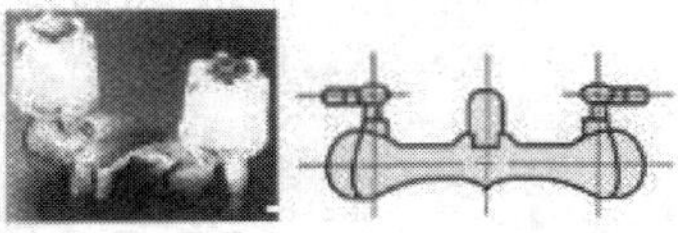

(e) 냉온수혼합수전(고정형)

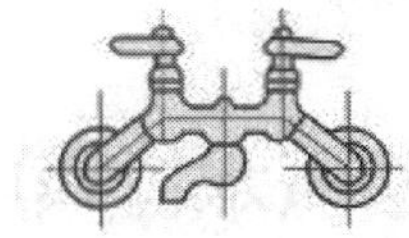

(f)탕수혼합수전(조절형)

[급수전 모양 및 종류 (2)]

(g) 수직수전(회전형)

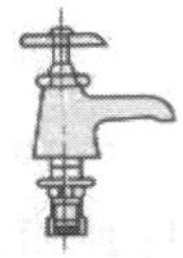

(h) 수직수전

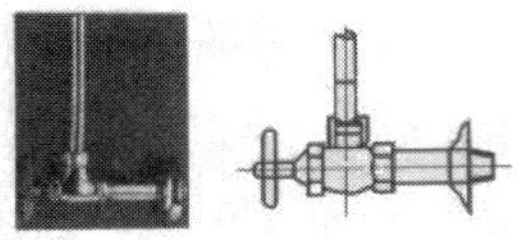

(i) 앵글형지수전

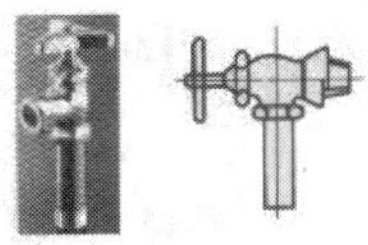

(j)소변기 세정수전

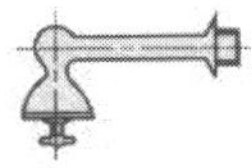

(k) 위생수전

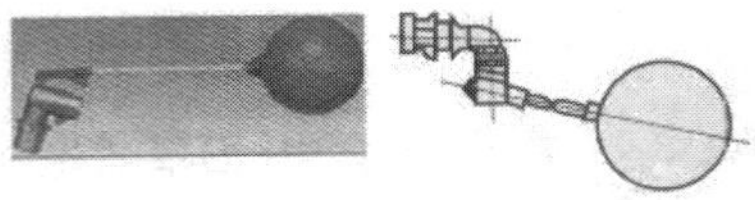

(l) 볼탭

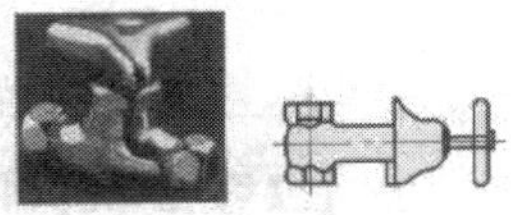

(m) 수평지수전

[급수전 모양 및 종류 (3)]

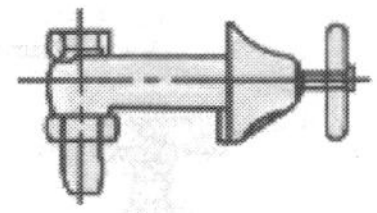

(n) 샤워지수전

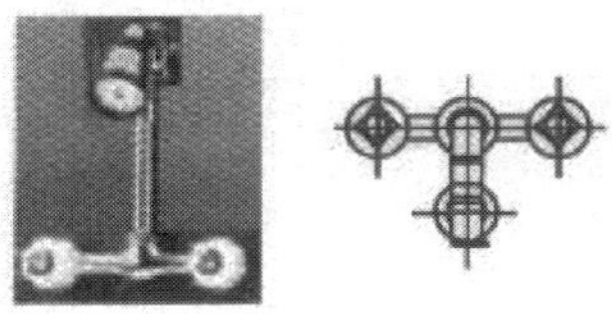

(o) 욕조수전

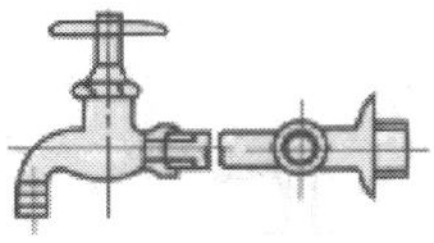

(p) 익달림화학수전

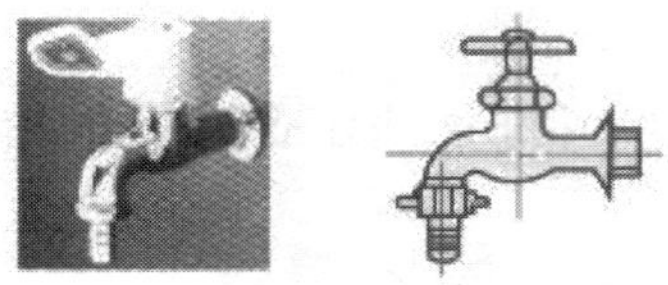

(q) 커플링달림수전

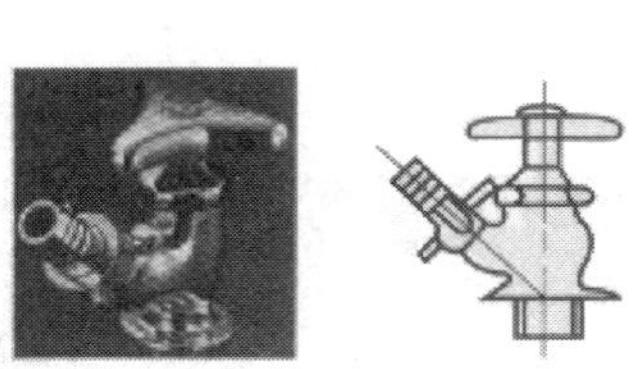

(r) 살수전

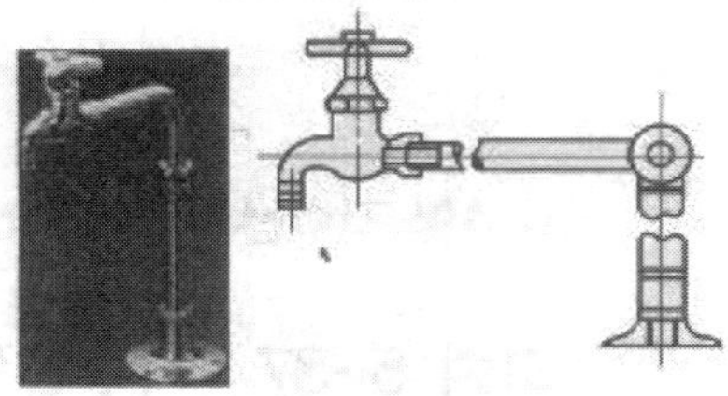

(s) 대달림화학수전

[급수전 모양 및 종류 (4)]

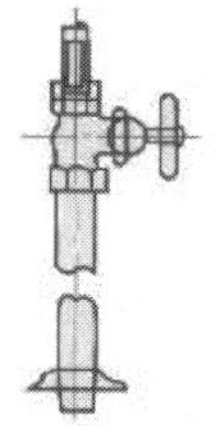

(t) 스트레이형 지수전

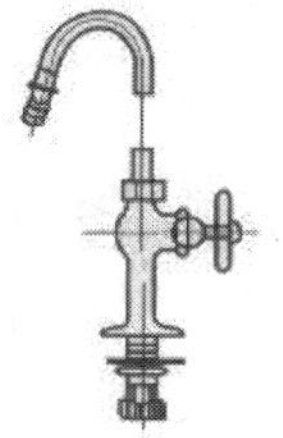

(u) 구즈넥수전(수직형)

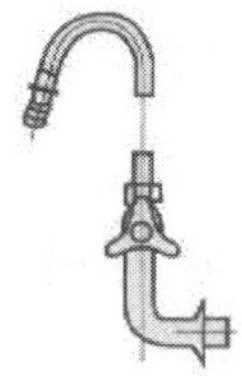

(v) 구즈넥수전(수평형)

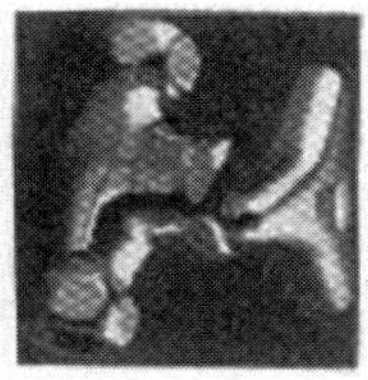

### (2) 지수전 및 분수밸브

[A형 지수전과 B형 지수전]

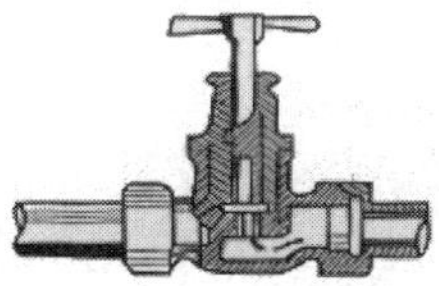

(a) A형 지수전

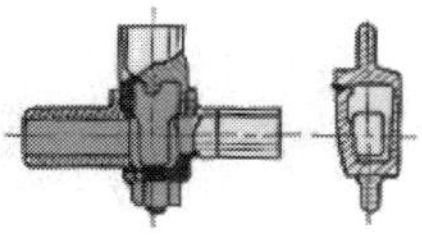

(b) B형 지수전

[분수밸브]

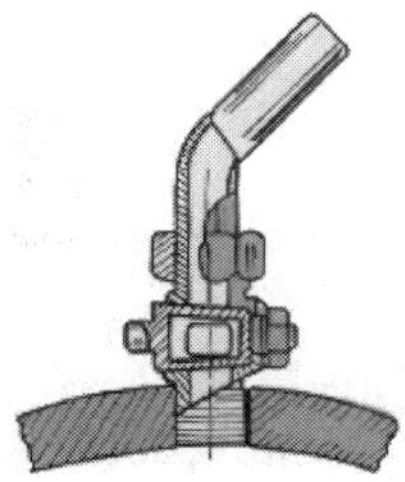

(a) 분수전

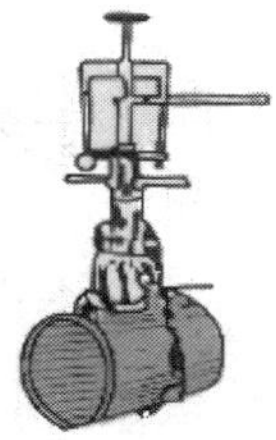

(b) 천공기

## 10 수전류

### (1) 세정밸브

[대변기 및 소변기의 세정밸브]

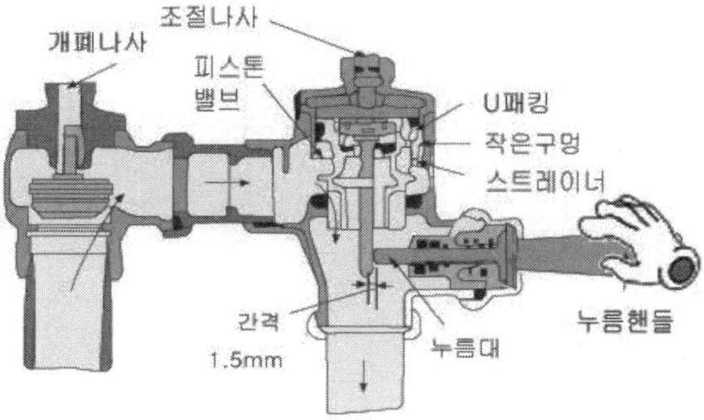


(a) 대변기용 핸들식

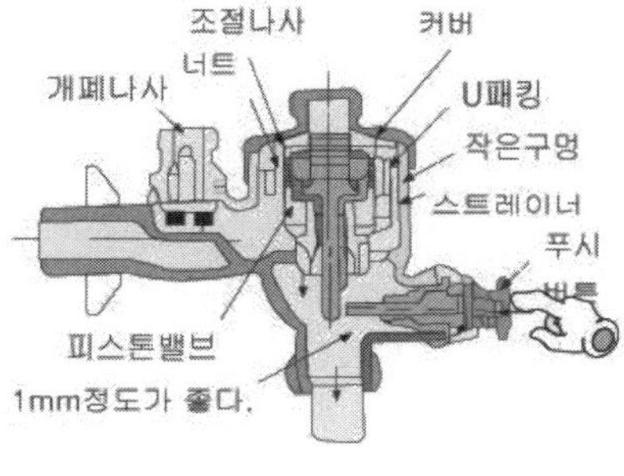


(b) 소변기용 푸시버튼식

### (2) 공기빼기 밸브

[수도용, 급속용, 온수용 공기빼기 밸브]

(a) 수도용 공기빼기밸브

(b) 급속 공기빼기밸브

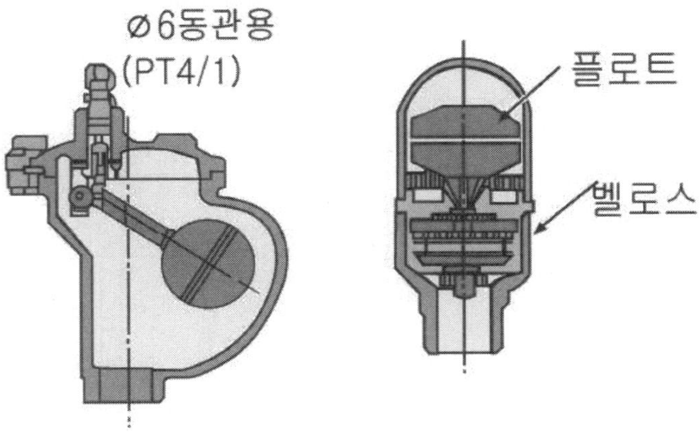


(c) 온수용 자동 공기빼기밸브

### (3) 플로트 밸브(Float valve)

[볼탭]

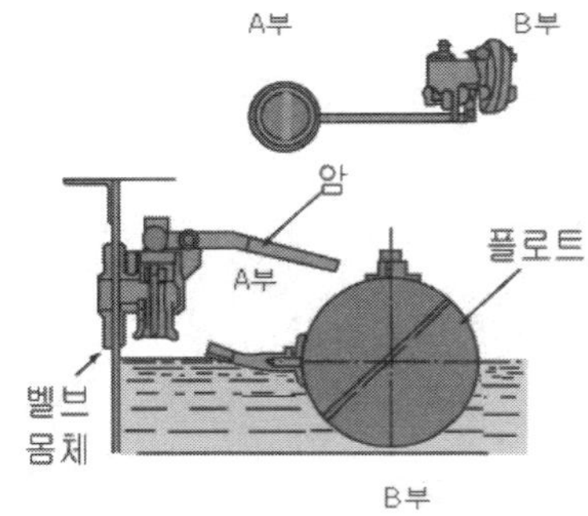


(a) 볼탭

[수평조정기]

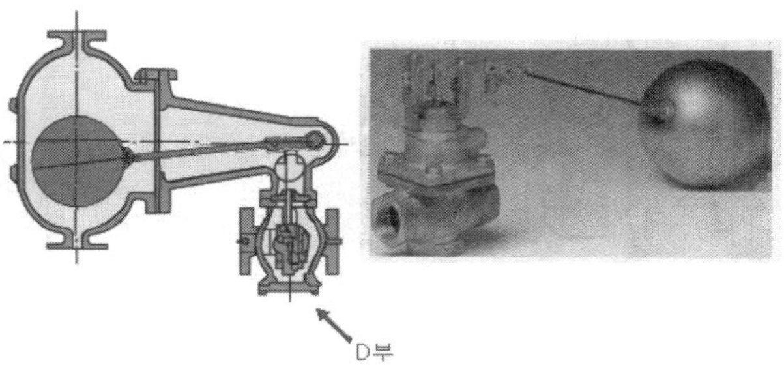


(b) 수평(수준)조절기

## (4) 밸브 디스크(Valve Disk)

[ 디스크 형상 (1) ]

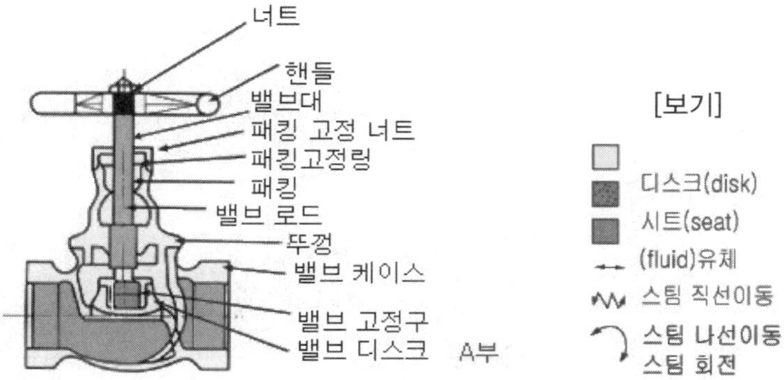


| 구동시켜 작동되는 밸브 (OPERATED VALVES) | | | | 자동 작동되는 밸브 (SELF-OPERATED VALVES) | |
|---|---|---|---|---|---|
| 게이트 | 글로브 | 로터리 | 다이어프램 | 체크 | 레귤레이티 |
| 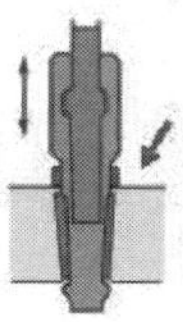 | 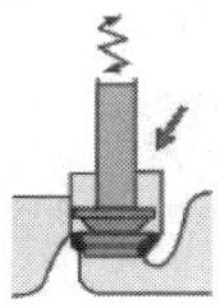 | 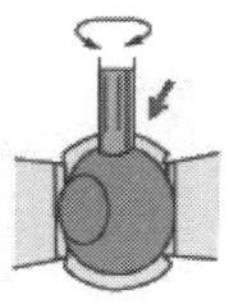 | 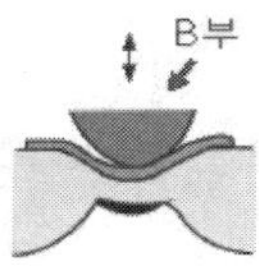 | 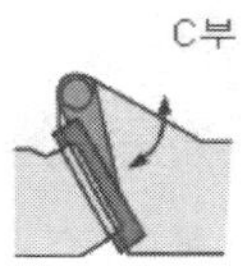 | 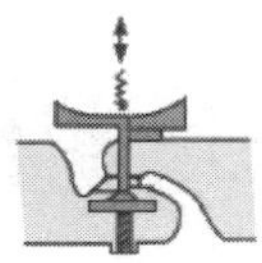 |
| 솔피드웨즈게이트 | 글로브 | 로타리볼 | 아이아프램 (SAVNDERS TYPE) | 스윙체크 | 프레셔레귤레이터 |

[ 디스크 형상 (2) ]

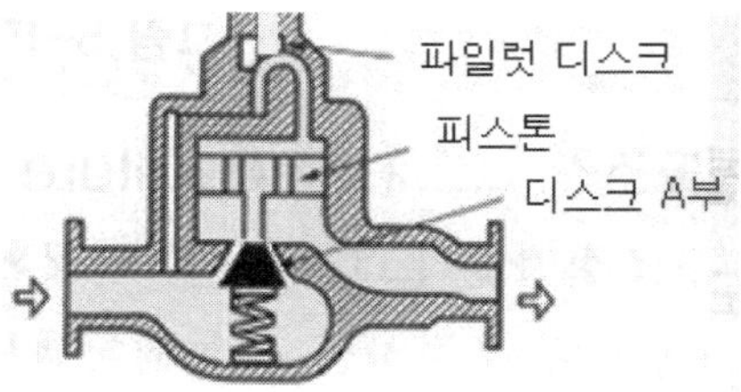


| 구동시켜 작동되는 밸브 (OPERATED VALVES) | | | | 자동 작동되는 밸브 (SELF-OPERATED VALVES) | |
|---|---|---|---|---|---|
| 게이트 | 글로브 | 로터리 | 다이어프램 | 체크 | 레귤레이티 |
| 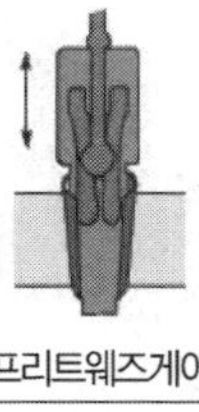 |  | 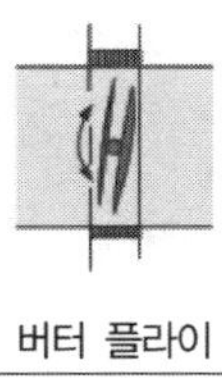 | 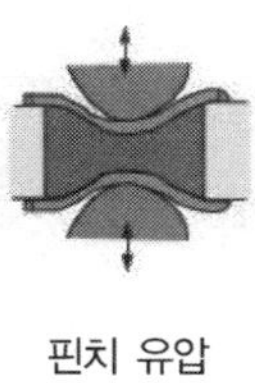 |  | 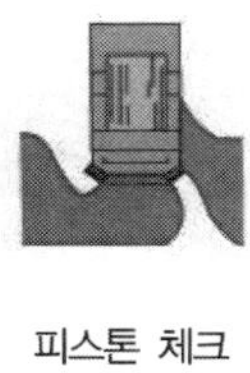 |
| 소프리트웨즈게이트 | 앵글글로브 | 버터 플라이 | 핀치 유압 | 볼 체크 | 피스톤 체크 |

[ 디스크 형상 (3) ]

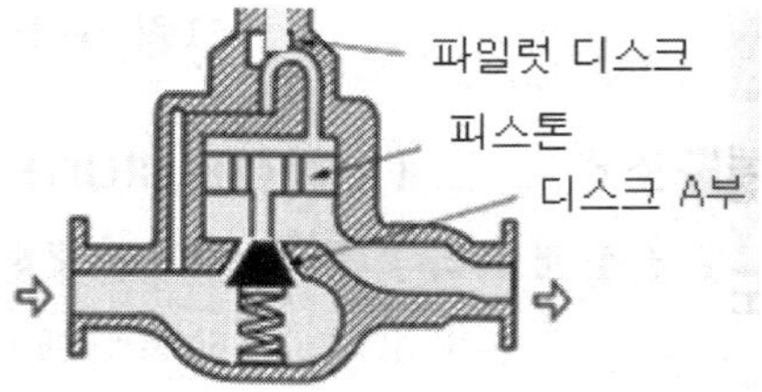


| 구동시켜 작동되는 밸브 (OPERATED VALVES) | | | | 자동 작동되는 밸브 (SELF-OPERATED VALVES) | |
|---|---|---|---|---|---|
| 게이트 | 글로브 | 로터리 | 다이어프램 | 체크 | 레귤레이터 |
| 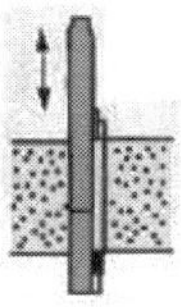 | 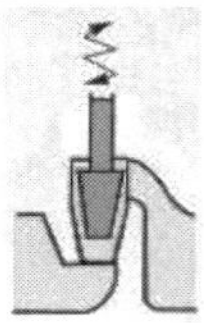 | 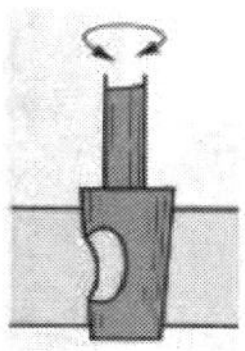 | 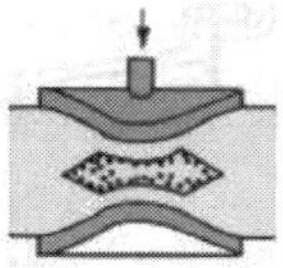 | 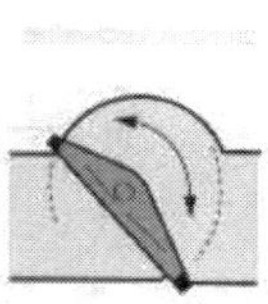 | 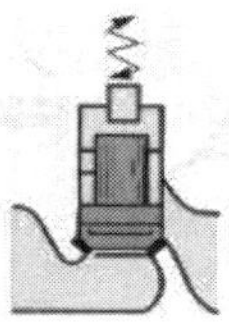 |
| 싱글-디스크 실글시트게이트 | 니들 | 플러그 및 콕 | 중앙시트는 선별가능 스키즈 | 리팅 디스크 체크 | 스톱 체크 |

# 제 3 장 스트레이너 및 트랩

**학습 목표**

배관 내의 여과 및 트랩을 위한 스트레이너 · 트랩의 종류와 모양 및 용도를 교제를 통하여 알 수 있다.

## 01 스트레이너

### 1 Y형 스트레이너

[ 내부구조 ]

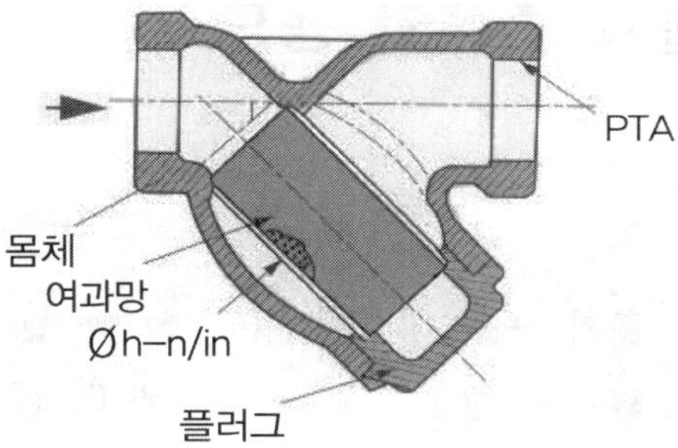


[ 모양 ]

### 2 U형 및 V형 스트레이너

[ U형 스트레이너 ]

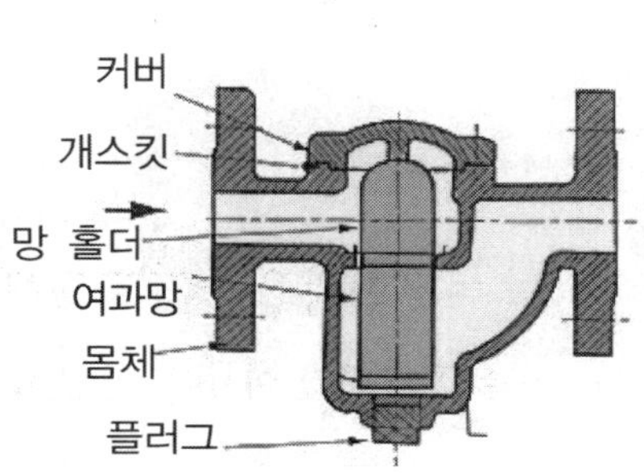


[ V형 스트레이너 ]

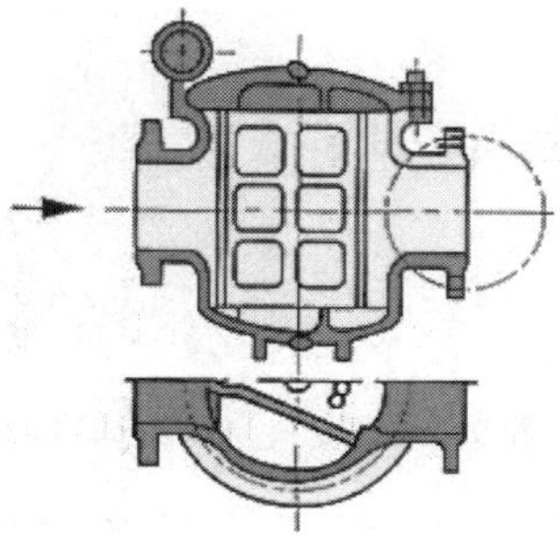

# 02 트랩

## 1 증기 트랩

[ 증기 트랩의 모양과 용도 및 종류 ]

| 모 양 | 용도 및 종류 |
|---|---|
|  | ◆ 용도<br>방열기 환수구나 증기 배관 내의 말단에 설치하고, 응축수나 공기를 증기와 분리하여 자동적으로 환수관에 배출시키고 증기를 통과하지 않게 하는 장치.<br>◆ 종류<br>• 기계식 트랩 : 버킷형, 플로트형<br>• 온도조절식 트랩 : 금속 팽창형, 액체 팽창형, 증기 팽창형, 바이메탈형<br>• 열 역하적 트랩 : 임펄스형, 디스크형 |

### (1) 기계식 트랩(mechanical trap)

[ 버킷 트랩 (bucket trap) (하향식) ]

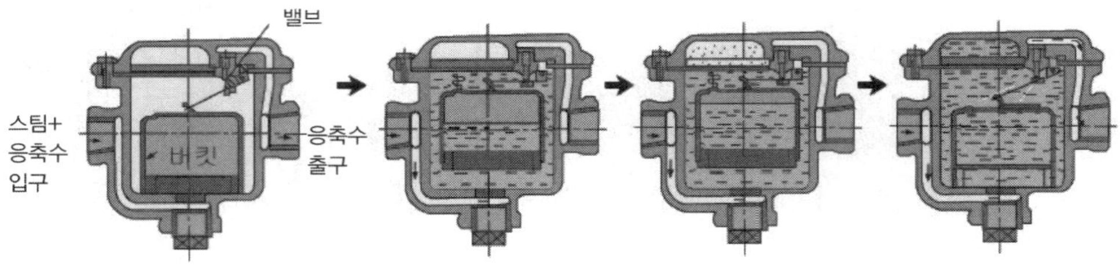


(a) (b) (c) (d)

[ 버킷 트랩 (bucket trap) (상향식) ]

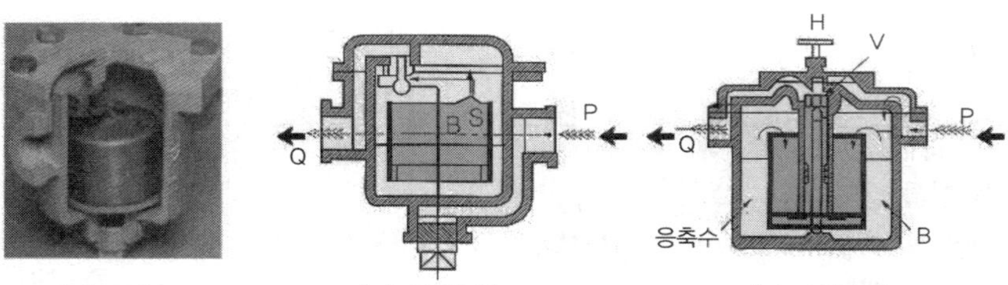


(a) 모양 (b) 하향식 (c) 상향식

[ 플로트 트랩 (float trap) (다량 트랩) ]

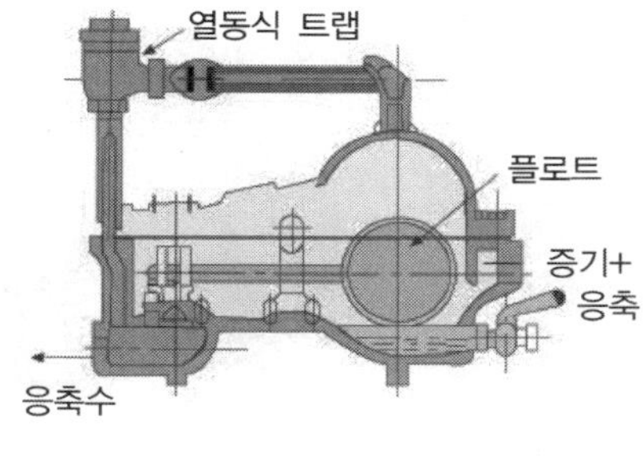


(구형)

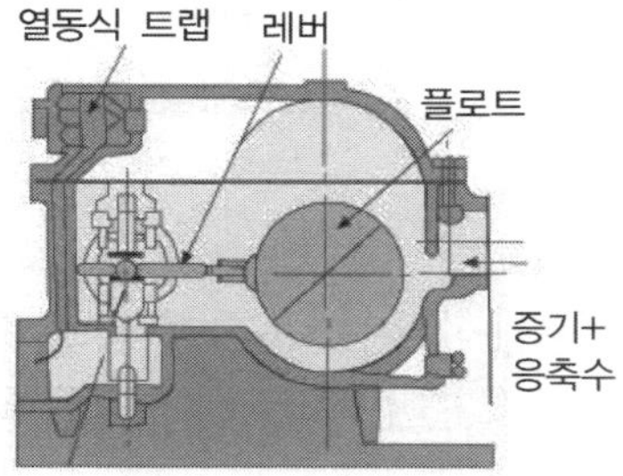


(개량형)

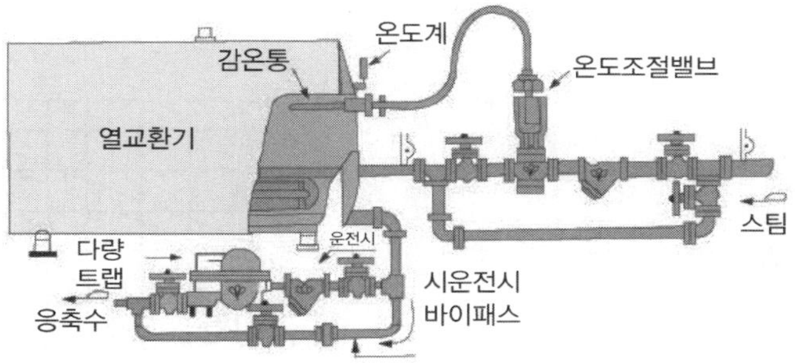

(b) 설치 예

[ 플로트 트랩 (float trap) (부자형 트랩) ]

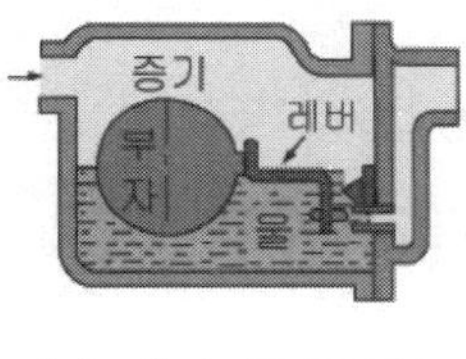


(a) 레버 플로트형

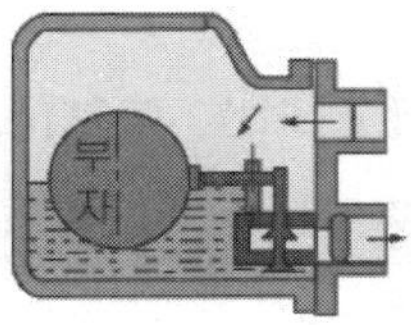


(b) 자유 부자형

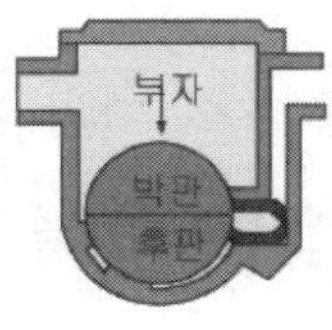


(c) 대용량형

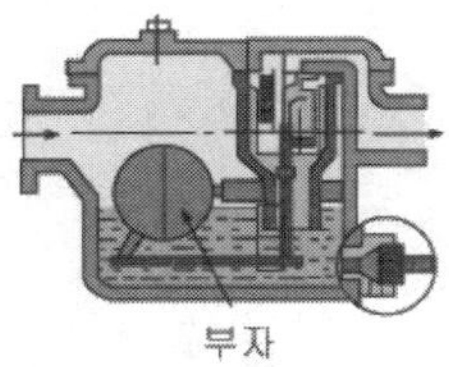


(d) 개량형

## 2 온도 조절식 트랩

[앵글형, S형 트랩]

(a) 열동식 트랩

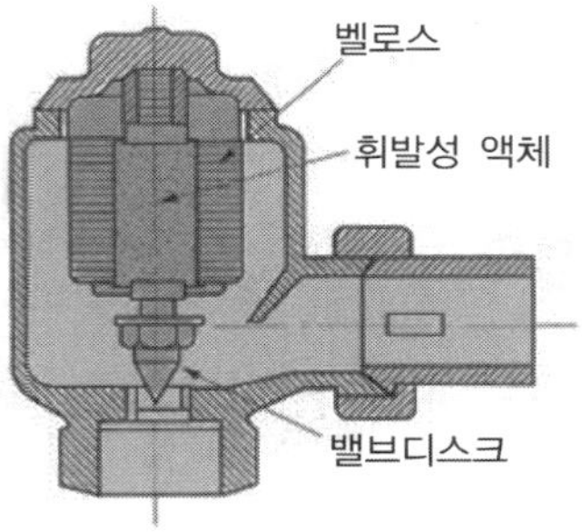


(b) 앵글형

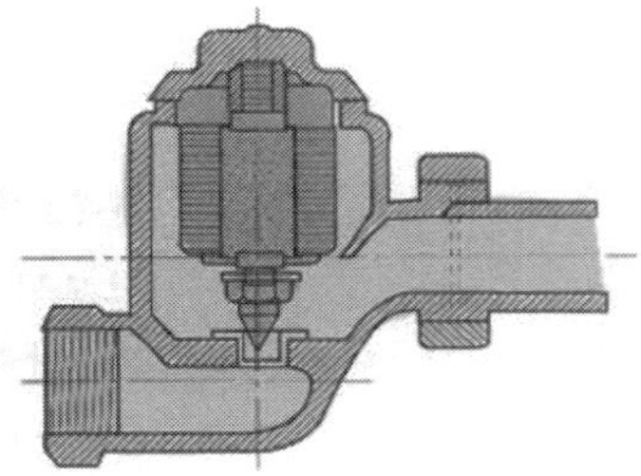

(c) S형(스트레이트형)

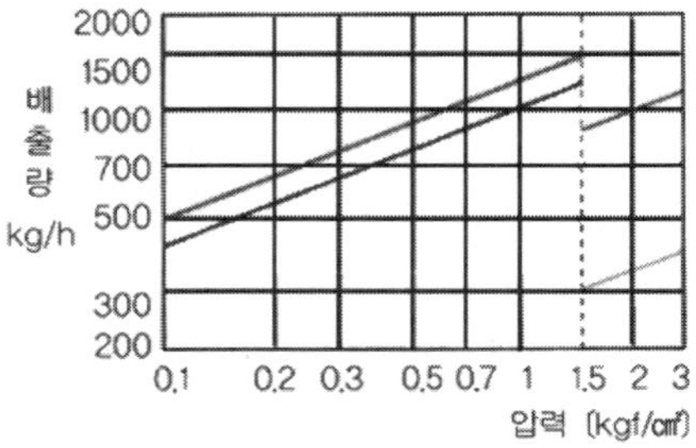


(d) 배출량

## 3 온도 조절식 트랩

### (1) 디스크형 트랩(disk trap) 및 오리피스 트랩(orifice type trap)

[디스크형, 충격식 디스크형, 오리피스형, 다량형 트랩]

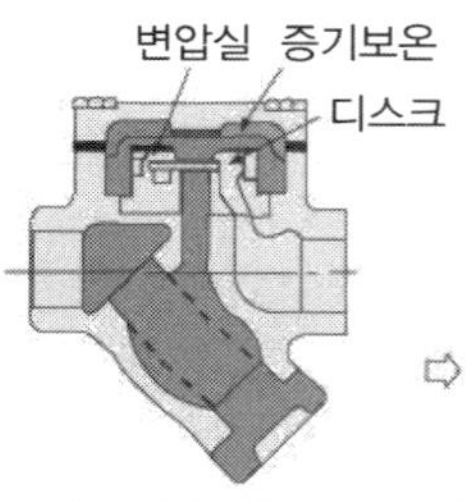


(a) 디스크형

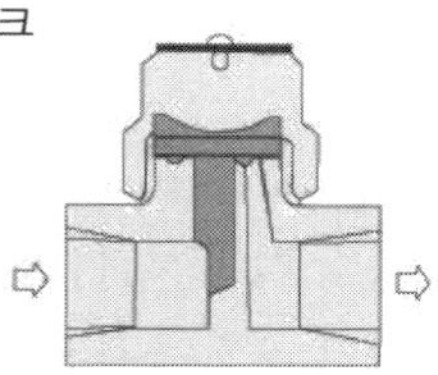

(b) 디스크형(충격식)

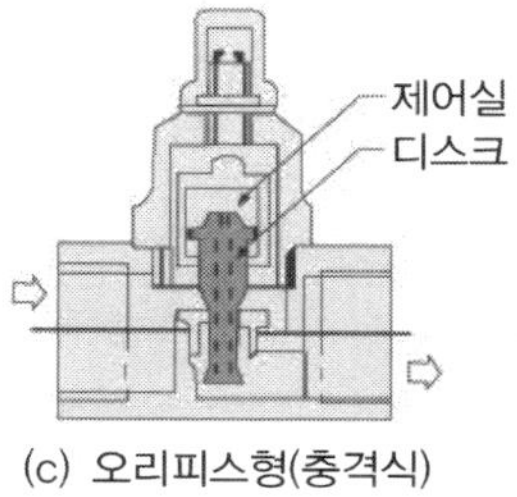


(c) 오리피스형(충격식)

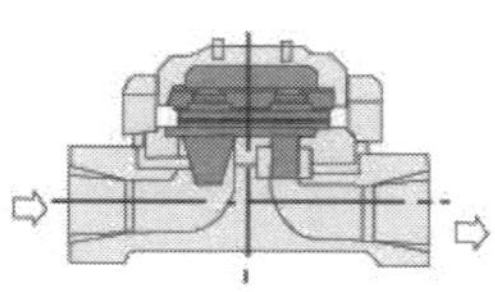

(d) 다량형(충격식)

## 4 열역학적 트랩

### (1) 바이패스형 트랩(by pass type trap)

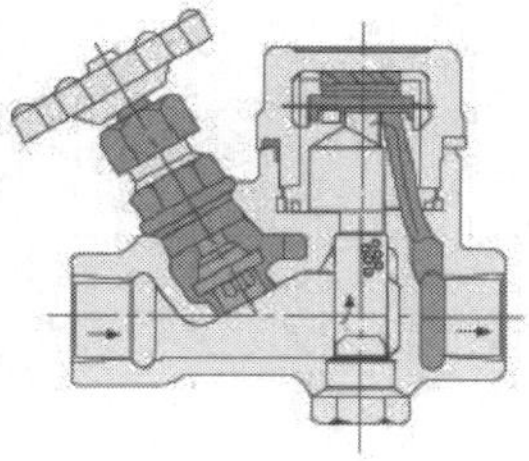

(a) 바이패스를 닫았을 때

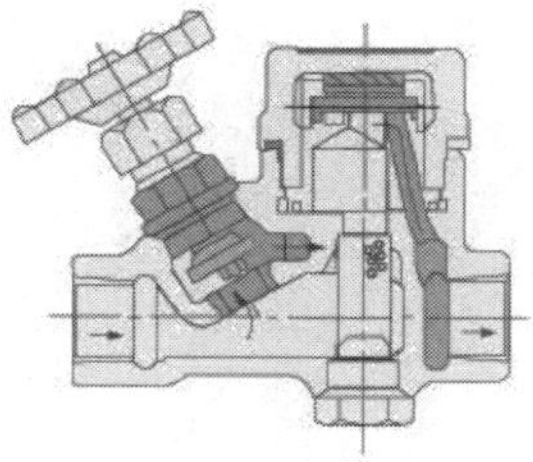

(b) 바이패스를 열었을 때

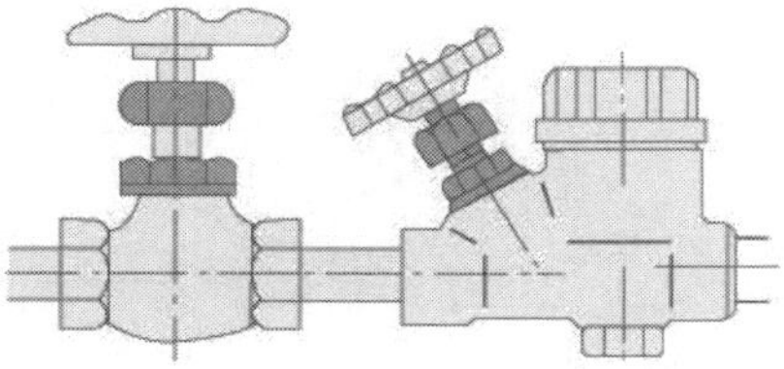

(c) 기존 트랩의 바이패스 배관 예

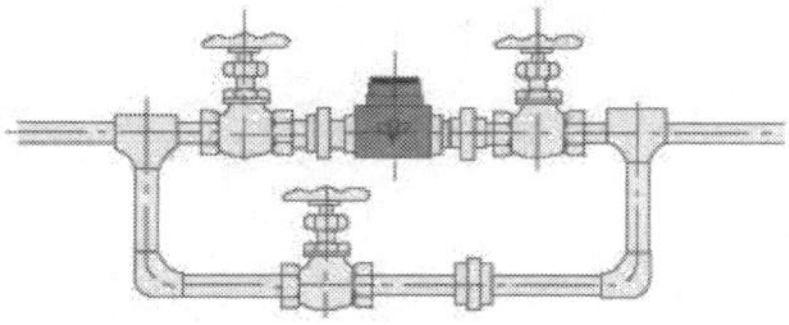

(d) 바이패스 트랩의 배관 예

## 5 특수 트랩

[ 리프트 트랩, 보일러 리턴트랩 및 플러시 트랩 ]

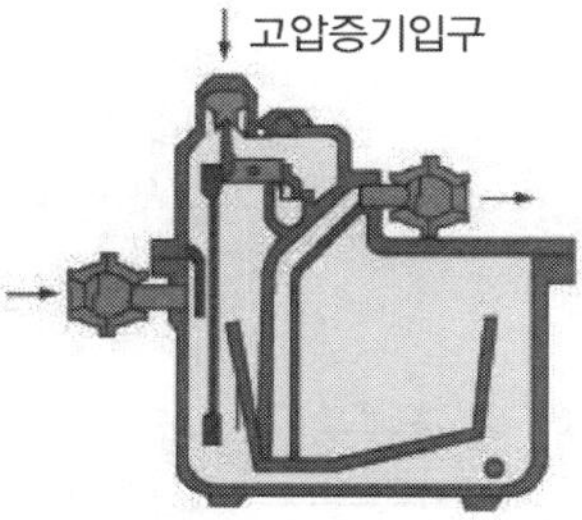


(a) 리프트트랩

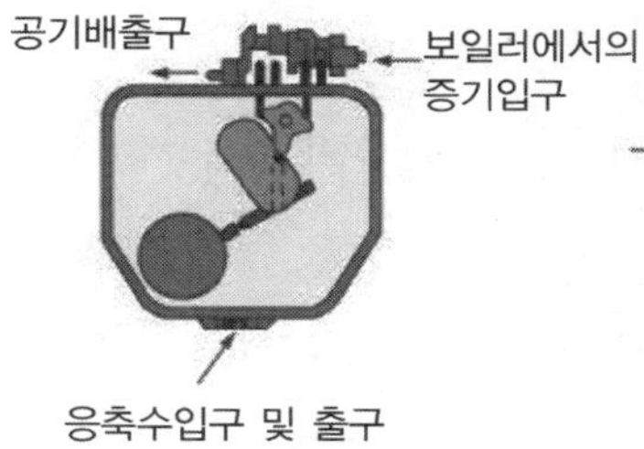


(b) 보일러 리턴트랩

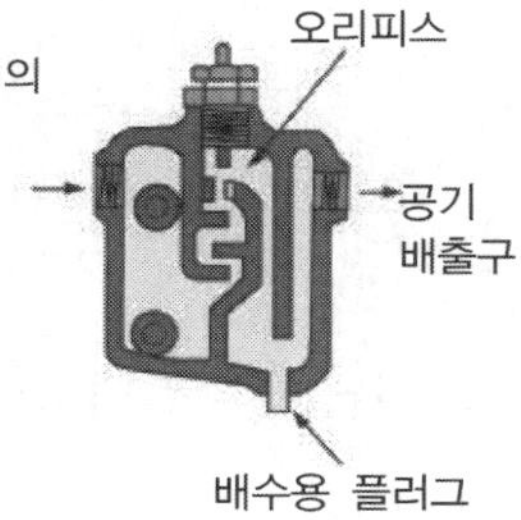


(c) 플러시트랩

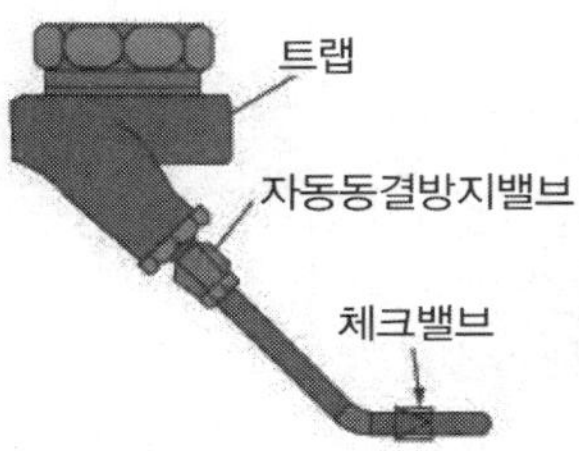


(설치예)

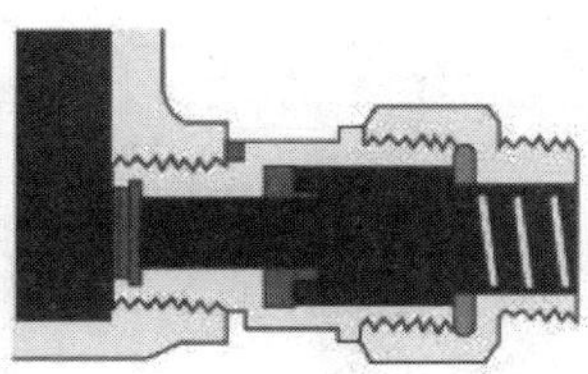

(자동배수밸브 상세도)

## 6 배수 트랩

### (1) 관 트랩(pipe trap)

[ S트랩, P트랩, U트랩 ]

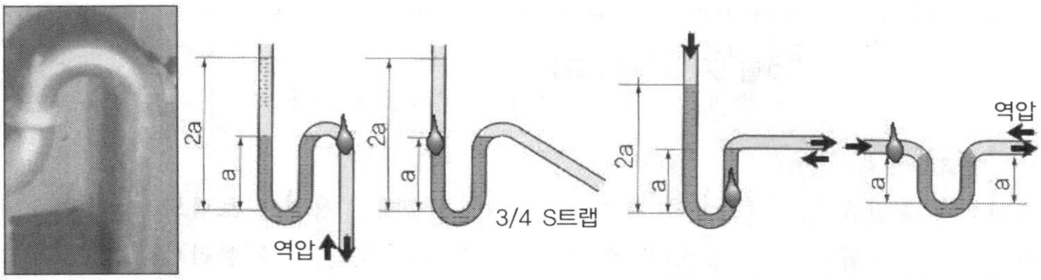


(a) S트랩 (b) P트랩 (c) u트랩

### (2) 박스 트랩(box trap)

[ 드럼, 드럼형 배수, 벨, 발코니형 트랩 ]

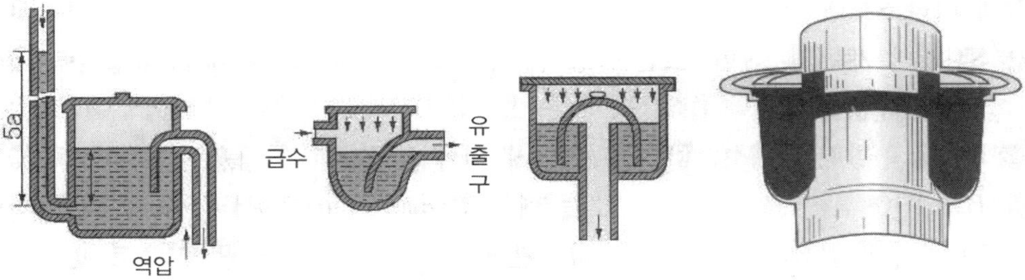


(a) 드럼트랩 (b) 드럼형 배수트랩 (c) 벨트랩 (d) 발코니형 트랩

### (3) 가솔린 트랩(gasoline trap) 및 그리스 트랩(grase trap)

[ 가솔린 트랩 ] [ 그리스 트랩 ]

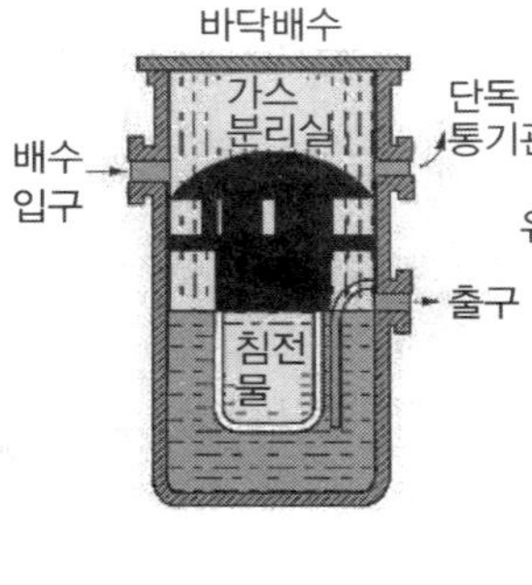


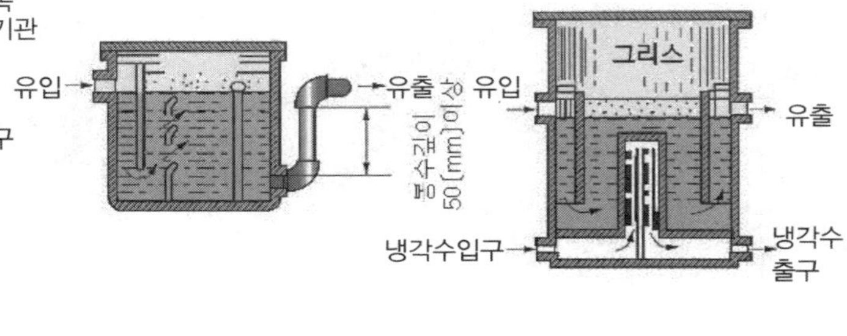

# 제 4 장 패킹재(packing) 및 보온재

**학습 목표**

배관의 이음 재료를 KS 규정에 따라 패킹재 · 보온재의 종류와 모양 및 용도를 교제를 통하여 알 수 있다.

## 01 패킹의 종류

### 1 개스킷(gasket)

[ 일반형, 외륜형, 석면, 테프론, 팽창흑연 개스킷 ]

(a) 일반형 개스킷

(b) 외륜형 개스킷

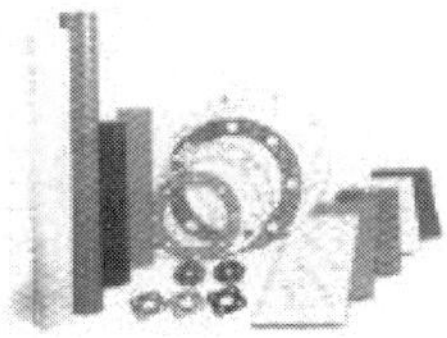

(c) 석면 개스킷

(d) 테프론 고무 개스킷

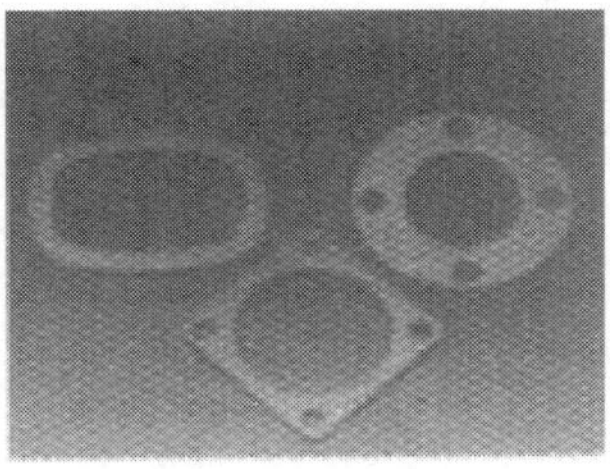

(e) 팽창흑연 시트개스킷

### (1) 고무류

1) 천연고무 및 네오프렌(neoprene)

| 모 양 | 용도 및 종류 |
|---|---|
| 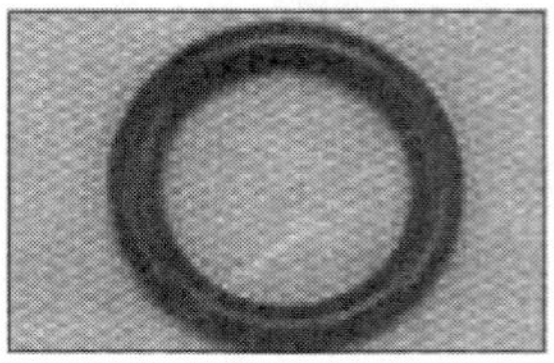 | ◆ 천연고무(natural rubber)<br>탄성이 크며 흡수성이 없고, 묽은 산이나 알칼리에 침식되기 어려우나 열과 기름에 극히 약하기 때문에 100℃ 이상의 고온에는 부적합하다. |
|  | ◆ 네오프렌(neoprene)<br>내유성, 내후성, 내산화성, 내열성, 내오존성, 내마모성이 뛰어나며, 기계적 성질이 우수하다. 또한 일반 석유 용매에 대한 저항이 크며, 내열도는 −46 ~ 121℃ 사이에 안정하게 사용된다. |

### (2) 섬유류

[ 식물성, 동물성 및 광물성 섬유류 ]

| 종 류 | 특 징 |
|---|---|
| 식물성 섬유류<br>[오일시트(oil sheet)] | 식물의 껍질로 만든 섬유질과 나무로 만든 섬유질이 있으며 기름배관에 많이 사용된다. |
| 동물성 섬유류<br>[가죽과 펠트(felt)] | 가죽은 강인하고 장기 보전에는 이점이 있으나 다공질로서 관속에 유체가 투과되어 새는 결점이 있으며, 펠트(felt)는 압축성이 풍부하고 약산에는 잘 견디나, 알칼리에는 용해되면 내유성이 크므로 기름 배관에 적합하다. |
| 광물성 섬유류<br>[석면(asbestos), 유리섬유(glass wool)] | 석면은 천연 및 합성고무를 섞어서 섬세하고, 내열도가 커 450℃ 이하의 증기, 온수, 고온의 기름배관에 사용한다. 특히 진동이 많은 부분에 적합하다. |

## (3) 합성수지류

| 모 양 | 용도 및 종류 |
|---|---|
| 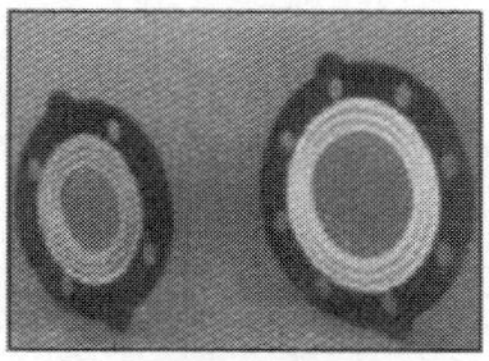 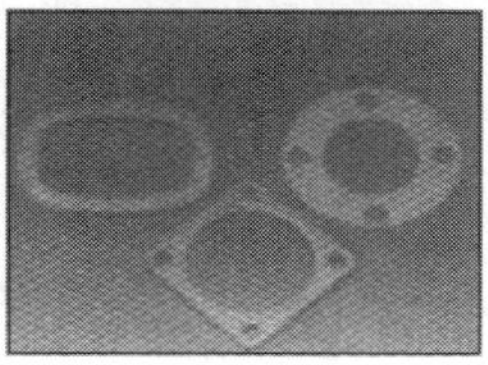 | 1. 합성수지류는 패킹 중 가장 많이 사용되는 것은 테프론(Teflon)이다.<br>2. 어떠한 약품이나 기름에도 침해되지 않는다.<br>3. 내열범위는 −100 ~ 260℃이다.<br>4. 탄성이 부족하기 때문에 석면, 고무, 파형 금속관 등으로 표면처리를 하여 사용한다. |

## (4) 금속류

[ 금속판 과 석면판의 조합형식 ]

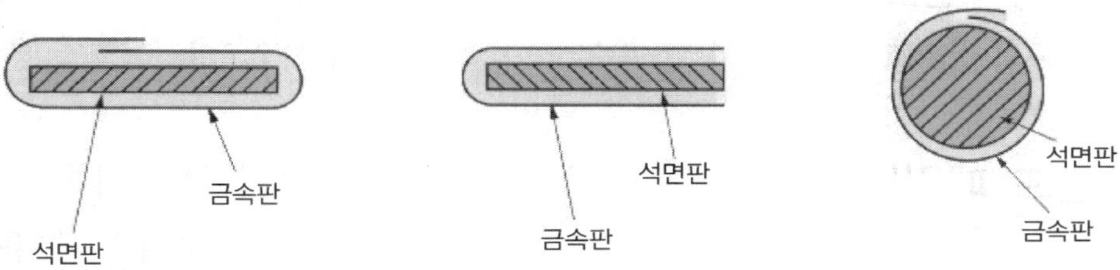


(a) 더블재킷형 (b) 프렌치형 (c) O−링형

## (5) 개스킷 취급법

| 모 양 | 용도 및 종류 |
|---|---|
|  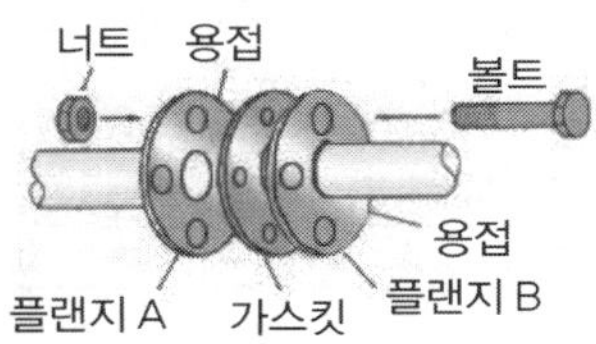  | • 오래된 개스킷은 완전히 제거하고, 플랜지면을 깨끗이 청소한 후 새 개스킷을 부착한다.<br>• 판상의 것을 재단하여 개스킷의 모양을 만든 수가 많지만, 이때는 치수를 정확하게 맞추기 위해 플랜지면에 흑연을 칠하고, 종이를 부착하여 현물 크기의 본을 뜬 다음 여기에 맞춘다.<br>• 정상의 위치에서 셀로데이프 등으로 한 쪽면에 붙여 주면 좋다.<br>• 개스킷을 너무 죄면 파손할 염려가 있다. |

## 2 나사용 패킹

[ 페인트, 일산화연, 액상합성수지 ]

| 모 양 | 종 류 | 특 징 |
|---|---|---|
| 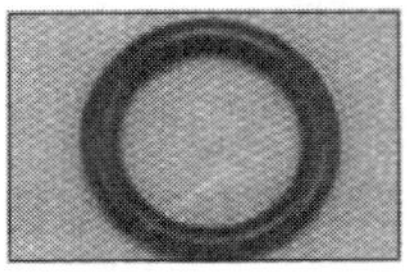 | 페인트(paint) | 페인트와 광명단을 혼합하여 사용하며 고온의 기름배관을 제외하고는 모든 배관에 사용할 수 있다. |
| | 일산화연 | 냉매 배관에 많이 사용하며, 빨리 굳기 때문에 페인트에 일산화연을 조금씩 섞어서 사용한다. |
| 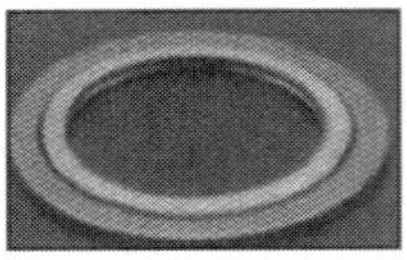 | 액상합성수지 | 화학약품에 강하고 내유성이 크며 내열범위는 −30 ~ 130℃이다. 또한 증기, 기름, 약품배관에 사용한다. |

## 3 글랜드 패킹(gland packing)

### (1) 석면편조 패킹

| 종 류 | 사용 온도에 따라 뜨는 방법 |
|---|---|
| 통째뜨기 | 굳고 견고하기는 하나 가는 것을 만들 수가 없다. |
| 8자뜨기 | 조직이 유연하며 친화성은 좋지만 굵은 것에는 적합하지 않다. 그러나 통째뜨기 및 8자뜨기는 밸브용에 적합하다.<br>4.8 mm각 ~ 11.1 mm각 ………………………… 8자뜨기<br>12.7 mm각 이상 ………………………………… 통째뜨기 |
| 격자뜨기 | 가장 새로운 뜨기법이며 회전 펌프용으로 적합하나 가격이 비싸다. |
| 꼬기 | 비교적 치수가 작은 밸브 스핀들에 적합하다. |

### (2) 플라스틱 패킹

| 모 양 | 용도 및 종류 |
|---|---|
| 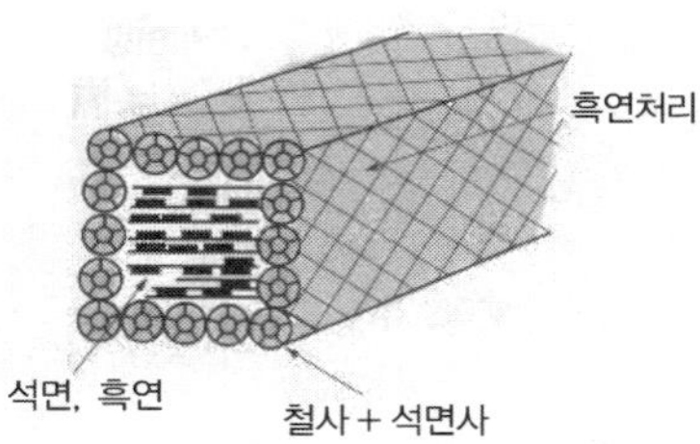 | • 석면 섬유에 적당한 바인더와 윤활제를 가해 끈 모양 또는 링 모양으로 성형한 가소성 패킹이다.<br>• 편조 패킹과는 달리 그 구조는 일정한 조직을 가지고 있지 않다.<br>• 기밀 효과가 좋고, 저 마찰성이 크다.<br>• 치수의 융통성이 있다.<br>• 구조상 무르고 변화하기 쉽다.<br>• 고온, 고압의 증기에는 메탈 패킹과 조합하여 사용하면 좋다. |

### (3) 메탈 패킹(metal packing)

| 모 양 | 특 징 |
|---|---|
| 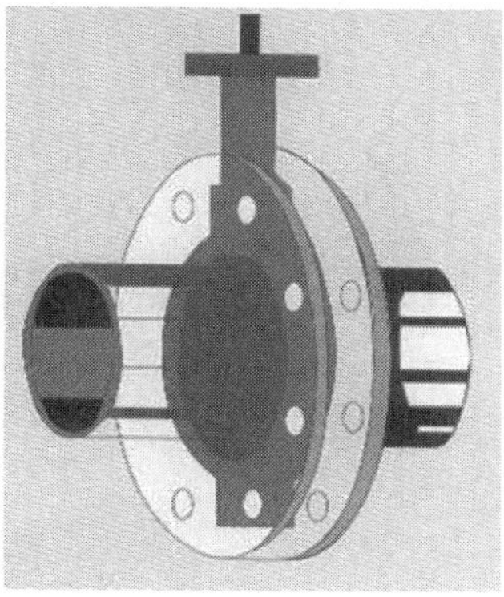 | • 열전도율이 크고 내열성, 내약품성이 크다.<br>• 기밀효과는 좋지 않으므로 플라스틱 패킹과 같이 사용한다.<br>• 대표적인 플라스틱 코어형 패킹은 고온고압용 패킹이다.<br>• 양질의 석면 섬유와 순수한 흑연을 균일하게 혼합하고, 소량의 내열성 바인더로 굳히 것을 심으로 하여 사용한다.<br>• 스테인리스 강선, 모넬메탈선, 인코넬선을 넣어 석면사로 편조한 것이다. |

### (4) 메커니컬 실(mechanical seal)]

[ 물, 기름 알코올용 ], [ 강산, 기름용재 ]

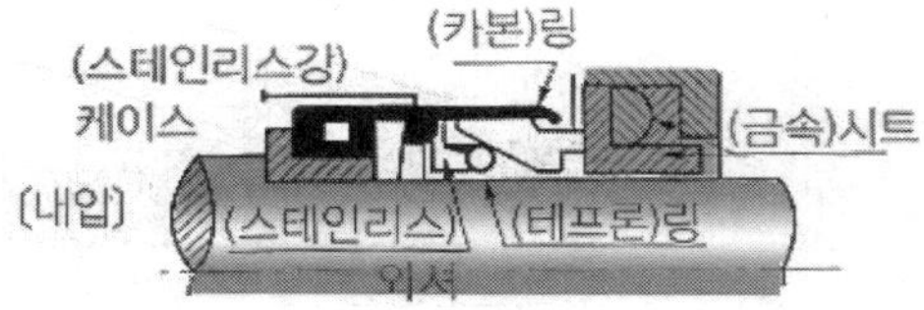


(a) 물, 기름, 알코올용(10kgf/cm², 100 ℃까지)

(b) 강산, 기름, 용제용(10kgf/cm², 230 ℃까지)

[ 고압용 ], [ 가스압축기용 ]

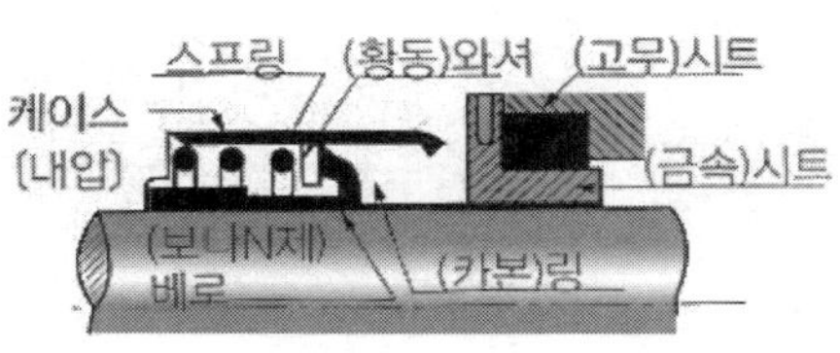


(c) 고압용(15kgf/cm²)

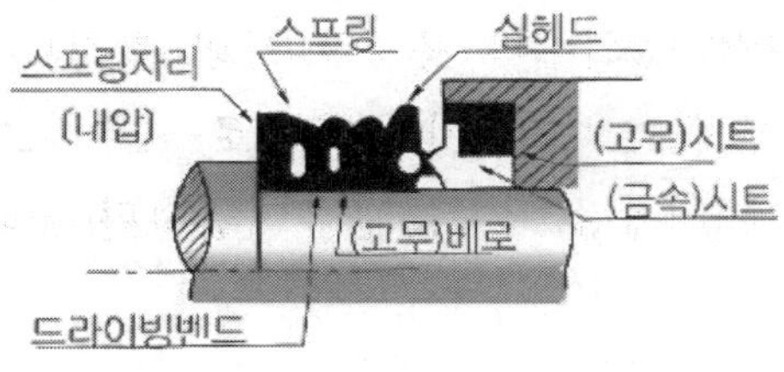


(d) 가스용 압축기

[ 온도에 따른 개스킷 사용법 ]

| 개스킷 재질 | 사용 유체 | 최고 사용 온도(℃) |
|---|---|---|
| 인조고무 | 물・공기 | 250 |
| 식물섬유 | 기름 | 250 |
| 섬유질로 짠 인조고무 | 물・공기 | 250 |
| 고체 테프론 | 화학유지 | 500 |
| 압축석면 | 대부분의 유체 | 750 |
| 탄소강 | 고압유체 | 750 |
| 스테인리스강 | 고압유체 및 부식성유체 | 1200 |
| 스카이널 바운드 | | 500 |
| SS/테프론 | 화학유체 | 750 |
| CS/석면 | 대부분유체 | 1200 |
| SS/석면 | 부식유체 | 1900 |
| SS/세라믹 | | |

### (5) 그랜드 패킹의 취급법

[ 죔 압력과 누설압력, 스템토크의 관계 ]

| 사용 압력(kgf/cm²) | 패킹의 소요 링수 | 죔압력(kgf/cm²) |
|---|---|---|
| 10~30 | 6 | 70 |
| 30~50 | 8 | 100 |

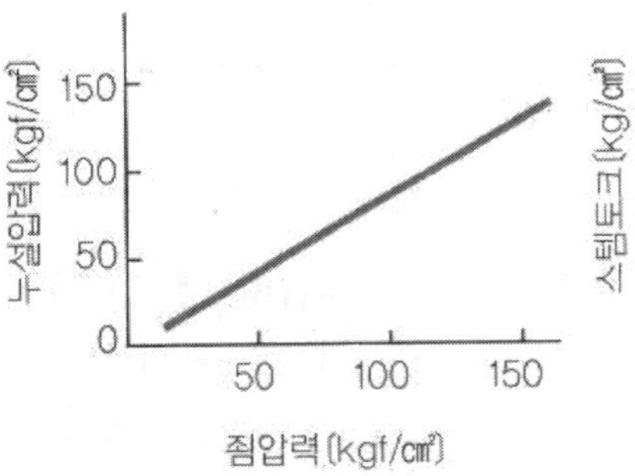


(a) 죔압력과 누설압력의 관계

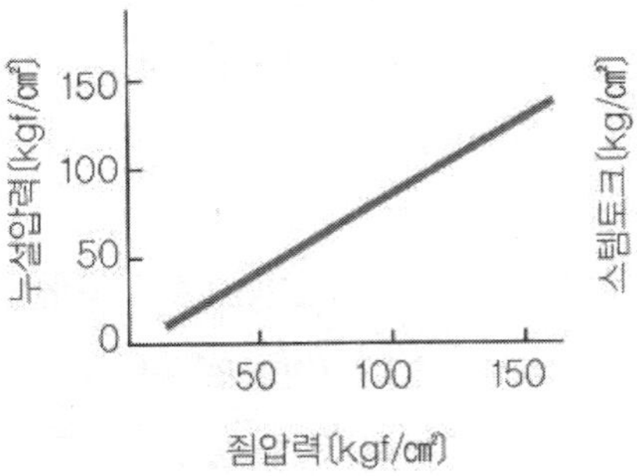


(b) 죔압력과 스템토크의 관계

# 02 배관의 보온재

**학습 목표**

배관의 보온재의 종류와 모양 및 용도를 교제를 통하여 알 수 있다.

## 1 보온재의 제조 공정도

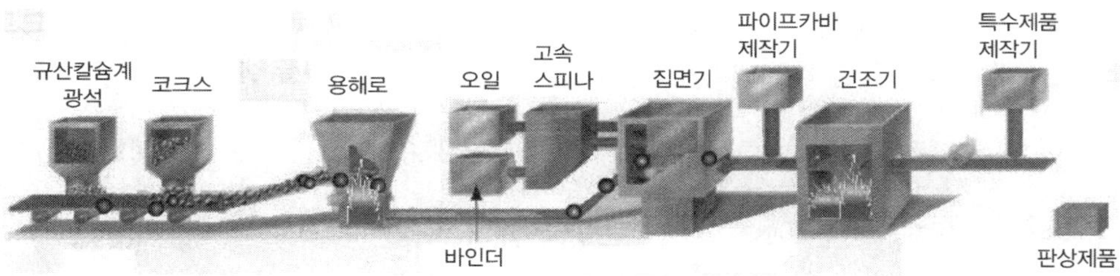


[ 제조 공정도 ]

## 2 보온재 종류의 선정 시 조건 고려사항

| 모 양 | 특 징 |
| --- | --- |
|  | • 안전 사용온도 범위에 적합해야 한다.<br>• 열전도율이 가능한 적어야 한다.<br>• 물리적, 화학적 강도가 커야 한다.<br>• 단위 체적에 대한 가격이 저렴해야 한다.<br>• 공사 현장 상황에 대한 적응력이 커야 한다.<br>• 불연성이므로 화재시 유독 가스가 발생되지 않도록 해야 한다.<br>• 사용 수명이 길어야 한다.<br>• 부피, 비중이 작아야 한다.<br>• 흡수성이 적고, 가공이 용이해야 한다. |

## 3 유기질 보온재와 무기질 보온재

### (1) 유기질 보온재

[ 펠트(felt), 콜크(cork), 기포성수지 ]

| 모 양 | 종 류 | 특 징 |
|---|---|---|
| 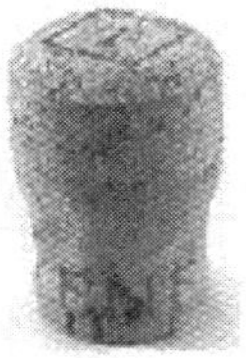 | 펠트(felt) | • 양모펠트와 우모펠트가 있다.<br>• 주로 방로 피복에 사용하며, −60℃까지 사용 |
|  | 콜크(cork) | • 액체, 기체의 침투를 방지하는 작용이 있다.<br>• 냉수, 냉매배관, 냉각기, 펌프 등에 사용한다. |
|  | 기포성수지 | • 합성수지 및 고무질 재료를 사용하여 다공질 제품으로 만든 것이다.<br>• 열전도율이 극히 적고, 가볍고 굽힘성이 풍부하며, 불에 잘 타지 않으며 보온성, 보냉성이 좋다. |

### (2) 무기질 보온재(석면)

| 모 양 | 특 징 |
|---|---|
| 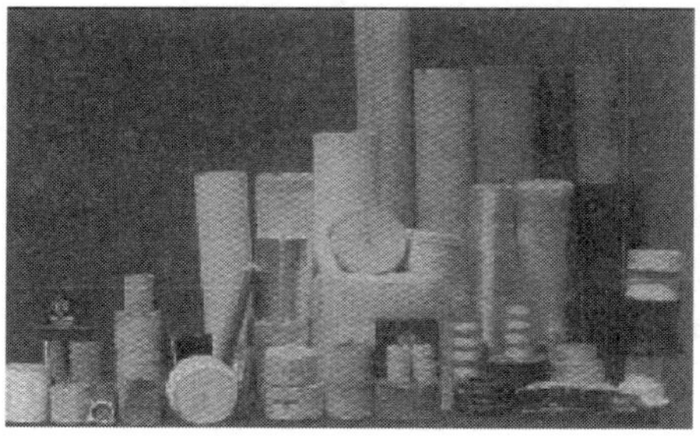 | • 석면질 섬유로 되어 있다.<br>• 400℃ 이하의 파이프, 탱크노벽 등 보온재로 적합하다.<br>• 400℃ 이상에서는 탈수 분해한다.<br>• 800℃에서는 강도와 보온성을 잃게 된다.<br>• 진동이 있는 장치의 보온재로 사용한다.<br>• 용도 : 증기터빈, 밸브, 플랜지, 곡관 등에 사용한다. |

### (3) 무기질 보온재 (암면)

[ 암면 (홈메트, 블랭킷, 파이프커버, 하이울) ]

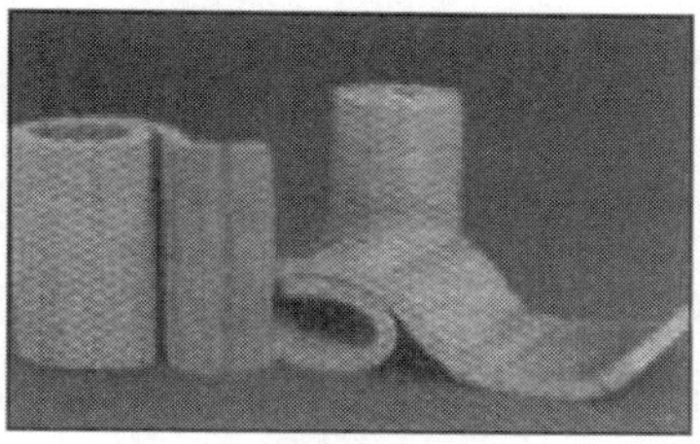

[ 홈메트 ]

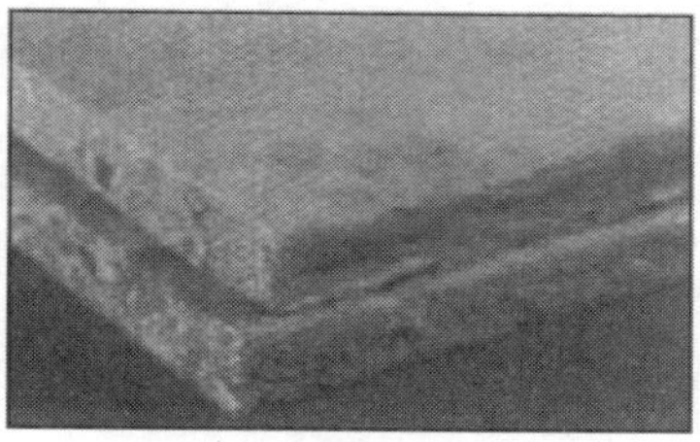

[ 블랭킷 ]

[ 파이프커버 ]

[ 하이울 ]

[ 암면 (로코드, 산면, 보온판) ]

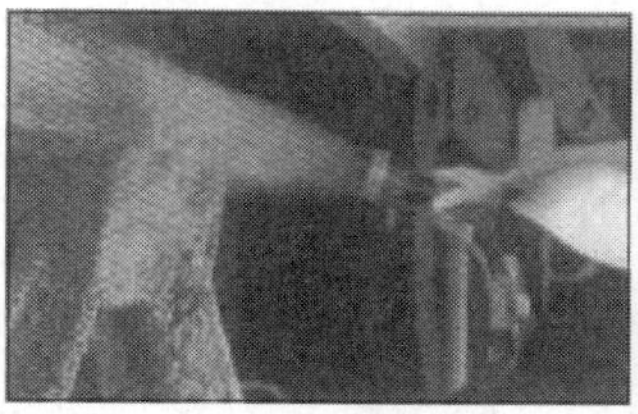

[ 로코드 ]

[ 산면 ]

[ 보온판 ]

[ 규산 칼슘 보온재 ]

- 규산칼슘 보온재 규조토와 석회석을 주원료로 하여 화학적으로 결합시킨 것이다.
- 열전동율은 0.04(kgf/mh℃) 보온재 중 가장 낮다.
- 사용 온도 범위는 상온에서 650℃까지이다.

[ 유리섬유 ]

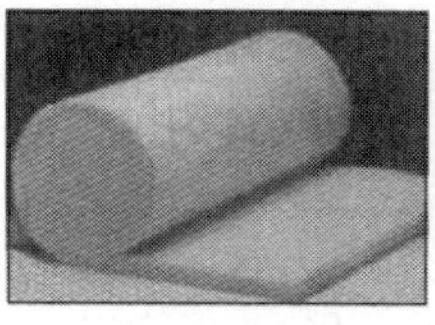

(a) 유리면 매트

(b) 보온판

(c) 보온통

(d) 블로울

# 03 기타 보온재

## 1 규조토 및 탄산마그네슘($MgCO_3$) 보온재

| 종 류 | 특 징 |
|---|---|
| 규조토 | • 다른 보온재에 비해 단열 효과가 낮다.<br>• 따라서 다소 두껍게 시공한다.<br>• 500℃ 이하의 파이프, 탱크, 노벽 등에 사용한다. |
| 탄산마그네슘<br>($MgCO_3$) | • 염기성 탄산마그네슘 85 %와 석면 15 %를 배합하여 접착제로 약간의 점토를 섞은 다음 형틀에 넣고 압축 성형한다.<br>• 열전도율이 적고 300 ~ 320℃에서 열분해한다.<br>• 습기가 많은 옥외 배관에 적합하다. |

## 2 규산칼슘 및 유리섬유 보온재

[ 규산칼슘 보온재 ]

• 규산칼슘 보온재 규조토와 석회석을 주원료로 하여 화학적으로 결합시킨 것이다.
• 열전동율은 0.04(kgf/mh℃) 보온재 중 가장 낮다.
• 사용 온도 범위는 상온에서 650℃까지이다.

[ 유리섬유 ]

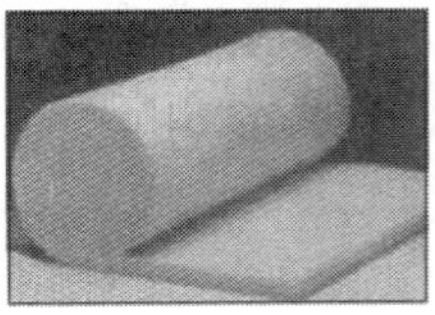

(a) 유리면 매트

(b) 보온판

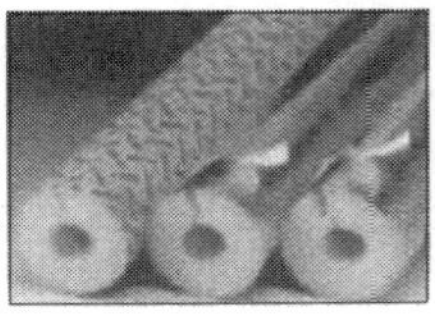

(c) 보온통

(d) 블로울

## 3 그라스 폼(Glass foam) 및 슬래그 섬유(Slag wool)

| 모 양 | 특 징 |
|---|---|
| 글라스폼<br>(Glass foam) | • 유리 미분에 카본 등의 발포제를 혼입 성형용기에 넣고 900℃ 정도로 가열한 다공질 해면상 제품.<br>• 흡습성은 없고 불연성, 내구성이 좋다.<br>• 보온, 보냉, 단열재에 알맞아 냉장고 등에 사용. |

| 모 양 | 특 징 |
|---|---|
| 슬래그섬유<br>(Slag wool) | • 제철시 생성되는 용광로의 슬래그를 응용한 것.<br>• 압축공기를 분사해서 섬유 모양으로 만든 것이다.<br>• 용도는 파이프, 덕트, 탱크 등에 적합하다. |

## 4 경질 폴리우레탄 폼

| "폼" 보온재 조직의 구조 형태 |
|---|
| 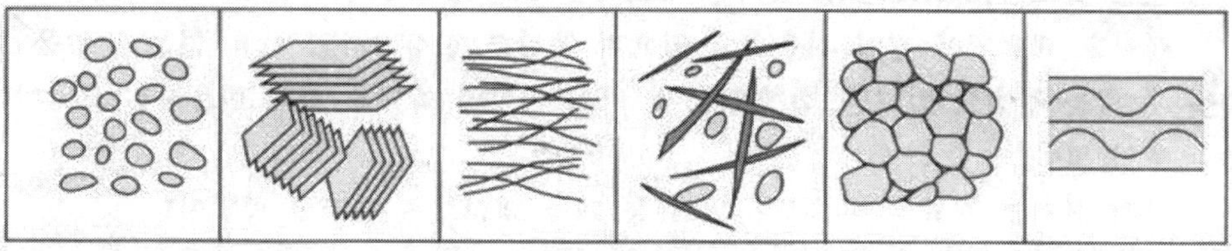 |
| 특 징 |
| • 폴리이소시아네이트와 폴리올을 매체로 한다.<br>• 열전도율이 극히 낮고 사용온도는 약 80℃ 전후 보온<br>• 사용상에 있어 적합한 원인 선택, 적합한 공법, 숙련된 시공기술 등을 충분히 고려하여 시공 |

## 5 보온시멘트, 세라크울(Creak wool)

| 종 류 | 특 징 |
|---|---|
| 보온 시멘트 | • 석면, 암면, 점토 등을 접착제를 가해서 혼합한 것으로 물을 섞어 사용 |
| 세라크울<br>(creak wool)<br> | • 고순도 알루미나와 실리카를 전기로에서 2000℃의 고온으로 용융시켜 그 고온융체를 증기 또는 공기의 고속기체로 내뿜어 섬유화 하는 방법으로 제조.<br>• 최고 사용 온도 : 1250℃<br>• 제품의 종류 : 블랭킷, 보드, 브로크, 몰드폼, 부정형<br>• 용도는 철강업 및 요업분야의 노에 내화 단열재로 적합 |

# 제 5 장 배관 제도

## 01 도면 읽는 법

### 1 도면의 읽기

도면을 읽는 법이란(도면을 보는 법이라고도 한다). 단지 본다는 뜻만이 아니고, 그 내용을 이해하여 입체적으로 재현할 수 있어야 한다. 즉, 이것이 도면을 읽는 법이며, 도면의 독해법이라 고도한다.

### 2 기계제도와 배관제도의 비교

기계제도와 배관제도는 투영 방법에 있어서는 같다. 그러나 기계제도는 가공방법, 공차 등을 표시하는 등을 표시하는 등 정밀도에 큰 비중을 두고 있다. 한편, 배관제도는 파이프의 절단, 구멍 뚫기 등 작업을 표시하는 경우가 있기는 하나 가공법, 공차 등을 표시하는 예는 드물다. 관을 표시할 때도 굵은 관 이외에는 관의 단면을 따로 표시하지 않으며, 또한 축척으로 그리지 않고 한 개의 선으로 그린다. 또 배관 부품도 관의 화법에 준하여 대체적인 형상을 표시하는데 그친다.

### 3 배관 도면의 종류

현장에서 공사 진행의 기본이 되는 배관공사용의 도면에는 설계도와 시공도가 있다. 그 설계도는 시공도의 근원이 되는 것으로 배치도, 계통도. 배관도, 상세도 등이 있다.

#### (1) 배치도(plot plan)

전체도, 옥외 배치도 등의 명칭으로 불리 우는 경우도 있으나, 1/600~1/200의 축척에 의하여 관 시설 전체를 나타내는 도면이다. 이것에는 일반적으로 건물과

건물과의 관계, 우물, 정화조, 연료탱크 등의 위, 수도의 인입 위치, 배수의 방류 위치 등이 나타나 있다.

### (2) 계통도(flow diagram)

주로 관의 계통, 관의 기능 등을 나타내는 것으로 축척에 관계없이 계통을 이해하기 쉬운 것을 목적으로 그려져 있고, 입체적으로 그려진 것과 평면적으로 그려진 것이 있다. 입체도가 계통도를 겸하고 있는 경우도 있다.

### (3) 배관도

여기서 설명하고 있는 설계도는 거의 배치도이며, 그중에서도 특히 축척 1/200~1/100로 그려진 도면으로 배관 공사의 중심이 되는 도면을 배치도나 상세도와 구분하여 배관도라 한다. 전체도에 대해서는 부분이나 다음에 설명하는 상세도와는 다르다.

### (4) 상세도

배관고의 일부를 상세하게 나타내는 것으로서 보일러의 둘레, 고가 구조의 둘레 등의 배관을 별도로 떼 내어 상세하게 그리는 도면이다.

## 4 배관제도의 종류

배관제도에는 평면 배관도, 입면 배관도(측면 배관도), 입체 배관도 등이 있고, 이것을 조합한 것이 조립도이며, 조립도는 장치 전체의 배관을 명시하는 그림이다.

### (1) 평면 배관도(plan drawing)

배관장치를 위에서 아래로 내려다보고 그린 그림이다. 기계제도의 평면도와 같은 것이다.

### (2) 입면 배관도(side-view drawing)

측면도와 같은 것으로 배관장치를 측면에서 본 것이며, 평면도와 같은 방식으로 3각법으로 그린다. 작은 도면 이외에는 평면도와 입면도를 같은 도면에 작도하는 경우는 드물기 때문에 입면도의 위치를 명확하게 나타내기 위해서 평면도에 입면도의 작도 위치, 즉 본 방향을 화살표로 명시하여야 한다.

### (3) 입체 배관도(isometrical pipe drawing)

이것은 입체공간을 X축, Y축, Z축으로 나누어 입체적인 형상을 평면에 나타낸 그림이다. 일반적으로 Y축에는 배관을 수직선으로 그리고 수평면에 존재하는 X축과 Z축이 120° 로만나도록 선을 그어 배관도를 그린다. 이것은 겨냥도와 달라서 원근법을 사용하지 않고 각각의 축은 어디까지나 평행으로 작도하기 때문에 등각 투영법이라고도 한다. 도면은 축척을 표시하는 것이 원칙이나 입체 도면은 일반적으로 축척을 기준으로 하지 않고, 다만 배관의 중복으로 혼잡하여 판독하기 어려운 곳만 적당한 축척으로 그리는 경우도 있다.

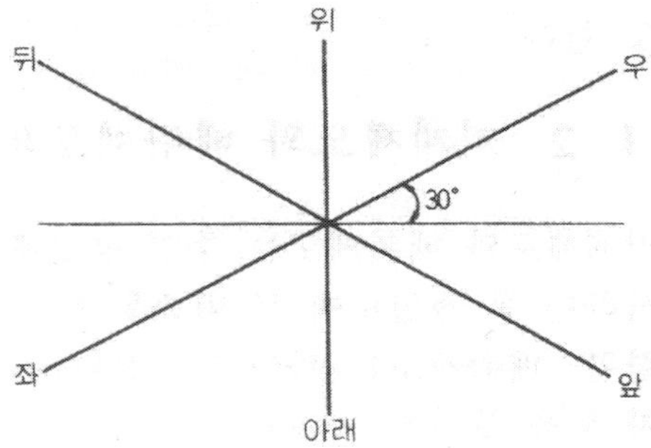


〔X, Y, Z축의 화법〕

### (4) 부분 조립도(isometric each line drawing)

배관 조립도에 포함되어 있는 배관의 일부분을 작도한 그림을 말하며, 일반적으로 등각 투영법으로 표시한다.

## 5 설계도를 읽는 법

설계도의 읽는 법을 순서에 의하여 기입하면 대략 다음과 같다.

① 다른 도면과의 관련, 즉 배관도가 위치도의 어느 곳에 위치하는가, 상세도가 배관도의 어느 부분을 나타내고 있는가를 이해한다.

② 1층과 2층, 2층과 3층 등 각층의 설비 혹은 배관이 완전히 같은 경우도 있으며, 일부분만이 다른 경우도 있으므로 각층의 같은 점과 다른 점을 이해한다.

③ 축척은 얼마인가. 1/100 또는 1/200인가에 대하여 주의한다.

④ 건물 벽의 위치, 창, 출입구의 위치, 문의 형태, 등 구조에 대하여 이해한다.

⑤ 어떠한 기구가 설치되는가, 도기의 종류, 세정장치의 종류 등을 조사한다. 이때 도면뿐만이 아니고 사양서와 대조하여 조사해야 한다.

⑥ 계통도를 이해하기 쉽도록 물, 증기, 급탕, 통기, 연료유 등을 계통별 색칠로 구별하면서 접속의 불명확한 곳을 확실히 구분 한다.

⑦ 분류된 계통마다 계통도 사양서와 비교하면서

- **관의 재질** : 주철관 또는 강관, 연관, 기타 관의 구분
- **관의 지름** : 관의 구경이 변화되는 곳의 위치
- **배관의 위치** : 천장, 바닥, 벽면의 구분 등

이상과 같은 점을 상세히 점검한다. 이 배관 위치를 생각할 때 행거 등과의 대체적인 관계 위치를 이해하는 것도 필요하다.

⑧ 배관 구배의 방향을 조사한다.

⑨ 위층과 아래층의 관계를 조사한다.

## 02 배관 도시기호

### 1 치수 기입 법

배관 도면의 평면도에는 평면적으로 표시하는 치수만 치수선에 기입하고, 입면도와 입체도에 있어서는 높이를 표시하는 치수만을 기입하며, EL(elevation)로 표시한다.

#### (1) 치수 표시

특별한 경우 이외에는 mm단위로 치수선 위에 숫자만 적는다. 각도는 일반적으로 도로 표시하며, 필요에 따라 도・분・초로 나타내기도 한다.

#### (2) 높이 표시

배관 도면을 작성할 때 사용하는 높이의 기준선(base line)을 설정하여 이 기준선으로부터 높이를 표시하며, 이것을 EL 표시법이라 한다. 표시 방법은 기계 도면과는 달리 각각의 높이를 치수선에 따로 기입하지 않고 EL이라는 약호(略號)를 먼저 적고, 그 뒤에 기준선으로부터의 치수를 일괄적으로 기입한다.

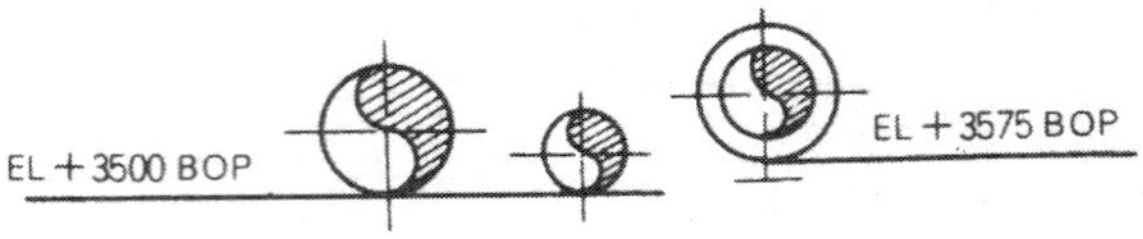


(a) BOP 표시

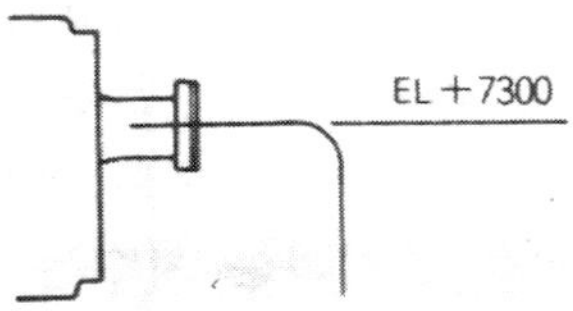


(b) 관의 중심표시

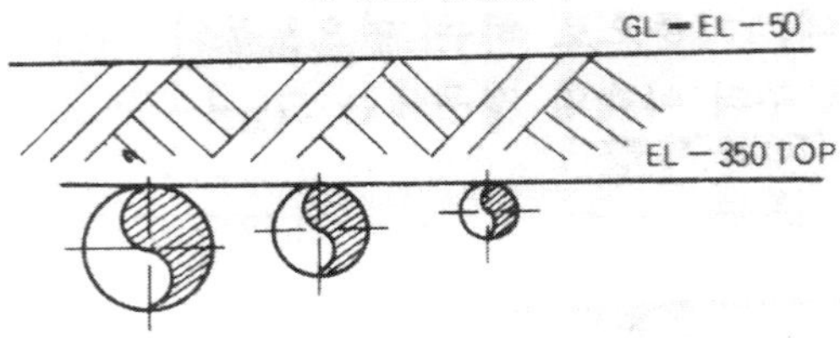


(c) TOP 표시

[관의 높이 표시]

① **EL 표시** : EL만 표시되어 있을 때는 배관의 높이를 관의 중심을 기준으로 표시한 것이며, 기준선은 그 지방의 해수면으로 한다.

(가) **BOP 표시** : 지름이 다른 관의 높이를 표시할 때 관의 중심까지의 높이를 기준으로 표시하며 하면 측정과 치수 기입이 복잡하므로 배관제도에서는 관 바깥지름의 아래면까지 높이를 기준으로 표시한다. 표시 방법은 EL 다음에 높이를 쓰고, 그 뒤에 BOP(bottom of pipe)라고 쓴다.

(나) **TOP(top of pipe) 표시** : BOP와 같은 방법으로 표시하며, 관의 바깥지름 윗면을 기준으로 표시하는 방법이다. 가구류(架構類) · 건물의 빔(beam) 밑면을 이용하여 관을 지지할 때 또는 지하에 매설 배관을 할 때 윗면의 높이를 명확히 할 필요가 있을 때 사용한다.

② **GL (ground line)** : 포함 된 지표면을 기준으로 하여 장치의 높이를 표시한다.

③ **FL (floor line)** : 1층의 바닥면을 기준으로 한 높이로서 장치의 높이를 표시하는 데는 편리하나 공장 전체와 장치의 높이를 비교하는 데는 매우 불편하다.

| 관의 종류 | 선의 굵기(mm) | 도 시 | |
|---|---|---|---|
| | | 직관도 | 단면도 |
| 신설관 | 14 B 이하<br>0.5 ~ 0.8 | | |
| 기설관 | 14 B 이하<br>0.3 ~ 0.4 | | |
| 증설예정관 | 14 B 이하<br>0.3 ~ 0.4 | | |
| 온수관 | 14 B 이하<br>0.5 ~ 0.8 | | |
| 지름이큰관 | 16 B 이하<br>0.2 이하 | | |
| 포 관 | 포관 0.2 이하의<br>점선 | | |
| 2중관 | 외관 0.2 이하 | | |
| 보온·보냉<br>하는 관 | 보온·보냉의 외관<br>지름 0.2 이하 | | |

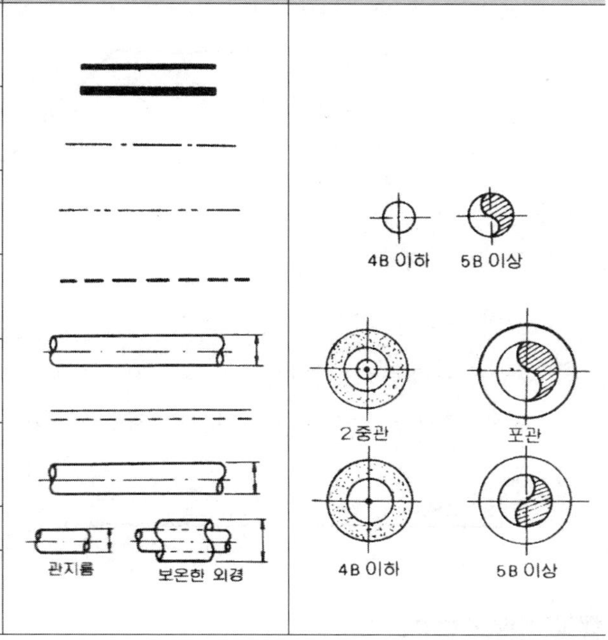


[관의 표시법]

### (3) 배관의 높이

배관의 기준으로 하는 면으로부터의 고저를 표시하는 치수는 관을 표시하는 선에 수직으로 댄 인출선을 사용하여 다음과 같이 표시한다.

① 관 중심의 높이를 표시할 때 기준으로 하는 면으로부터, 위인 경우에는 그 치수값 앞에 "+"를 기준으로 하는 면으로부터, 아래인 경우에는 그 치수값 앞에 "−"를 기입한다.

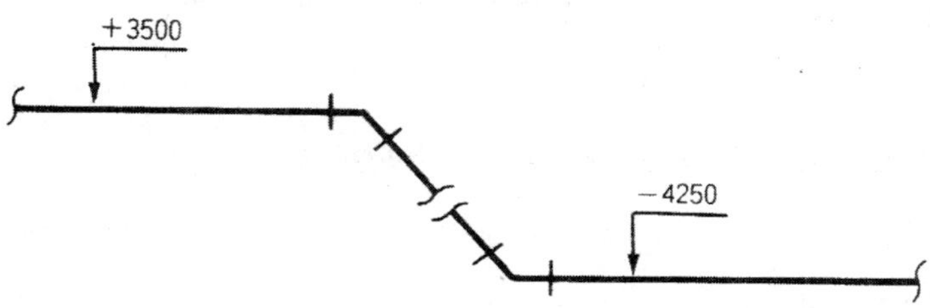


② 관 밑면의 높이를 표시할 필요가 있을 때는 ①의 방법에 따른 기준으로 하는 면으로부터의 고저를 표기하는 치수 앞에 글자기호 "BOP"를 기입한다.

(비고)"BOP"는 Bottom of a pipe의 약자이다.
(ISO.DP 6412/1).

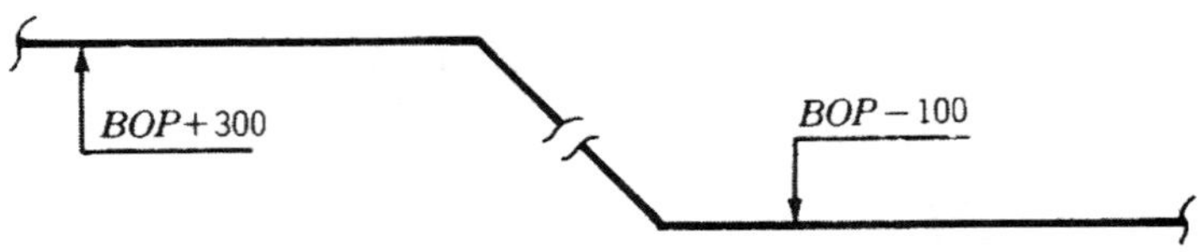


### (4) 관의 구배

관의 구배는 관을 표시하는 선의 위쪽을 따라 붙인 기호"◺"(가는 선으로 그린다)와 구배를 표시하는 수치로 표시한다. 이 경우, 그림 기호의 뾰족한 끝은 관의 높은 쪽으로부터 낮은 쪽으로 향하여 그린다.

## 2 배관도면 표시법

### (1) 관의 표시 방법

관은 원칙적으로 1줄의 실선으로 도시하고, 동일 도면에서는 같은 굵기의 선을 사용한다. 다만, 관의 계통, 상태, 목적을 표시하기 위하여 선의 종류(실선, 파선, 쇄선, 2줄의 평행선 및 그들의 굵기)를 바꾸어서 도시하여도 좋다. 이 경우 각각의 선의 종류의 뜻을 도면상의 보기 쉬운 위치에 명기한다. 또한 관을 판단하여 표시하는 경우는 그림과 같이 파단선으로 표시한다.

### (2) 배관계의 시방 및 유체의 종류 · 상태의 표시 방법

이송유체의 종류 · 상태 및 배관계의 종류 등의 표시방법은 다음에 따른다.

① **표시** : 표시 항목은 원칙적으로 다음 순서에 따라 필요한 것을 글자 · 글자기호를 사용하여 표시 한다.

또한 추가할 필요가 있는 표시 항목은 그 뒤에 붙인다. 또 글자기호의 뜻은 도면상의 보기 쉬운 위치에 명기한다.

㈎ 관의 호칭지름

㈏ 유체의 종류・상태, 배관계의 식별

㈐ 배관계의 시방(관의 종류・두께・배관계의 압력 구분)

㈑ 관의 외면에 실시하는 설비・재료

[보기]

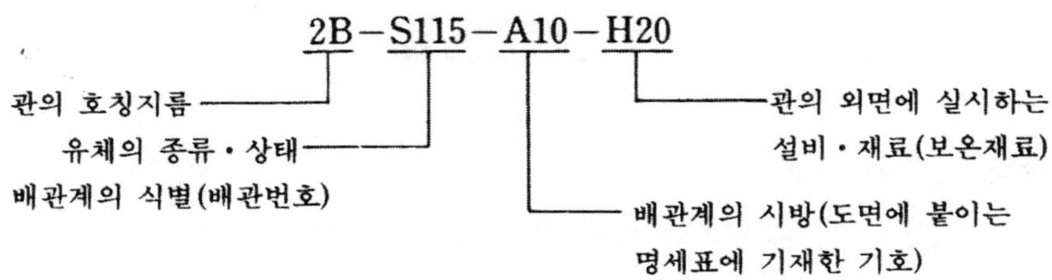


② **도시방법** : ①의 표시는 관을 표시하는 선의 위쪽에 선을 따라서 도면의 밑변 또는 우변으로부터 읽을 수 있도록 기입한다(a)(b). 다만 복잡한 도면 등에서 오해를 일으킬 우려가 있을 때는 각각 인출선을 사용하여 기입하여도 좋다 (c).

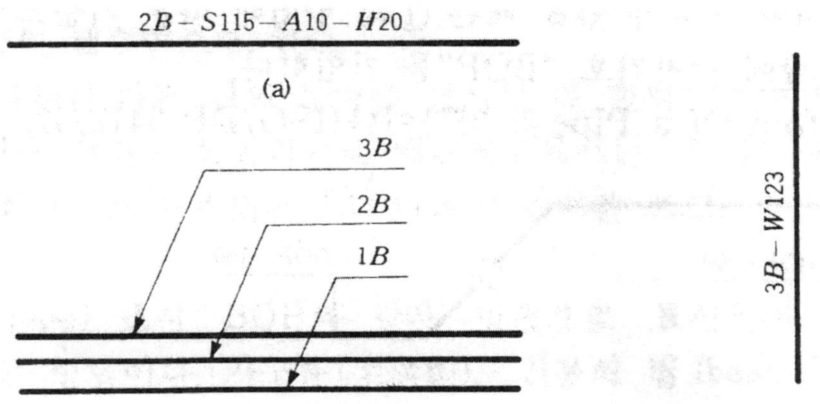


(a) (b) (c)

### (3) 유체 흐름의 방향

① **관내 흐름의 방향** : 관내 흐름의 방향은 관을 표시하는 선에 붙인 화살표의 방향으로 표시한다.

② 배관계의 부속품·부품·구성품 및 기기내의 흐름의 방향 : 배관계의 부속품·기기내의 흐름의 방향을 특히 표시할 필요가 있는 경우는 그 그림기호에 따르는 화살표로 표시한다.

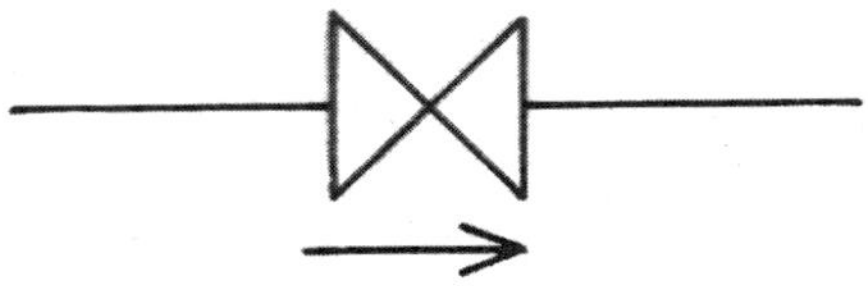

### (4) 관의 굵기와 종류

관의 굵기와 종류를 표시할 때는 선 위에 표시하는 것을 원칙으로 하며, 관의 굵기를 표시한 문자 다음에 관의 종류·재질을 표시한다. 복잡한 도면에서는 착오를 방지하기 위해 인출선을 그어 도시하기도 한다. 또 특별한 경우에는 관속을 흐르는 유체의 종류, 상태, 목적 또는 관의 굵기와 종류를 선의 종류나 굵기를 달리하여 표시하기도 한다.

[관의 굵기와 종류 표시]

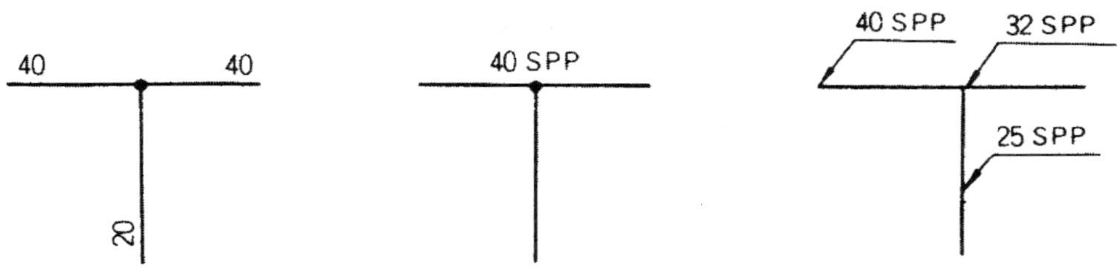


[유체의 종류와 기호]

| 유체의 종류 | 기 호 | 유체의 종류 | 기 호 |
|---|---|---|---|
| 공 기 | A | 수증기 | S |
| 가 스 | G | 물 | W |
| 유 류 | O | | |

### (5) 관의 접속 상태

관의 접속 상태는 다음[표]과 같이 표시한다.

[ 파이프 관의 접속 상태 표시 ]

| 접속 상태 | 실제 모양 | 도시 기호 | 굽은 상태 | 실제 모양 | 도시 기 호 |
|---|---|---|---|---|---|
| 접속하지 않을 때 | 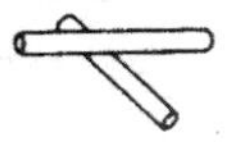 |  | 파이프 A가 앞쪽으로 수직하게 구부러질 때 | 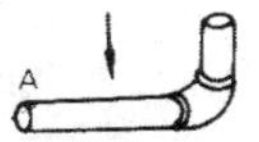 |  |
| 접속하고 있을 때 | 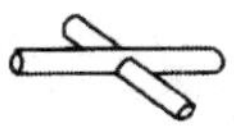 |  | 파이프 B가 뒤쪽으로 수직하게 구부러질 때 | 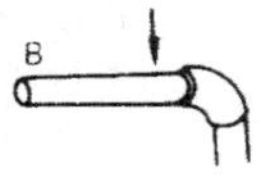 |  |
| 분기하고 있을 때 | 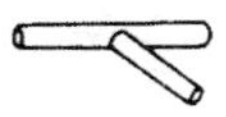 |  | 파이프 C가 뒤쪽으로 구부러져서 D에 접속될 때 | 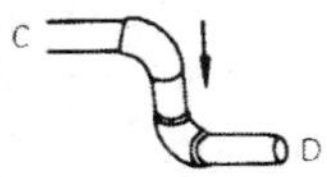 |  |

### (6) 투영에 의한 배관의 입체적 표시

관의 입체적 표시 방법은 1방향에서 본 투영도를 배관계의 상태를 다음 [표]와 같이 표시한다.

[ 화면에 직각방향으로 배관되어 있는 경우 ]

| 정투영도 | | 각 도 |
|---|---|---|
| 관 A가 화면에 직각으로 바로 앞쪽으로 올라가 있는 경우 |  | 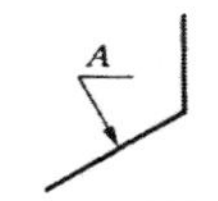 |
| 관 A가 화면에 직각으로 반대쪽으로 내려가 있는 경우 |  |  |
| 관 A가 화면에 직각으로 바로 앞쪽으로 올라가 있고 관 B와 접속하고 있는 경우 | 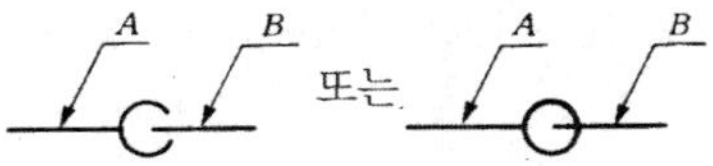 | 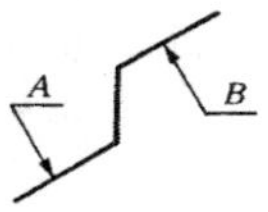 |
| 관 A로부터 분기된 관 B가 화면에 직각으로 바로 앞쪽으로 올라가 있으며 구부러져 있는 경우 | 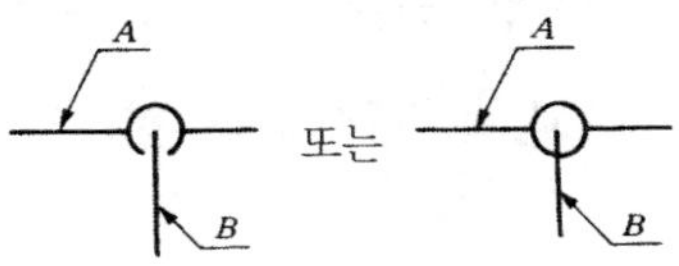 | 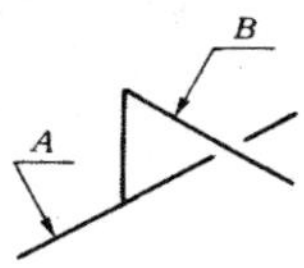 |
| 관 A로부터 분기된 관 B가 화면에 직각으로 반대쪽으로 내려가 있고 구부러져 있는 경우 | 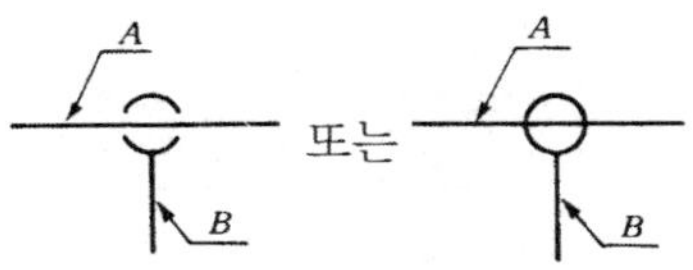 | 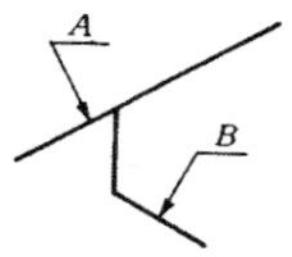 |

㈜ 정 투영도에서 관이 화면에 수직일 때, 그 부분만을 도시하는 경우에는 다음 그림기호에 따른다.

 또는 

[ 화면에 직각 이외의 각도로 배관되어 있는 경우 ]

| 정투영도 | | 등각도 |
|---|---|---|
| 관 A가 위쪽으로 비스듬히 일어서 있는 경우 | 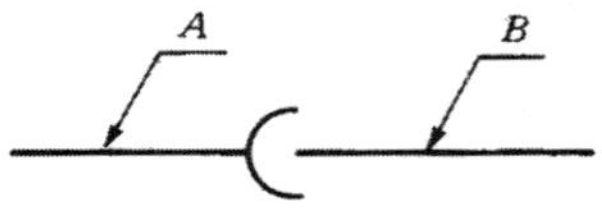 | 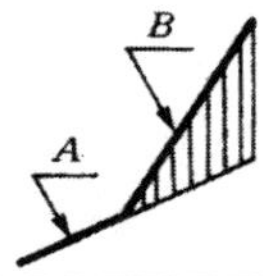 |
| 관 A가 아래쪽으로 비스듬히 내려가 있는 경우 | 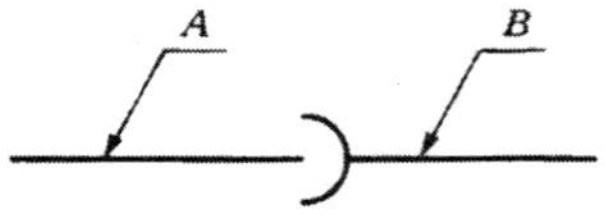 | 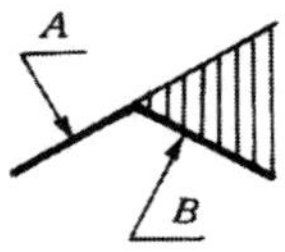 |

| 정투영도 | | 등각도 |
|---|---|---|
| 관 A가 수평방향에서 바로 앞쪽으로 비스듬히 구부러져 있는 경우 | 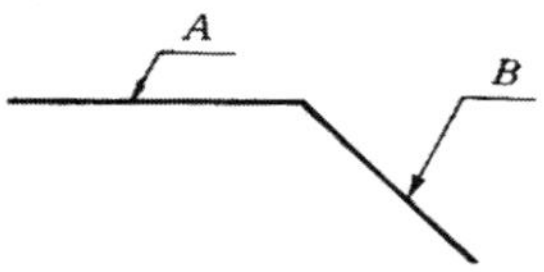 | 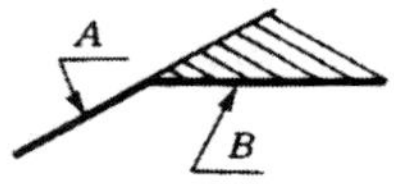 |
| 관 A가 수평방향에서 화면에 비스듬히 반대쪽 윗 방향으로 일어서 있는 경우 | 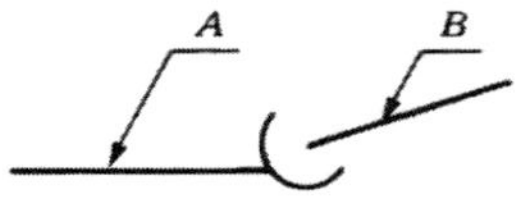 | 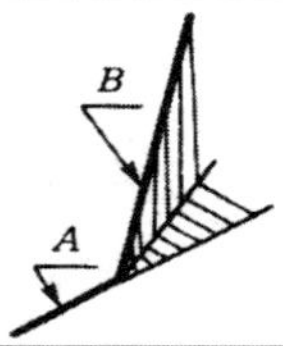 |
| 관 A가 수평방향으로 화면에 비스듬히 바로 앞쪽 윗 방향으로 일어서 있는 경우 | 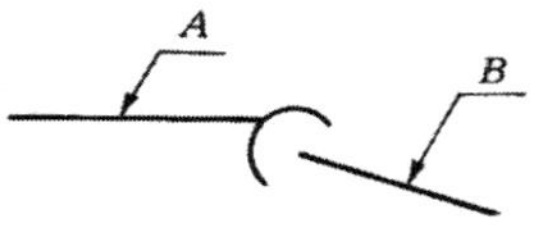 | 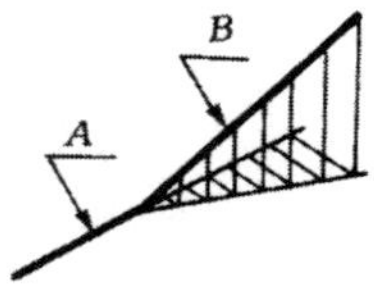 |

㈜ 등각도의 관의 방향을 표시하는 가는 실선의 평행선 군을 그리는 방법에 대하여는 KS A 0111(제도에 사용하는 투상법) 참조.

### (7) 밸브 · 플랜지 · 배관 부속품 등의 입체적 표시 방법

밸브 · 플랜지 · 배관 부속품 등의 등각도 표시 방법은 다음 보기에 따른다.

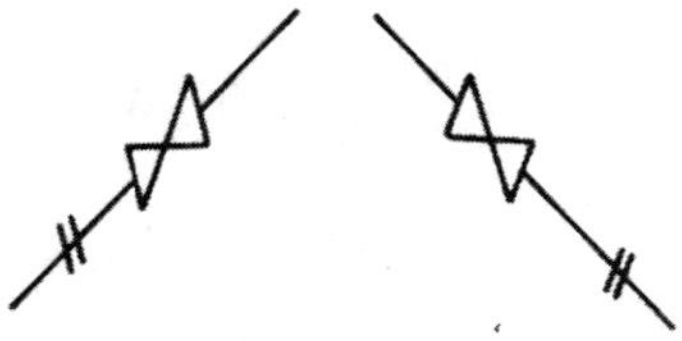

[수평 방향 배관]

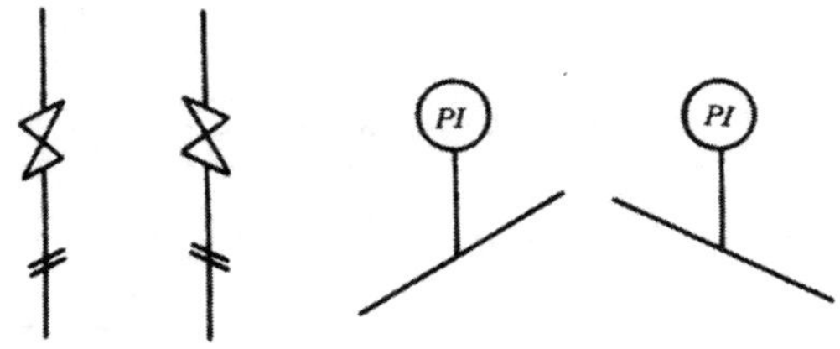


[수직 방향 배관]

### (8) 치수의 표시 방법

- **일반 원칙** : 치수는 KS A 0113(제도에 있어서 치수의 기입 방법)에 따른다.
- **관 치수의 표시 방법** : 간략 도시한 관에 관한 치수의 표시 방법은 다음에 따른다.

① 관과 관의 간격[그림 (a)], 구부러진 관의 구부러진 점으로부터 구부러진 점까지의 길이[그림 (b)] 및 구부러진 반지름・각도[그림 (c)]는 특히 지시가 없는 한, 관의 중심에서의 치수를 표시한다.

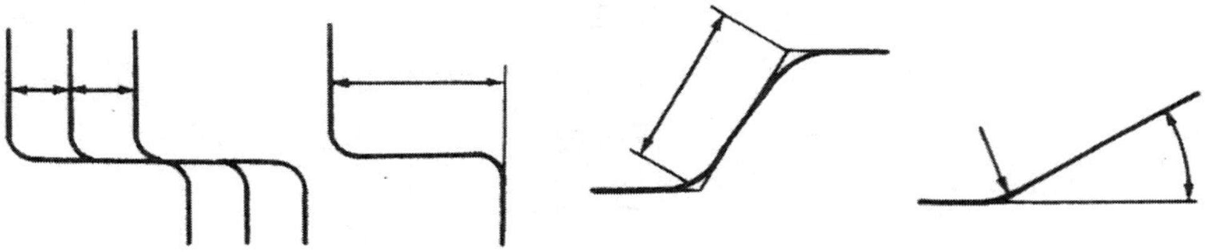

(a) (b) (c)

② 특히 관의 바깥지름면으로부터의 치수를 표시할 필요가 있는 경우에는 관을 표시하는 선을 따라서 가늘고 짧은 실선을 그리고, 여기에 치수선의 말단 기호를 댄다. 이 경우, 가는 실선을 붙인 쪽의 바깥지름면까지의 치수를 뜻한다.

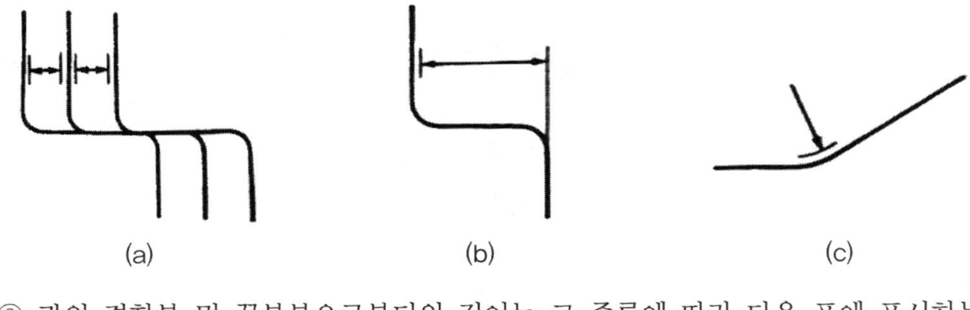

(a) (b) (c)

③ 관의 결합부 및 끝부분으로부터의 길이는 그 종류에 따라 다음 표에 표시하는 위치로부터의 치수로 표시한다.

[ 결합부 및 끝부분의 위치 ]

| 결합부 · 끝부분의 종류 | 도 시 | 치수가 표시하는 위치 |
|---|---|---|
| 결합부 일반 | 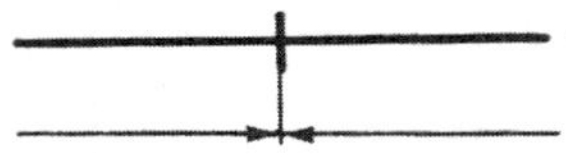 | 결합부의 중심 |
| 용접식 | 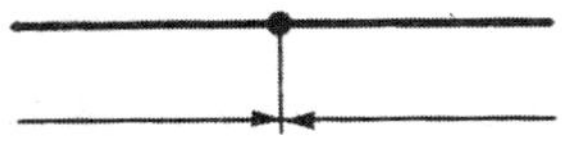 | 용접부의 중심 |
| 플랜지식 | 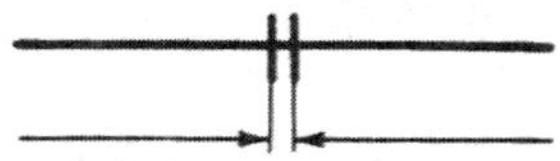 | 플랜지면 |
| 관의 끝 |  | 관의 끝면 |
| 막힌플랜지 |  | 관의 플랜지면 |

| 결합부 · 끝부분의 종류 | 도 시 | 치수가 표시하는 위치 |
|---|---|---|
| 나사박음식 캡 및<br>나사박음식 플러그 |  | 관의 끝면 |
| 용접식 캡 |  | 관의 끝면 |

### (9) 관의 이음 방법

관의 이음 방식은 다음 [표]와 같이 표시한다.

**[ 파이프 관의 이음 도시 ]**

KB S 0051

| 종 류 | 도시기호 | 종 류 | 도시기호 |
|---|---|---|---|
| 일 반 |  | 엘보 또는 벤드 | 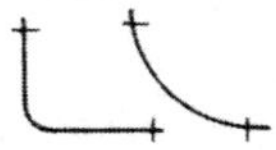 |
| 플랜지형 |  | T | 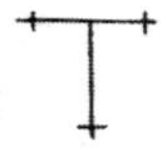 |
| 턱걸이형 |  | 크로스 | 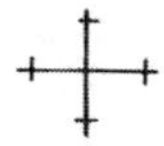 |
| 막힘플랜지형 |  | 신축이음 | 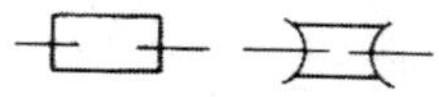 |
| 유니언형 |  | 용접이음 |  |
| | | 납땜이음 | 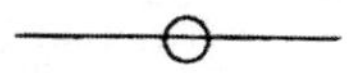 |

### (10) 밸브와 계기의 표시

밸브, 콕크의 표시 기호는 다음 [표]와 같으며, 기능과 종류 등을 자세히 표시하는 경우에는 다르게 표시하는 수도 있다. 예를 들면 계기의 종류를 표시하는 경우에는 ○속에 압력계는 P, 온도계는 T를 기입한다.

### [파이프 관의 이음 도시]

KSB0051

| 명 칭 | 도시기호 | 명 칭 | 도시기호 | 명 칭 | 도시기호 |
|---|---|---|---|---|---|
| 밸브일반 |  | 수동 밸브 |  | 공기 릴리프 밸브 |  |
| 앵글 밸브 |  | 일반 조작 밸브 |  | 일반 콕크 | 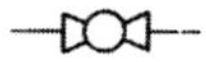 |
| 체크 밸브 |  | 전동 밸브 |  | 게이트 밸브 |  |
| 스프링 안전 밸브 |  | 전자 밸브 |  | 글로브 밸브 |  |
| 볼 밸브 |  | 릴리프 밸브(일반) | 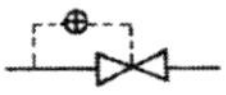 | 추안전 밸브 |  |
| 버터플라이 밸브 | 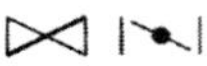 | 체크 밸브 |  | 3방향 밸브 |  |

### [계 기]

KSB0051

| 명 칭 | 도시기호 | 명 칭 | 도시기호 | 명 칭 | 도시기호 |
|---|---|---|---|---|---|
| 계기일반 | 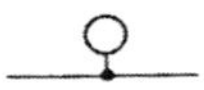 | 압력계 |  | 온도계 |  |

### [배관도면에 많이 사용되는 배관기호]

KSB0051

| 명 칭 | 기 호 | 비 고 | 명 칭 | 기 호 | 비 고 |
|---|---|---|---|---|---|
| 송기관 | ——— | 증기 및 온수 | Y자관 |  | |
| 복귀관 | ------ | 증기 및 온수 | 곡관 |  | 주철이형관 |
| 증기관 | —/— | 증기 | T자관 | 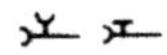 | 주철이형관 |
| 응축수관 | ---/--- | | Y자관 |  | 주철이형관 |
| 기타관 | 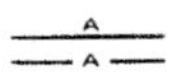 | | 90° Y자관 |  | 주철이형관 |
| 급수관 | — - — | | 편심조인트 |  | 주철이형관 |
| 상수도관 | —-— | | 팽창곡관 | 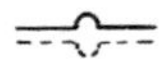 | 주철이형관 |
| 우물급수관 | —··— | | 팽창조인트 | 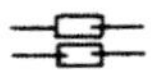 | |
| 급탕관 | —\|— | | 배관고정점 |  | |
| 탕복귀관 | —\|\|— | | 스톱밸브 |  | |
| 배수관 | ——— | | 슬루스밸브 |  | |

| 명칭 | 기호 | 비고 | 명칭 | 기호 | 비고 |
|---|---|---|---|---|---|
| 통기관 | | | 앵글밸브 | | |
| 소화관 | | | 체크밸브 리프트형 | | |
| 주철관 급수<br>배수 | | 관지름 75 mm<br>관지름 100 mm | 체크밸브 스윙형 | | |
| 연관 급수<br>배수 | | 관지름 13 mm<br>관지름 100 mm | 콕크 | | |
| 콘크리트관 급수<br>배수 | | 관지름 150 mm | 삼방콕크 | | |
| 도관 | | 관지름 100 mm | 안전밸브 | | |
| 수직관 | | | 배압밸브 | | |
| 수직상향・하향부 | | | 감압밸브 | | |
| 곡관 | | | 온도조정밸브 | | |
| 플랜지 | | | 공기밸브 | | |
| 유니언 | | | 압력계 | | |
| 엘보 | | | 연성계 | | |
| 티 | | | 온도계 | | |
| 증기트랩 | | | 송기도단면 | | |
| 스트레이너 | | | 배기도단면 | | |
| 바닥박스 | | | 송기댐퍼단면 | | |
| 기름분리기 | | | 배기댐퍼단면 | | |
| 기수분리기 | | | 송기구 | | |
| 리포트피팅 | | | 배기구 | | |
| 분기가열기 | | | 양수기 | | |
| 주형방열기 | | | 청소구 | | |
| 벽걸이방열기 | | | 하우스트랩 | | |
| 벽걸이방열기 | | | 그리스트랩 | | |
| 핀방열기 | | | 기구배수구 | | |
| 대류방열기 | | | 바닥배수구 | | |

## 3 기타의 기호

이외에 일반적으로 사용되고 있는 도시법은 다음과 같다.

① 규정은 아니지만 일반적으로 그림 도시(1)에 나타냄과 같은 표시 방법이 쓰이고 있다.

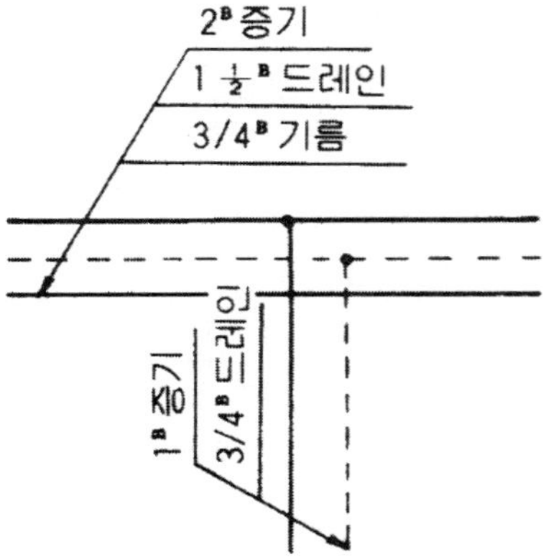


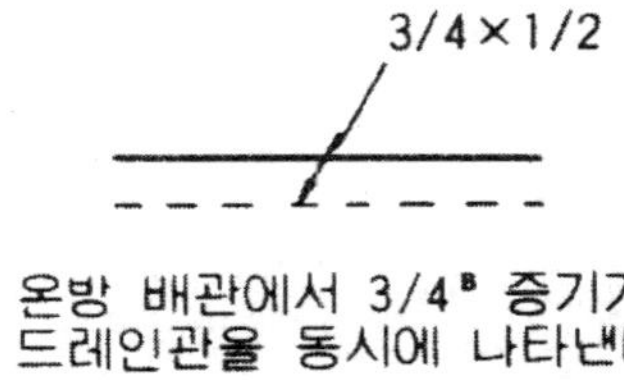


[도시 (1)]

② SPP (배관용 탄소강)은 하나의 구경에 대하여 관의 두께는 한 종류뿐이므로 호칭경 만으로 나타내면 되지만, 그 이외의 배관용 강관, 즉 SPPS (압력 배관용 탄소강 강관), SPPH (고압 배관용 탄소강 강관) 등은 구경에 대하여 수종의 관의 두께가 있으므로 관의 두께를 스케줄 번호의 몇 번인가를 나타내야 한다. 즉 SPPS-35 SCH 40 (압력 배관용 탄소강 강관 1종 (인장강도 343 Mpa(35Kg/㎟)) 관의 두께 스케줄 번호 40번). 그러나 도면의 각부에 기입하기는 복잡하므로 그림 도시(2)의 (a) 또는 (b)와 같이 도면의 여백을 이용 보기로서 나타내는 경우도 많다.

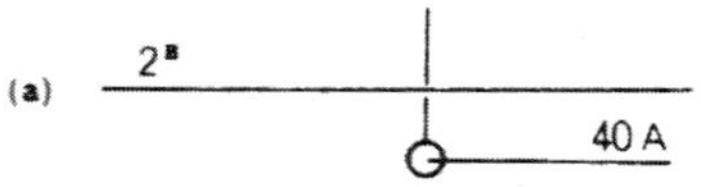


[보기] (a)

(1) B 치수로 나타내는 것은 SPP

(2) A 치수로 나타내는 것은 SPP-35 SCH 40이다.

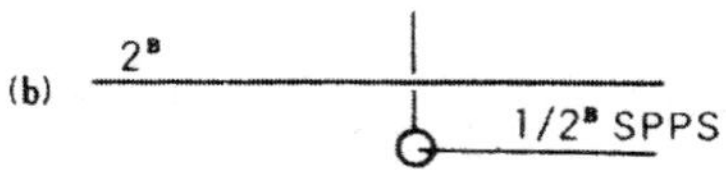


[보기] (b)

(1) 특기 사항이 없는 것은 SPP

(2) SPPS는 SPPS-35 SCH 40이다.

[도시 (2)]

③ 그림 도시(3)의 상부에 나타낸 평면도를 화살표 방향에서 보면 각각 하부의 측면

도와 같이 된다. 그리고 복잡한 그림 도시(4)와 같은 평면도를 화살 A, B에서 보면 다음 그림의 (a), (b)와 같이 된다. 이것을 입체도로 하면 (C)와 같이 된다. 평면도를 보았을 때 (C)와 같은 입체도가 머리에서 생각되어야 한다.

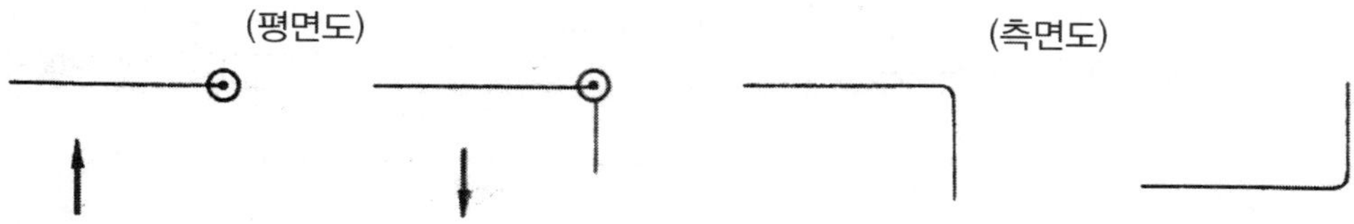


[ 도시 (3) ]

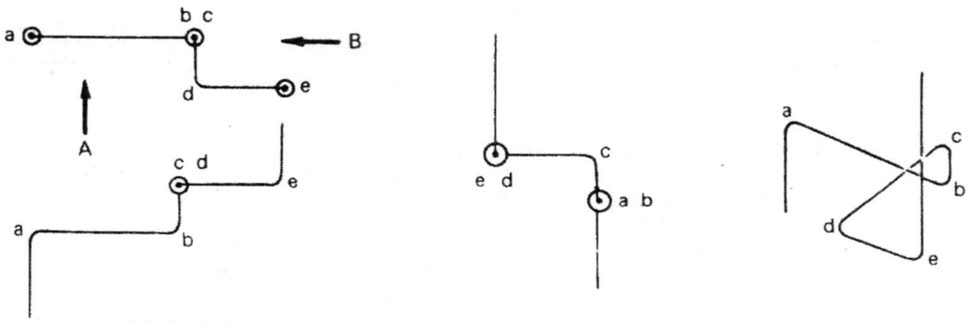


(a)의 경우　　(b)의 경우　　(c) 입체도

[ 도시 (4) ]

④ 세로관의 기호에서 특히 세로 상향, 세로 하향을 명확하게 하고 싶을 때는 세로관의 도시법에 나타냄 같이 그리는 경우도 있다. 세로 하향은 수평선보다 아래쪽에, 세로 상향은 위쪽에 긋는다. 세로 상향, 하향점의 원은 자르는 방법이 다르며, 세로 상향, 세로 하향의 관은 수평선과 45° 의 각도로 한다.

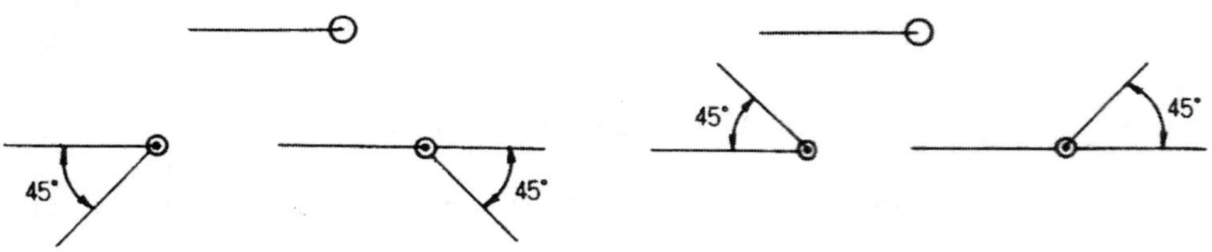


[ 세로관의 도시법(세로방향) ]

이들의 세로 상향, 세로 하향관에 화살표를 붙이는 것은 흐름의 방향을 나타내는 것으로 주의해야 한다.

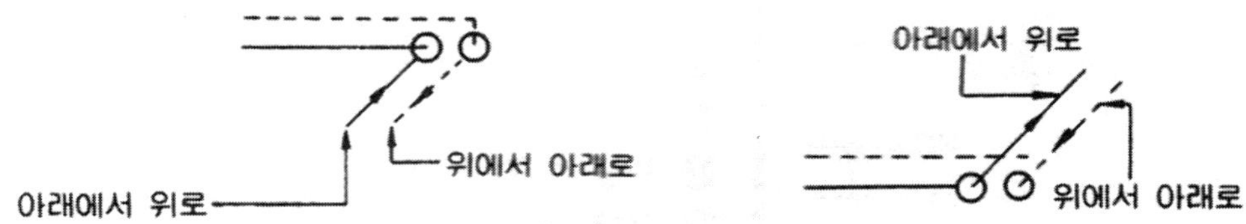


[흐름의 방향]

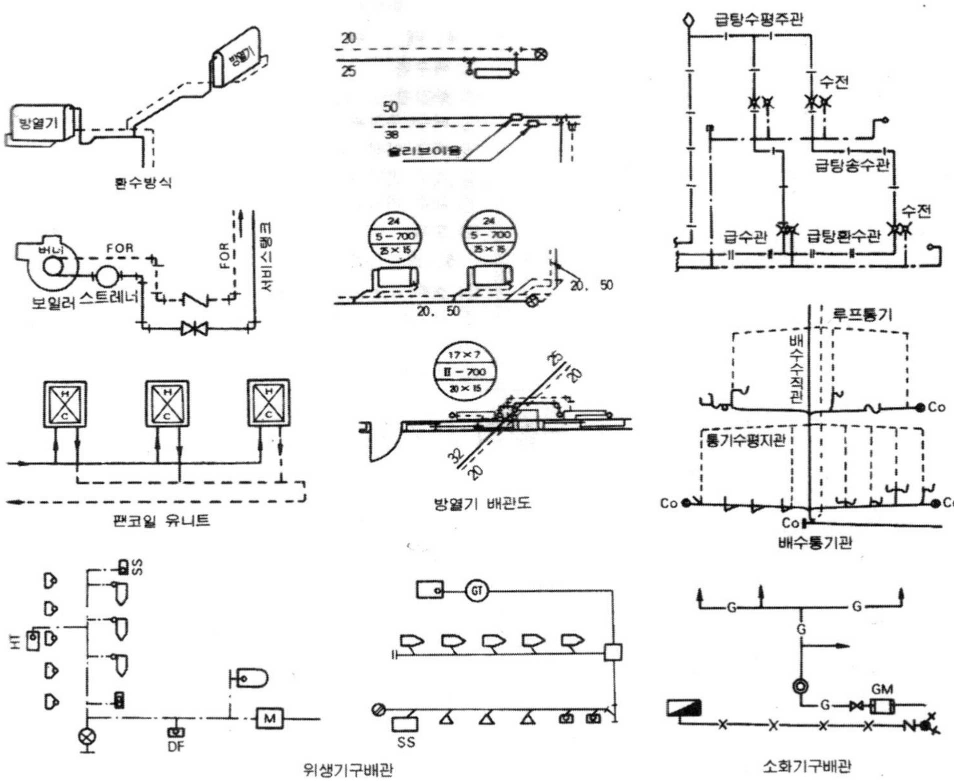


[도시기호의 기입 예]

⑤ 구배의 방향에 나타냄과 같이 관의 아래에 ⟶ ⟵- - - 등의 기호가 있으나 이것은 증기의 흐름 방향 ⟶ 과 드레인의 흐름 방향 ⟵- - - 을 나타내는 것이며, ⟶ - - -⟶ 는 순구배, ⟶ ⟵- - - 는 역구배임을 나타낸다.

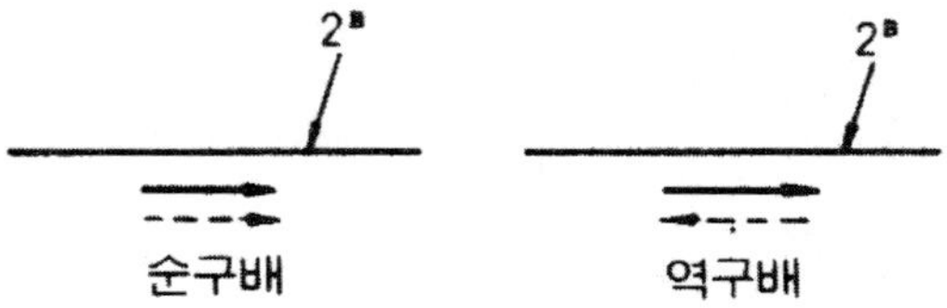


[구배의 방향]

⑥ 배관제도에 많이 사용되는 HASS에 의한 도기 기호와 기입 예를 나타내면 다음과 같다.

[HASS에 의한 도시 기호]

| 종 류 | 도시기호 | 종 류 | 도시기호 |
|---|---|---|---|
| 1. 난방·급기 | | 3. 급수·급탕 | |
| ① 고압증기 공급관 | —#—#—#— | ① 급수관 | —·—·—·— |
| ② 고압증기 환수관 | --#--#--#-- | ② 급수 주철관 | —(—·—(— |
| ③ 중압증기 공급관 | —/—/—/— | ③ 급수 연관 | —· 13-L ·— |
| ④ 중압증기 환수관 | -/--/--/--- | ④ 급수 동관 | —· 30-Cu ·— |
| ⑤ 저압증기 공급관 | ———— | ⑤ 급수 황동관 | —· 50-B ·— |
| ⑥ 저압증기 환수관 | --------- | ⑥ 급수 콘크리트관 | —· 150-C ·— |
| ⑦ 공기 배출관 | -------------- | ⑦ 급수 석면시멘트관 | —· 100-A ·— |
| ⑧ 연료 공급관 | —FOF—FOF— | ⑧ 급수 비닐관 | —· 25-V ·— |
| ⑨ 연료 저탕관 | —FOR—FOR- | ⑨ 상수도관 | —·——-— |
| ⑩ 기름 저장탱크 통기관 | —FOV—FOV- | ⑩ 우물 수관 | —··——··— |
| ⑪ 압축 공기관 | — A — A — | ⑪ 급탕 공급관 | —\|——\|— |
| ⑫ 온수난방 공급관 | ———— | ⑫ 급탕 환수관 | —\|\|——\|\|— |
| ⑬ 온수난방 환수관 | ---------- | 4. 배 수 | |
| 2. 공기 조화 | | ① 배수관 | ———— |
| ① 냉매 토출관 | —RD—RD— | ② 통기관 | ---------- |
| ② 냉매 액관 | —RL.—RL.— | ③ 배수 주철관 | —(—(—(— |
| ③ 냉매 흡입관 | —RS—RS— | ④ 배수 연관 | 100-L |
| ④ 냉각수 공급관 | — C — C — | ⑤ 배수 콘크리트관 | 150-C |
| ⑤ 냉각수 환수관 | —CR—CR— | ⑥ 배수 비닐관 | 100-V |
| ⑥ 냉수 및 냉온수 공급관 | —CH—CH— | ⑦ 도관 | 100-T |
| ⑦ 냉수 및 냉온수 환수관 | —CHR—CHR— | 5. 소 화 | |
| ⑧ 브라인 공급관 | — B — B — | ① 소화 수관 | —X——X— |
| ⑨ 브라인 환수관 | —BR—BR— | ② 스프링클러 주관 | —S——S— |
| | | ③ 스프링클러 헤드지관 | —o—o—o— |
| | | ④ 스프링클러 드레인관 | ---------- |

# 03 용접의 도시법

## 1 용접 이음의 종류

용접 이음은 모재를 위해서 만든 것으로 다음 [그림]과 같은 홈이음이 있다.

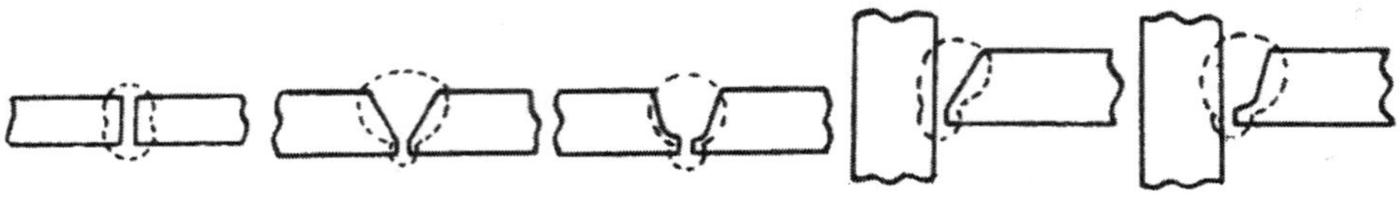

[I 형] [V 형] [U 형] [V 형] [J 형]

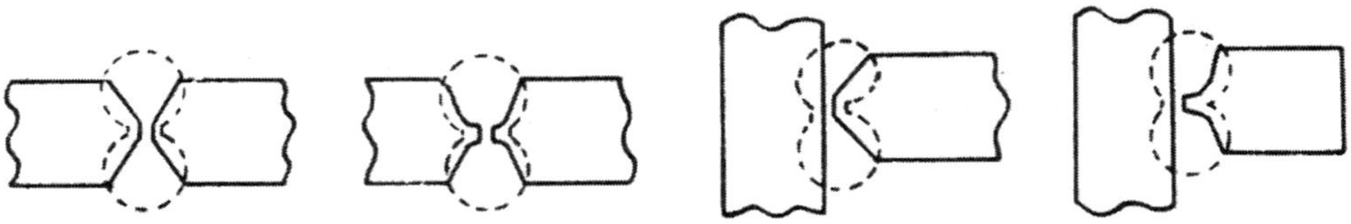

[X 형] [H 형] [K 형] [J 형]

[기본 기호]

KS B 0052

| 번호 | 명칭 | 그림 | 기호 |
|---|---|---|---|
| 12 | 점 용접 |  | ○ |
| 13 | 심(seam) 용접 | 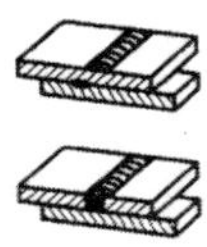 |  |
| 14 | 개선 각이 급격한 V형 맞대기 용접 |  |  |
| 15 | 개선 각이 급격한 일면 개선형 맞대기 용접 |  |  |
| 16 | 가장자리(edge) 용접 |  | \|\|\| |

| 번호 | 명칭 | 그림 | 기호 |
|---|---|---|---|
| 17 | 표면 육성 |  | ⌒⌒ |
| 18 | 표면(surface) 접합부 | 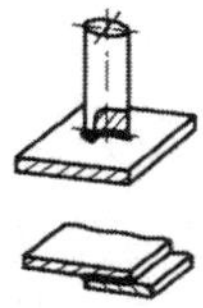 | = |
| 19 | 경사 접합부 | 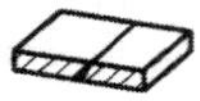 | // |
| 20 | 겹침 접합부 |  | ᘓ |

1) 돌출된 모서리를 가진 평판 맞대기 용접부(번호 1)에서 완전 용입이 안 되면 용입 깊이가 S인 평행 맞대기 용접(번호 2)로 표시한다.(표 [주요 치수] 참조)

### [양면 용접부 조합 기호(보기)]

KS B 0052

| 명칭 | 그림 | 기호 |
|---|---|---|
| 양면 V형 맞대기 용접 (X용접) |  | X |
| K형 맞대기 용접 |  | K |
| 넓은 루트면이 있는 양면 V형 용접 |  | Ⲭ |
| 넓은 루트면이 있는 K형 용접 | 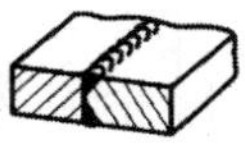 | K |
| 양면 U형 맞대기 용접 |  | Ⲭ |

[ 보조 기호 ]

KS B 0052

| 용접부 표면 또는 용접부 형상 | 기 호 |
|---|---|
| 평면(동일한 면으로 마감 처리) | — |
| 오목형 |  |
| 볼록형 |  |
| 토우를 매끄럽게 함 |  |
| 영구적인 이면 판재(backing strip) 사용 | M |
| 제거 가능한 이면 판재 사용 | MR |

[ 기본 기호 ]

KS B 0052

| 명 칭 | 그 림 | 기 호 |
|---|---|---|
| 평면 마감 처리한 V형 맞대기 용접 |  |  |
| 볼록 양면 V형 용접 |  |  |
| 오목 필릿 용접 | 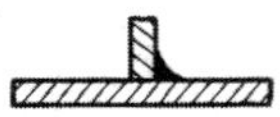 |  |
| 이면 용접이 있으며 표면 모두 평면 마감 처리한 V형 맞대기 용접 |  |  |
| 넓은 루트면이 있고 이면 용접된 V형 맞대기 용접 |  |  |
| 평면 마감 처리한 V형 맞대기 용접 |  | 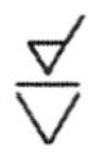 |
| 매끄럽게 처리한 필릿 용접 | 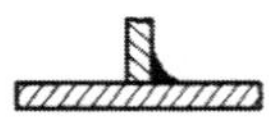 |  |

1) ISO 1302에 따른 기호 : 이 기호 대신 주 기호 √를 사용할 수 있음.

KS B 0052

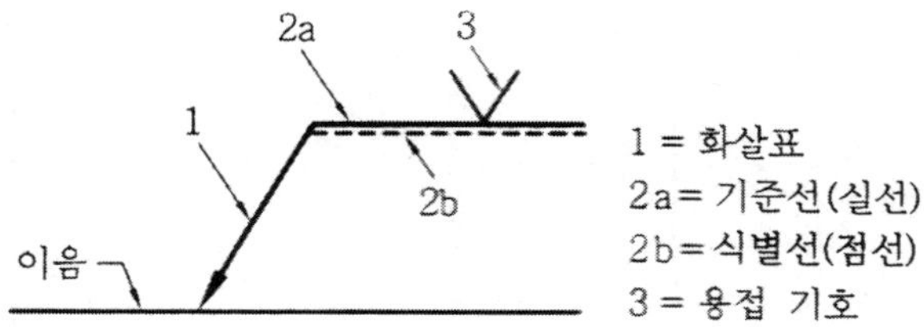


[ 표시 방법 ]

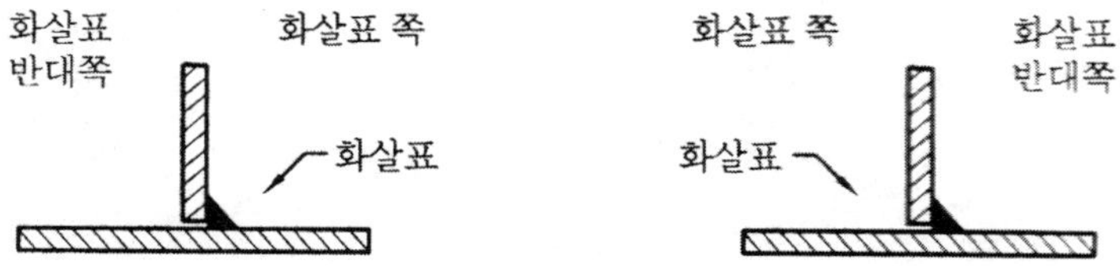


(a) 화살표 쪽 용접 (b) 화살표 반대쪽 용접

[ 한쪽 면 필릿 용접의 T형 접합부 ]

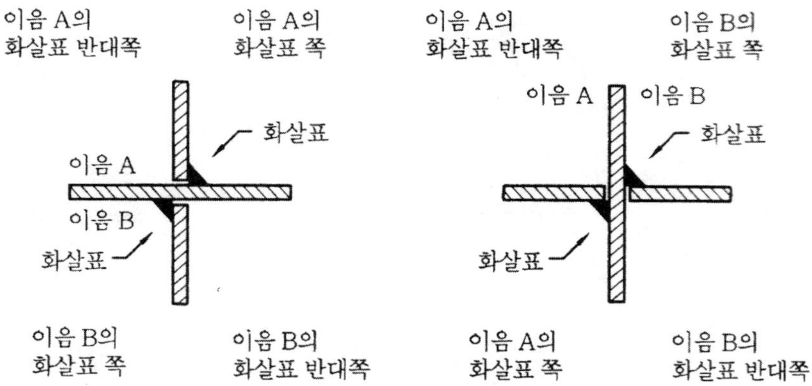


[ 양면 필릿 용접의 십자(+)형 접합부 ]

KS B 0052

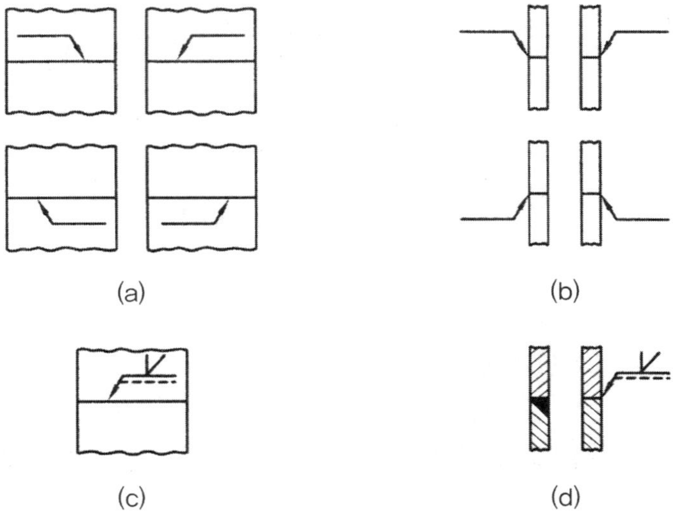


[ 화살표의 위치 ]

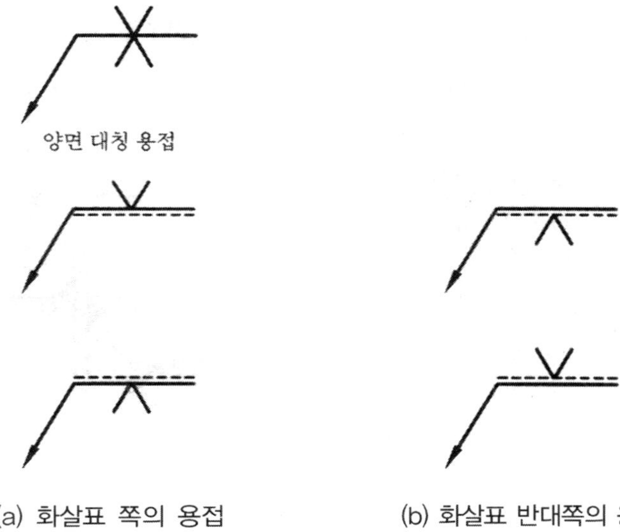


(a) 화살표 쪽의 용접　　(b) 화살표 반대쪽의 용접

[ 기준에 따른 기호의 위치 ]

KS B 0052

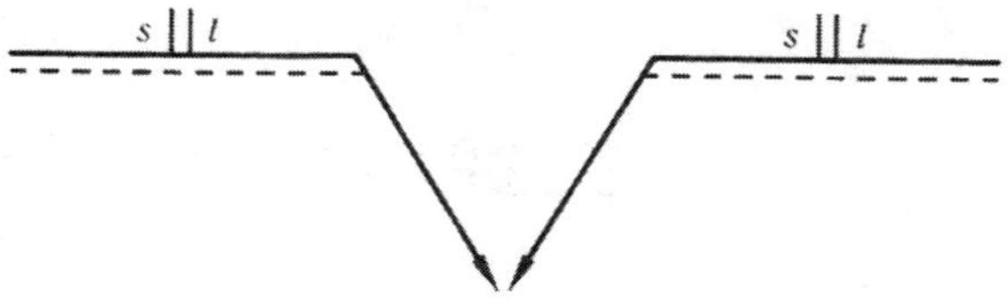


[표시 원칙의 예]

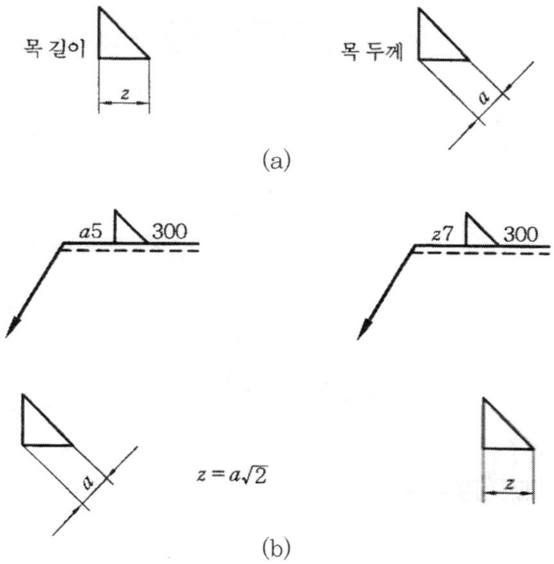


[필릿 용접부의 치수 표시 방법]

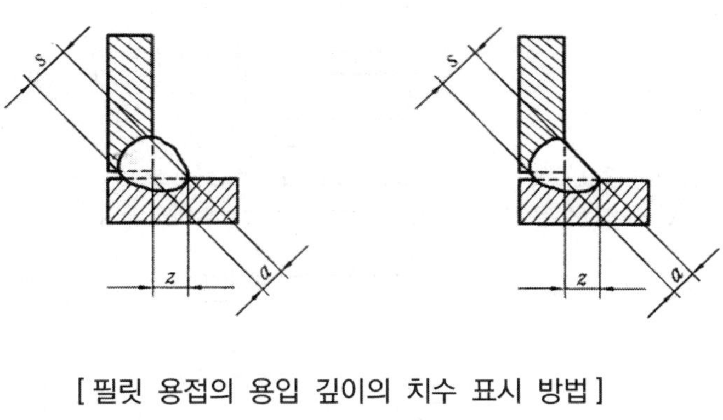


[필릿 용접의 용입 깊이의 치수 표시 방법]

[주요 치수]

KS B 0052

| 번호 | 명칭 | 도시 | 정의 | 표시 |
|---|---|---|---|---|
| 1 | 맞대기 용접 | 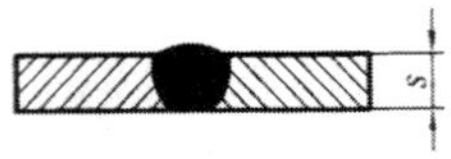 | $s$ : 얇은 부재의 두께보다 커질 수 없는 거리로서, 부재의 표면부터 용입의 바닥까지의 최소 거리 |  |
| | |  | |  |
| | | 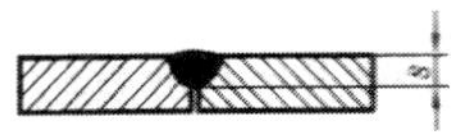 | |  |
| 2 | 플랜지형 맞대기 용접 | 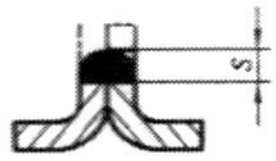 | $s$ : 용접부 외부 표면부터 용입의 바닥까지의 최소 거리 |  |
| 3 | 연속 필릿 용접 | 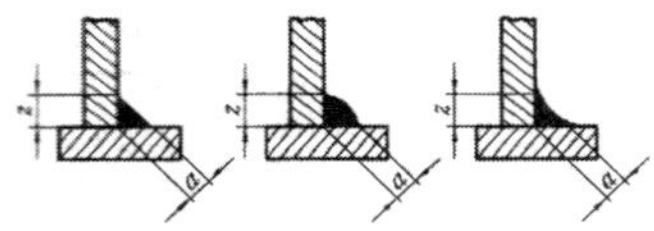 | $a$ : 단면에서 표시될 수 있는 최대 이등변삼각형의 높이<br>$z$ : 단면에서 표시될 수 있는 최대 이등변삼각형의 변 | <br> |
| 4 | 단속 필릿 용접 | 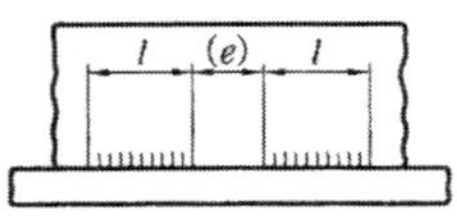 | $l$ : 용접 길이(크레이터 제외)<br>$(e)$ : 인접한 용접부 간격<br>$n$ : 용접부 수<br>$a, z$ : 번호 3 참조 | <br> |
| 5 | 지그재그 단속 필릿 용접 | 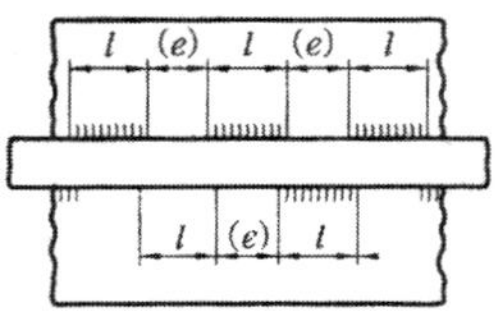 | $l$ : 번호 4 참조<br>$(e)$ : 번호 4 참조<br>$n$ : 번호 4 참조<br>$a, z$ : 번호 3 참조 | 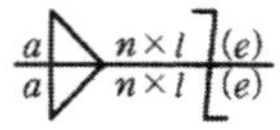<br>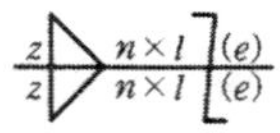 |

[ 주요 치수 ]

KS B 0052

| 번 호 | 명 칭 | 도 시 | 정 의 | 표 시 |
|---|---|---|---|---|
| 6 | 플러그 또는 스롯 용접 | 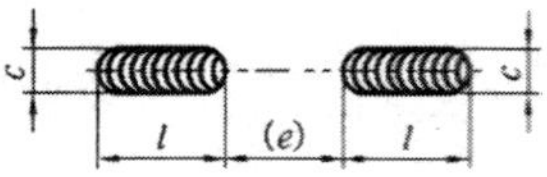 | $l$ : 번호 4 참조<br>$(e)$ : 번호 4 참조<br>$n$ : 번호 4 참조<br>$c$ : 슬롯의 너비 | $c \sqcap n \times l(e)$ |
| 7 | 심 용접 | 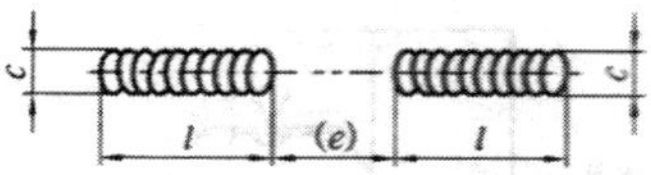 | $l$ : 번호 4 참조<br>$(e)$ : 번호 4 참조<br>$n$ : 번호 4 참조<br>$c$ : 슬롯의 너비 | $c \ominus n \times l(e)$ |
| 8 | 플러그 용접 | 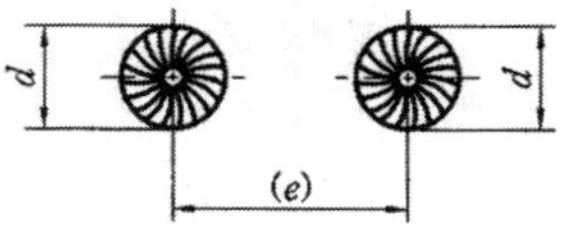 | $n$ : 번호 4 참조<br>$(e)$ : 간격<br>$d$ : 구멍의 지름 | $d \sqcap n(e)$ |
| 9 | 점 용접 | 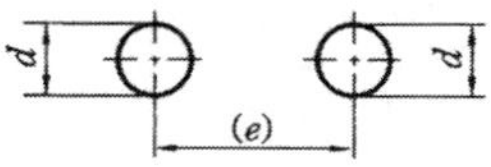 | $n$ : 번호 4 참조<br>$(e)$ : 간격<br>$d$ : 점(용접부)의 지름 | $d \bigcirc n(e)$ |

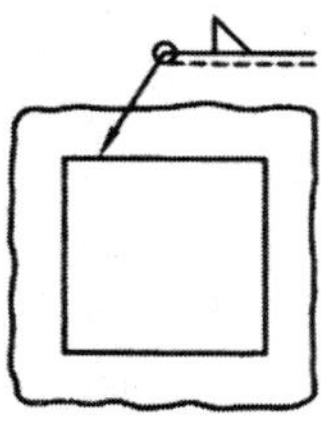

[ 일주 용접의 표시 ]

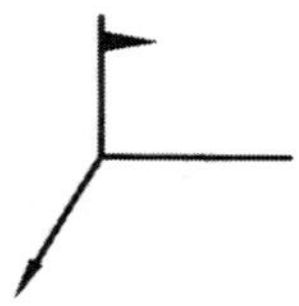

[ 현장 용접의 표시 ]

[ 용접 방법의 표시 ]

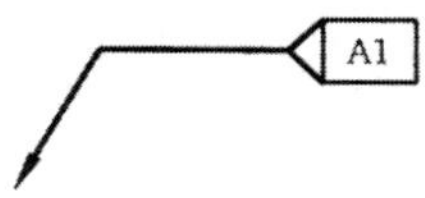


[ 참고 정보 ]

KS B 0052

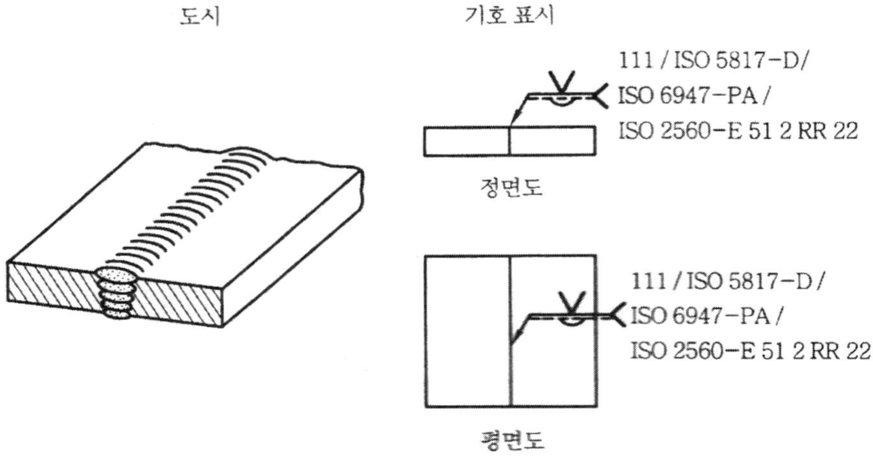


[이면 용접이 있는 V형 맞대기 용접부]

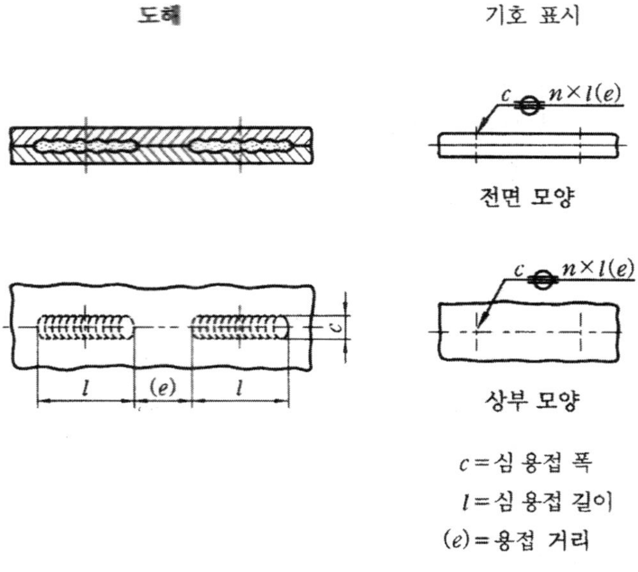


[단속 저항 심 용접]

KS B 0052

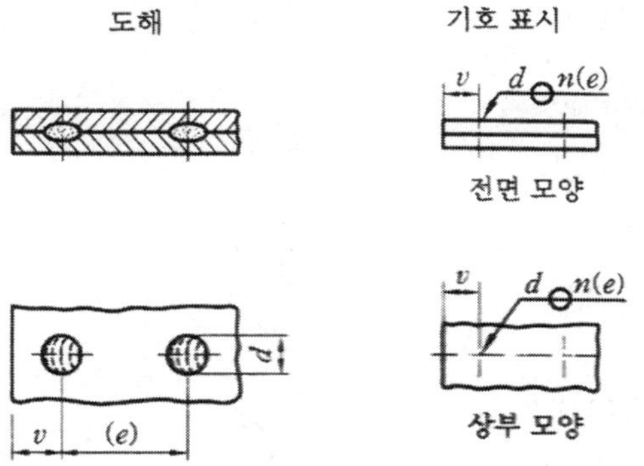


(a) 저항 점 용접

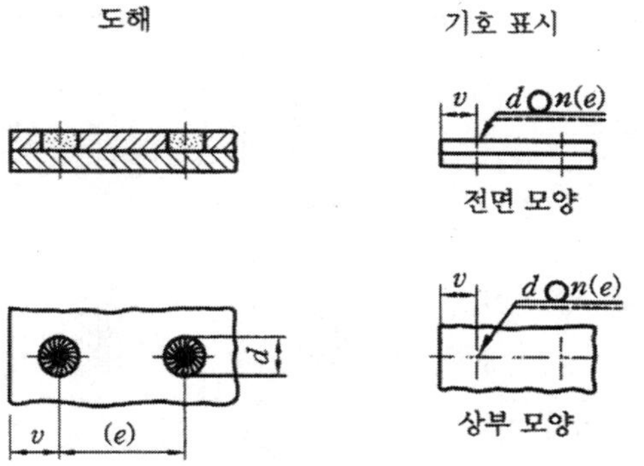


(b) 용융 점 용접

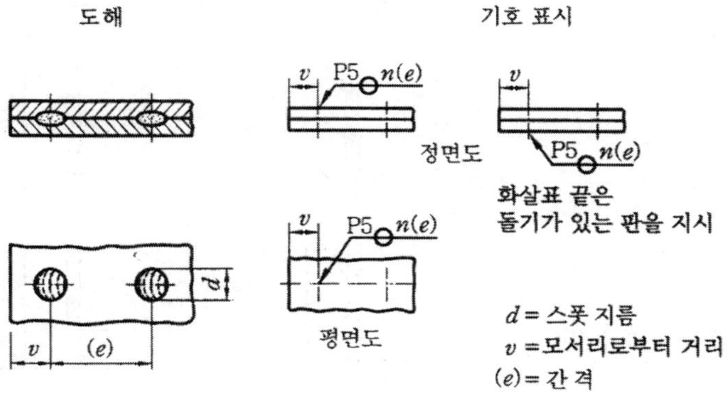


(c) 프로젝션 용접부

[점 용접부]

[기본 기호 사용 보기]

KS B 0052

| 번 호 | 명칭, 기호 (숫자는 표 [기본 기호]의 번호) | 그 림 | 표 시 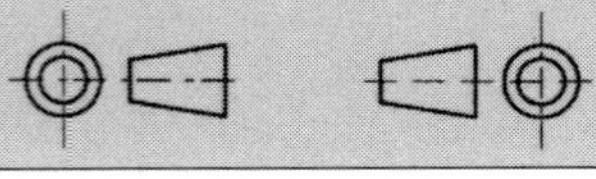 |
|---|---|---|---|
| 1 | 플랜지형 맞대기 용접  1 | 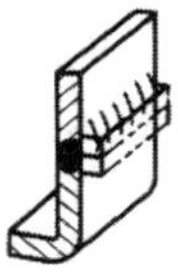 | 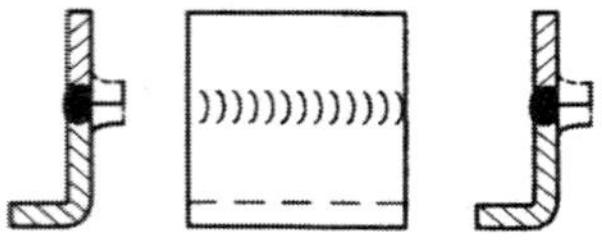 |
| 2 | I형 맞대기 용접 ‖ 2 | 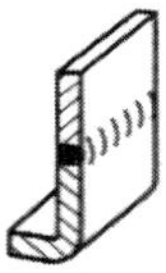 |  |
| 3 | | 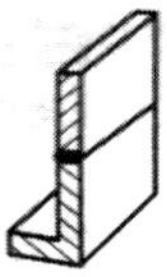 |  |
| 4 | | 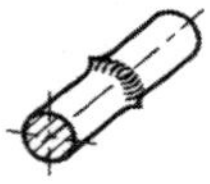 |  |
| 5 | V형 맞대기 용접 V 3 | 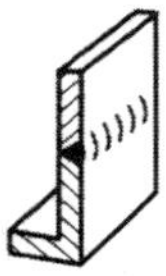 | 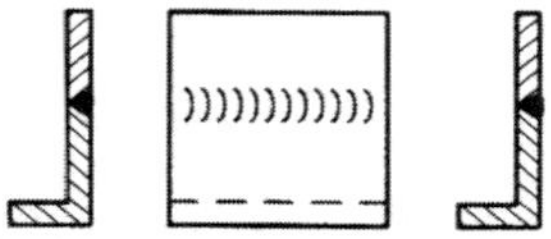 |
| 6 | | 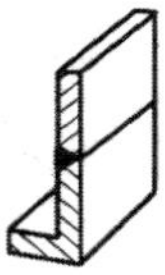 |  |
| 7 | 일면 개선형 맞대기 용접  4 | 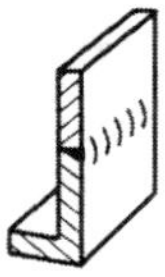 |  |

## [기본 기호 사용 보기]

KS B 0052

<table>
<tr><th rowspan="2">번 호</th><th colspan="2">기 호</th></tr>
<tr><th>(a)</th><th>(b)</th></tr>
<tr><td>1</td><td>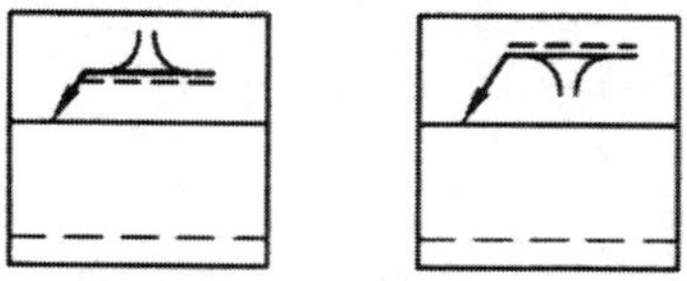</td><td>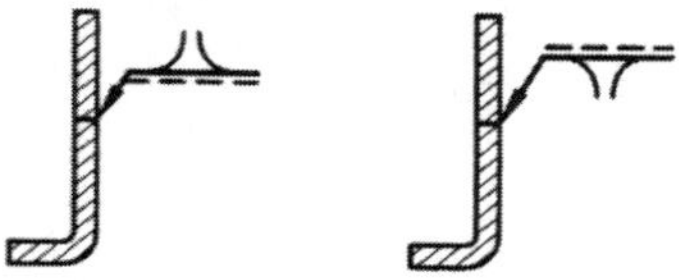</td></tr>
<tr><td>2</td><td>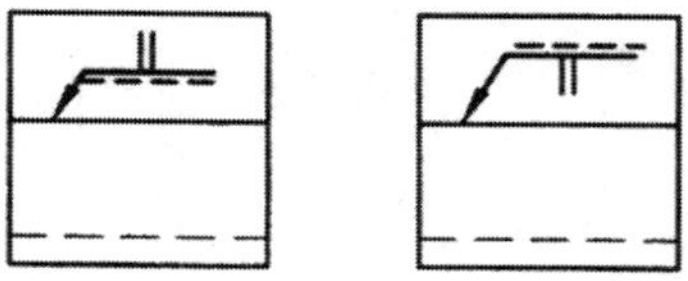</td><td>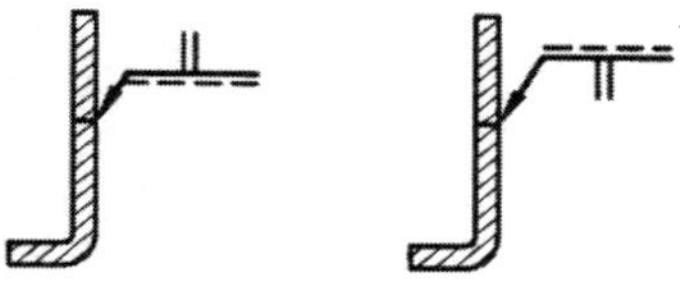</td></tr>
<tr><td>3</td><td>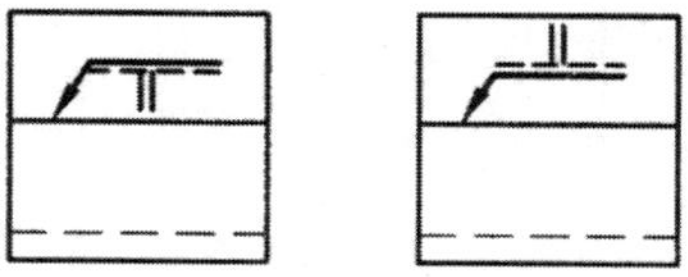</td><td>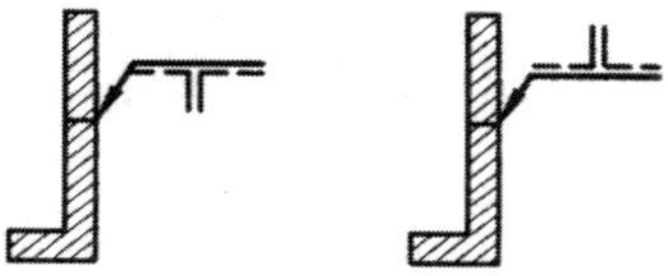</td></tr>
<tr><td>4</td><td colspan="2">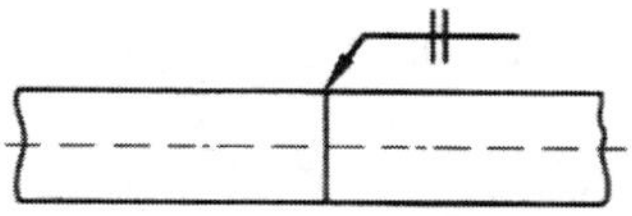</td></tr>
<tr><td>5</td><td>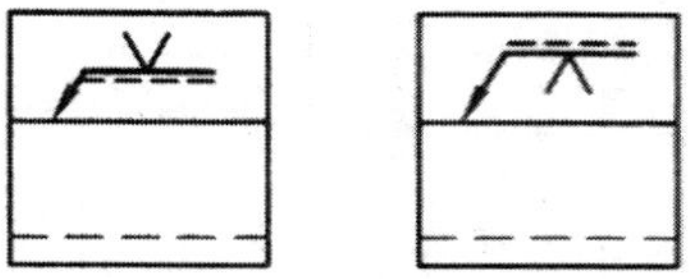</td><td>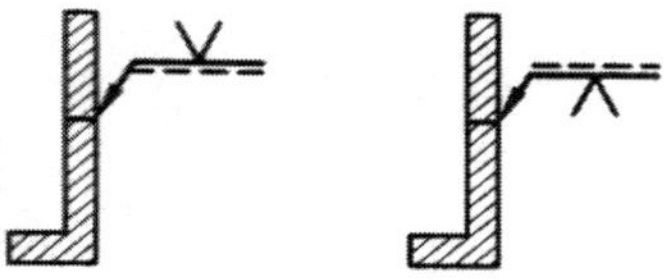</td></tr>
<tr><td>6</td><td>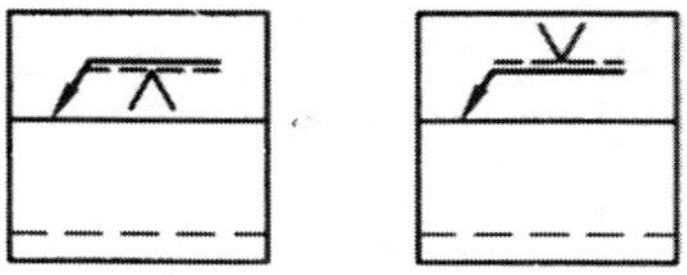</td><td>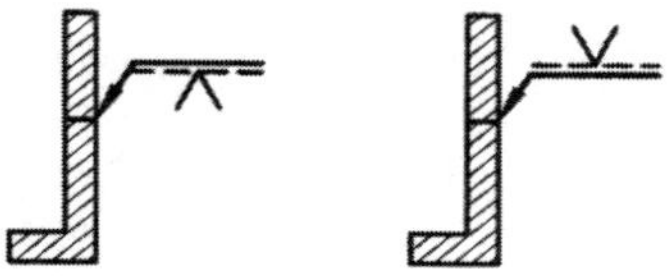</td></tr>
<tr><td>7</td><td>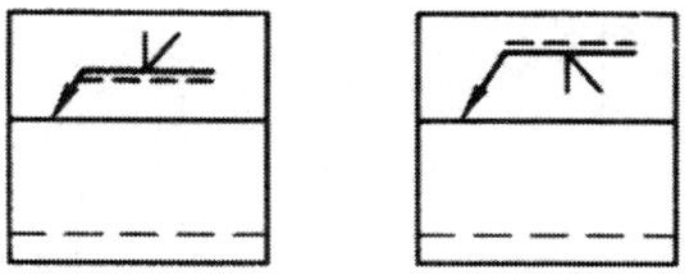</td><td>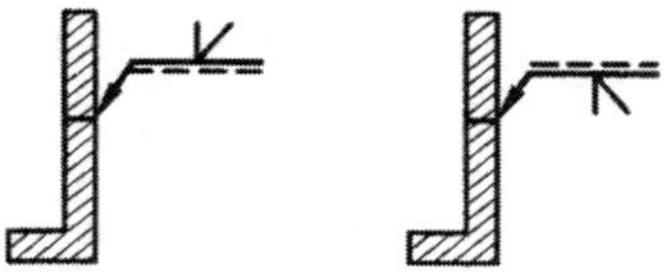</td></tr>
</table>

[기본 기호 사용 보기]

KS B 0052

| 번 호 | 명칭, 기호 (숫자는 표 [기본 기호]의 번호) | 그 림 | 표 시 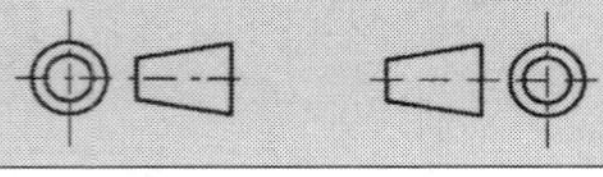 |
|---|---|---|---|
| 8 | | 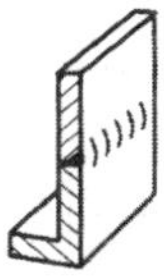 | 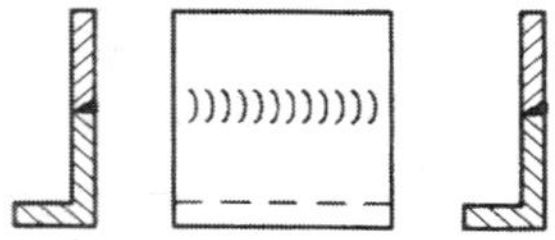 |
| 9 | | 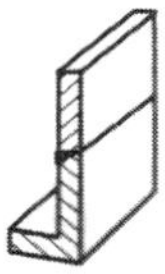 |  |
| 10 | 한 면 개선형 맞대기 용접  4 | 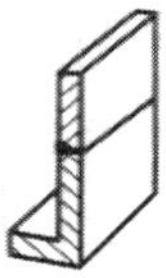 |  |
| 11 | 넓은 루트면이 있는 V형 맞대기 용접  5 | 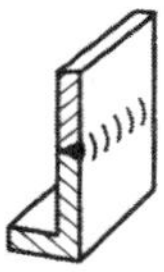 |  |
| 12 | 넓은 루트면이 있는 일면 개선형 맞대기 용접  6 | 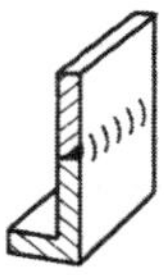 |  |
| 13 | | 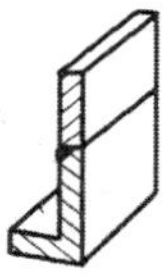 | 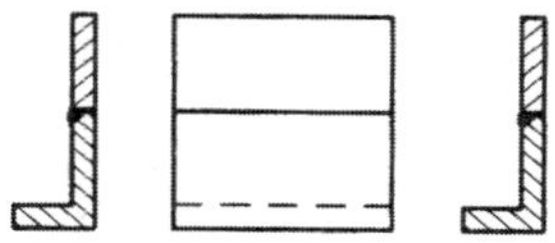 |
| 14 | U형 맞대기 용접  7 | 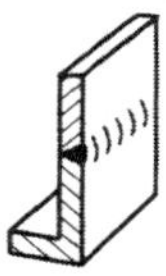 | 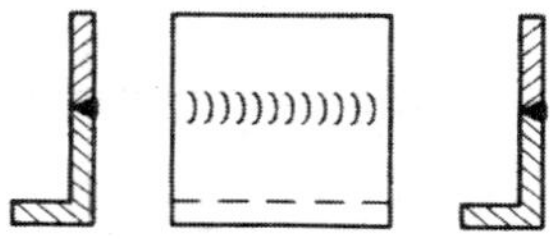 |

[기본 기호 사용 보기]

KS B 0052

| 번호 | 기호 | |
|---|---|---|
| | (a) | (b) |
| 8 | 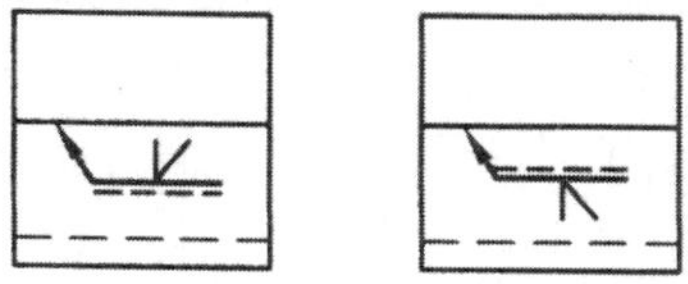 | 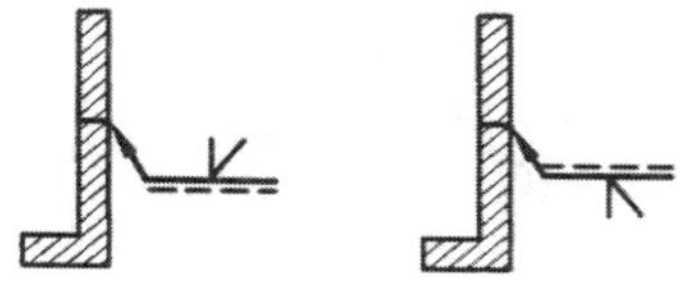 |
| 9 | 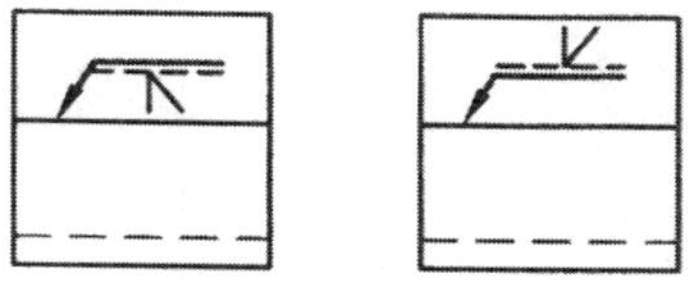 | 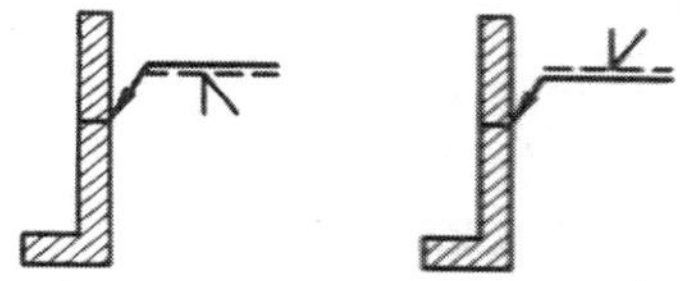 |
| 10 | 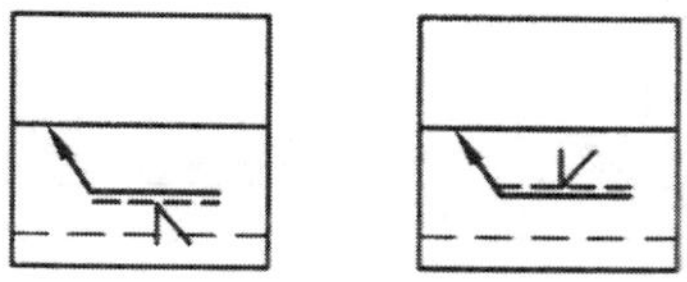 | 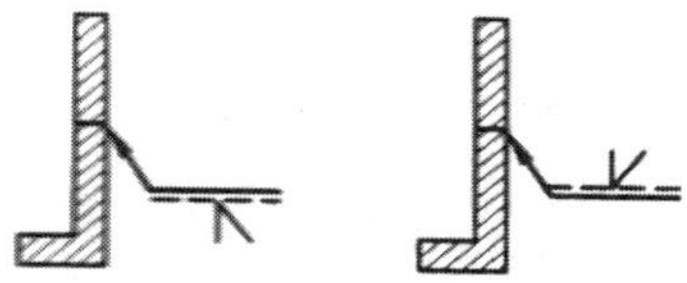 |
| 11 | 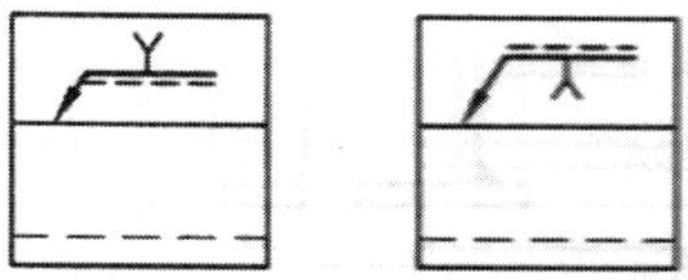 | 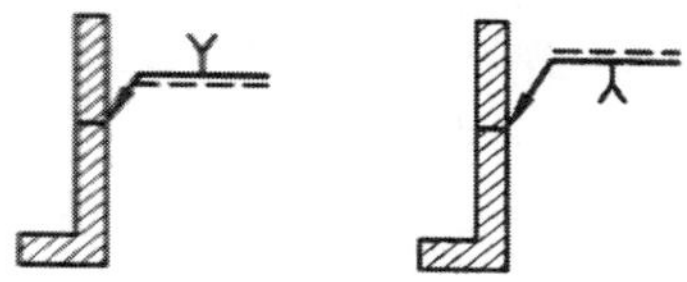 |
| 12 | 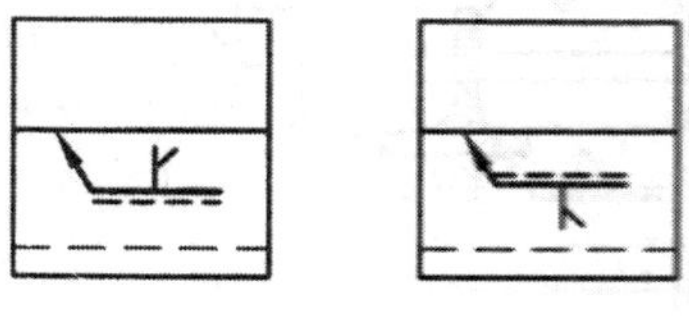 | 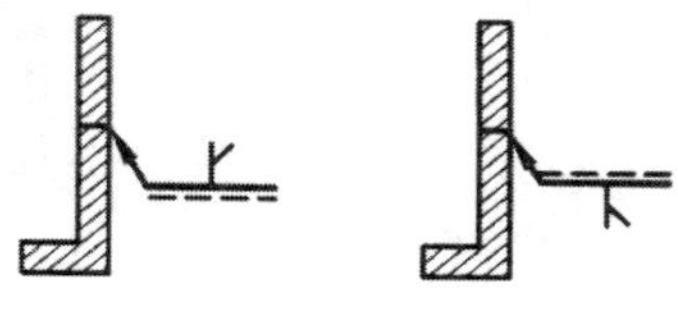 |
| 13 | 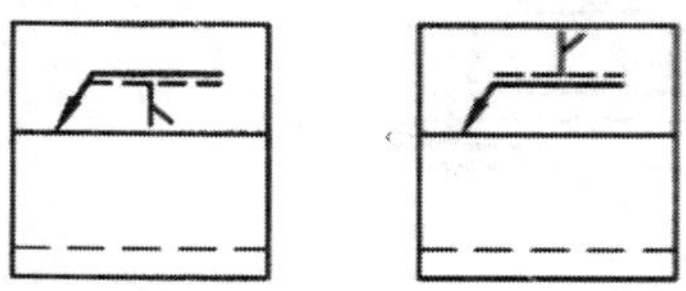 | 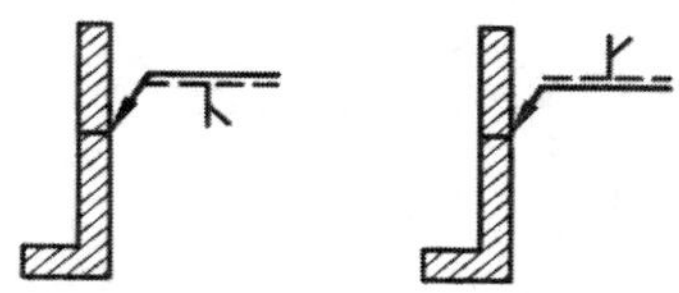 |
| 14 | 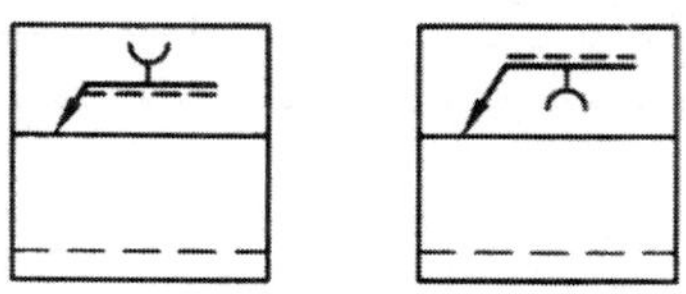 | 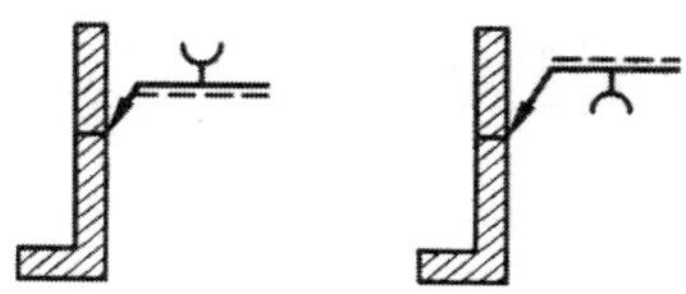 |

[기본 기호 사용 보기]

KS B 0052

| 번 호 | 명칭, 기호 (숫자는 표 [기본 기호]의 번호) | 그 림 | 표 시 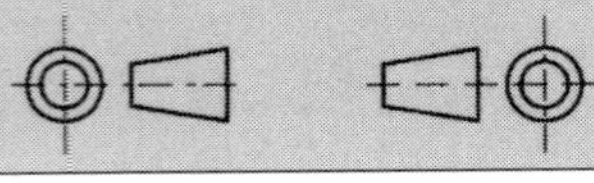 |
|---|---|---|---|
| 15 | J형 맞대기 용접  8 | 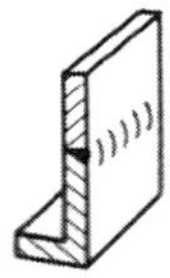 | 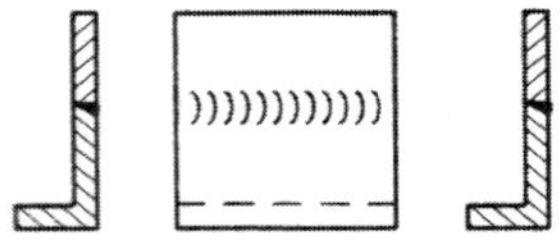 |
| 16 | | 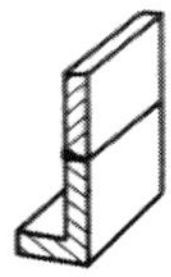 | 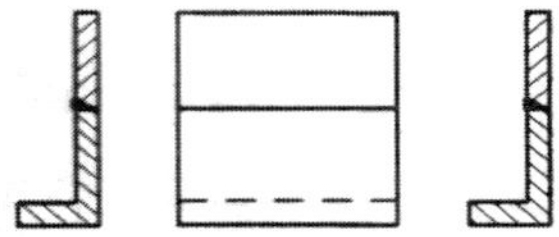 |
| 17 | 필릿 용접  10 |  | 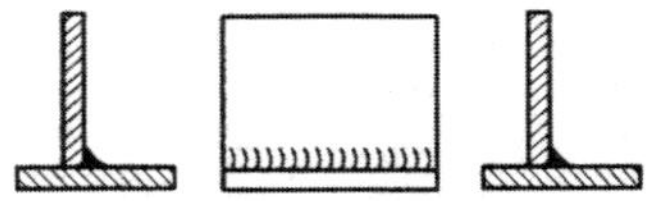 |
| 18 | | 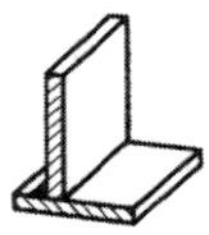 | 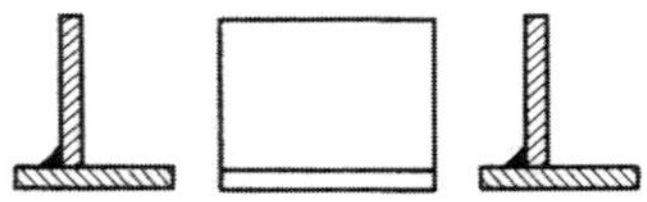 |
| 19 | | 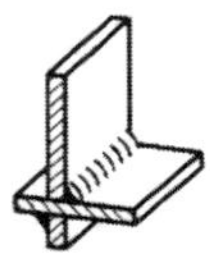 | 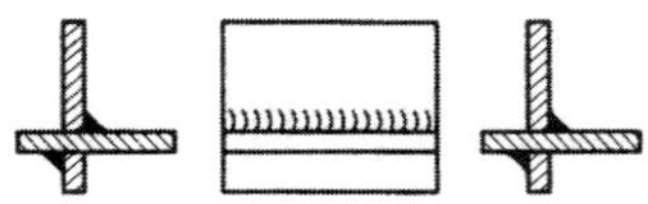 |
| 20 | |  | 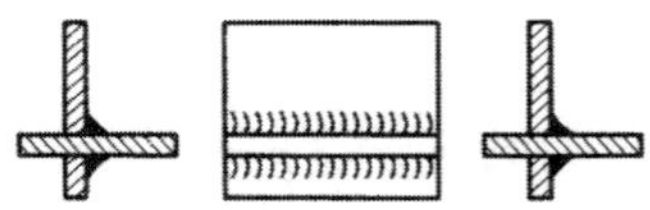 |
| 21 | | 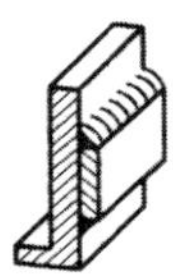 | 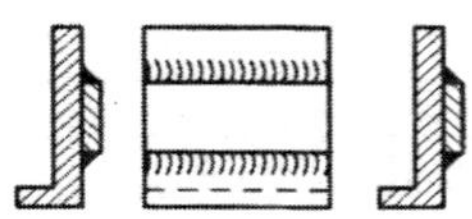 |

[기본 기호 사용 보기]

KS B 0052

<table>
<tr><th rowspan="2">번호</th><th colspan="2">기호</th></tr>
<tr><th>(a)</th><th>(b)</th></tr>
<tr><td>15</td><td>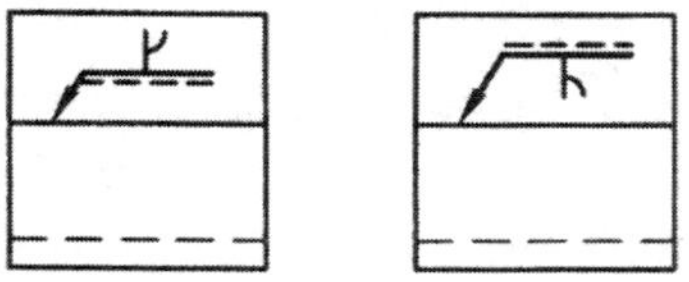</td><td>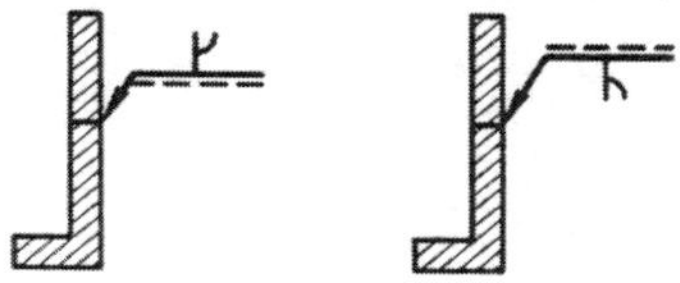</td></tr>
<tr><td>16</td><td>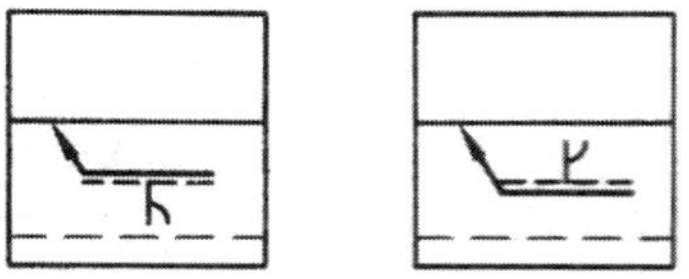</td><td>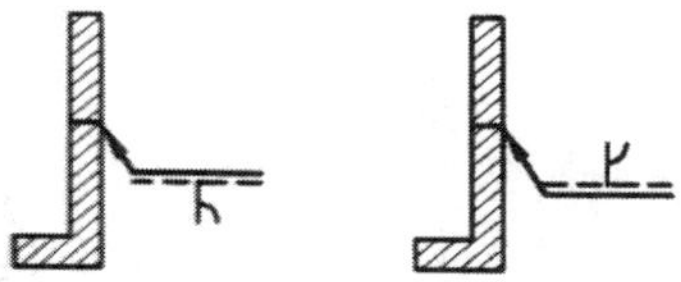</td></tr>
<tr><td>17</td><td>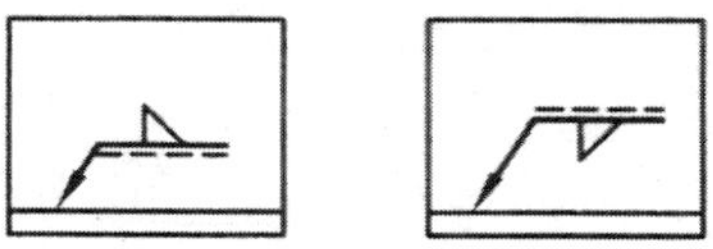</td><td>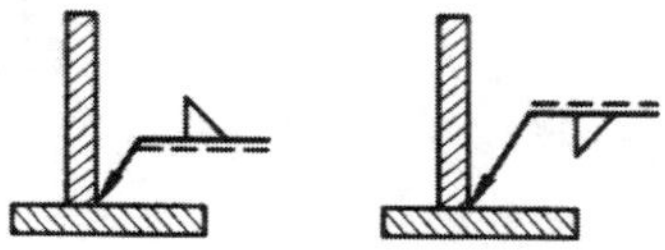</td></tr>
<tr><td>18</td><td>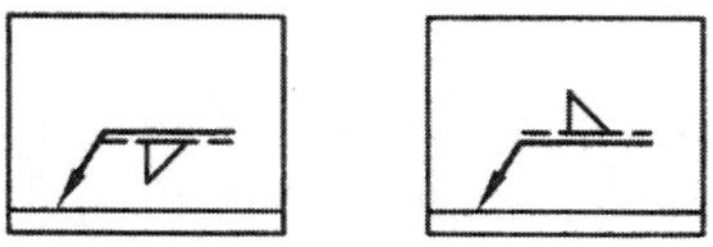</td><td>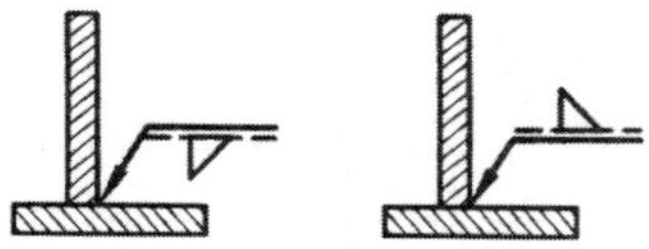</td></tr>
<tr><td>19</td><td>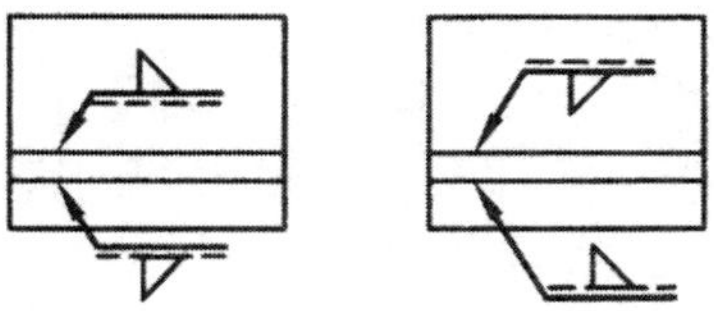</td><td>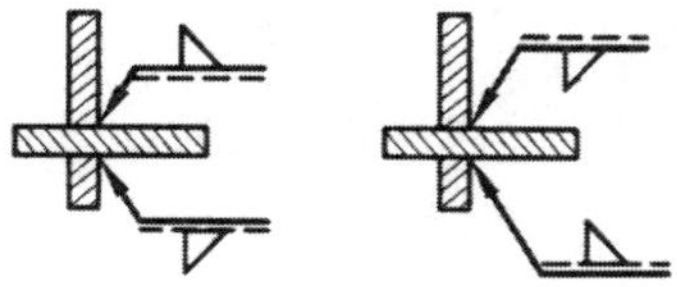</td></tr>
<tr><td>20</td><td>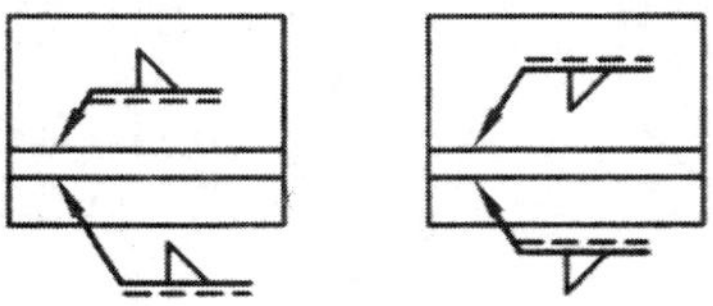</td><td>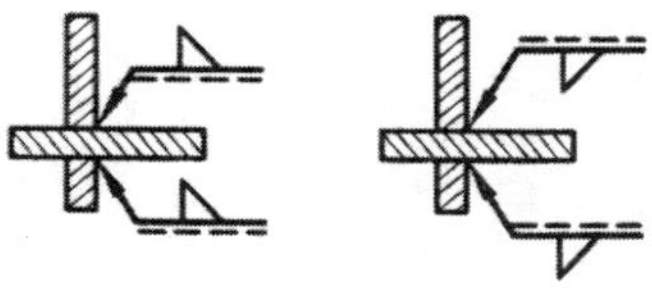</td></tr>
<tr><td>21</td><td>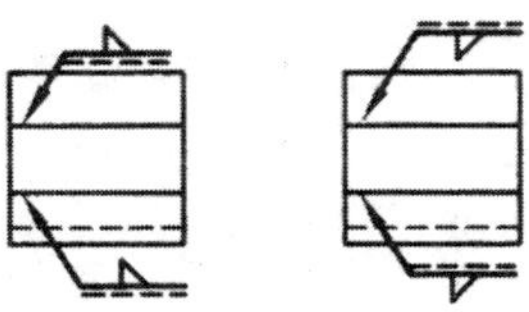</td><td>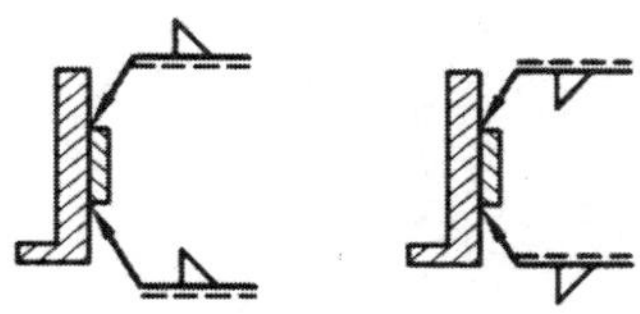</td></tr>
</table>

## [기본 기호 사용 보기]

KS B 0052

| 번 호 | 명칭, 기호<br>(숫자는 표 [기본 기호]의 번호) | 그 림 | 표 시<br>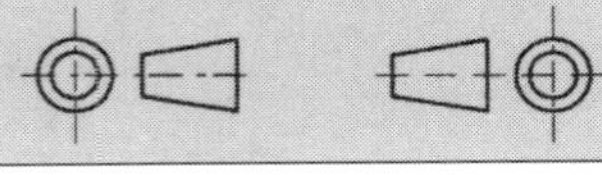 |
|---|---|---|---|
| 22 | 플러그 용접<br>⊓<br>11 | 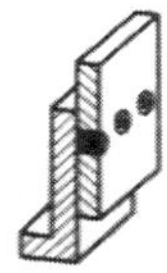 | 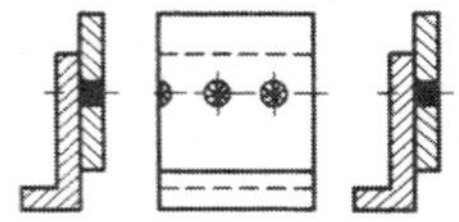 |
| 23 | | 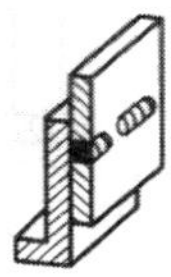 | 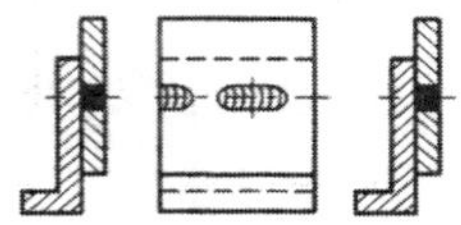 |
| 24 | 점 용접<br>○<br>12 | 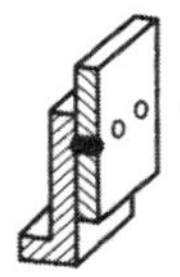 | 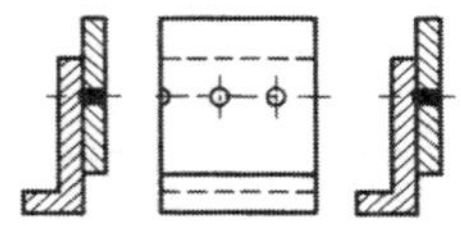 |
| 25 | | 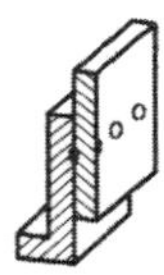 | 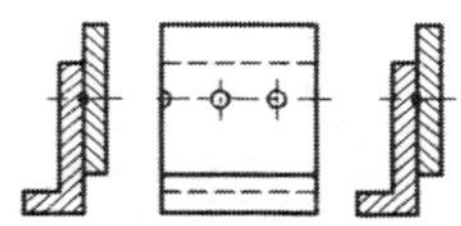 |
| 26 | 심(seam) 용접<br>⊖<br>13 | 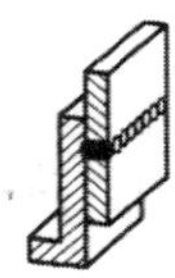 | 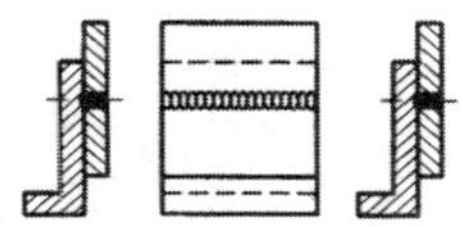 |
| 27 | | 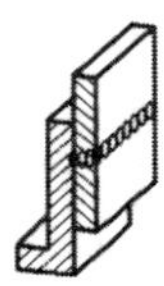 | 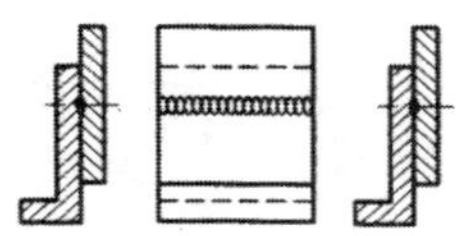 |

[기본 기호 사용 보기]

KS B 0052

| 번호 | 기호 | |
|---|---|---|
| | (a) | (b) |
| 22 | 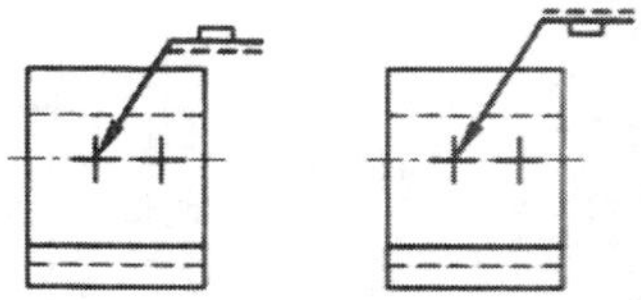 | 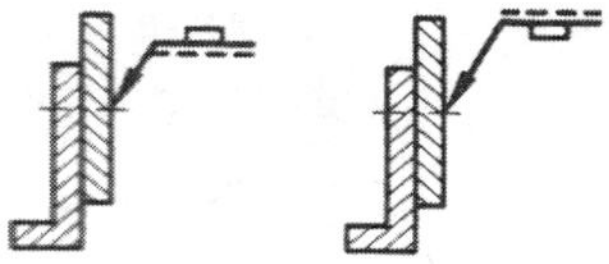 |
| 23 | 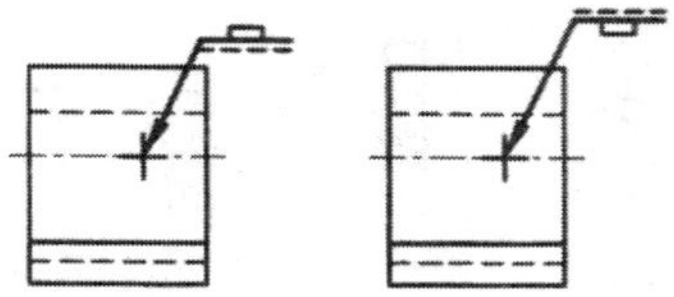 | 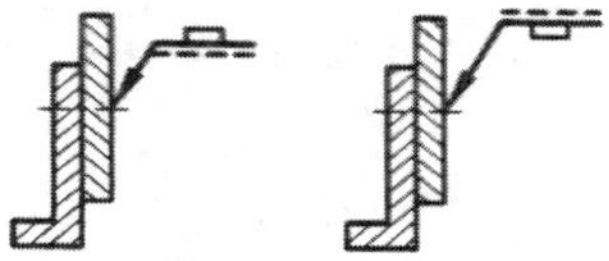 |
| 24 | 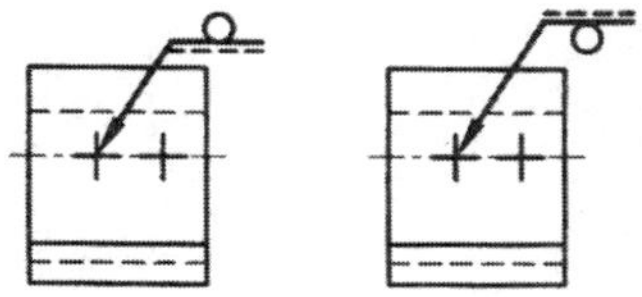 | 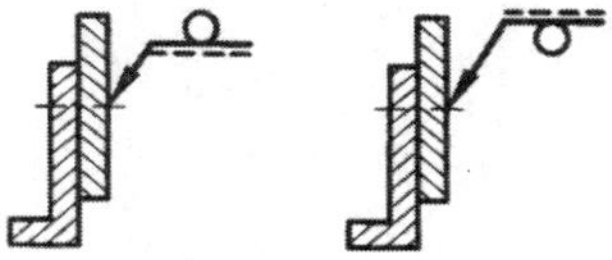 |
| 25 | 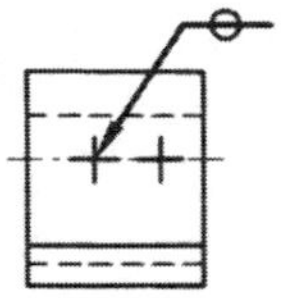 | 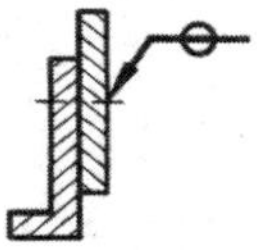 |
| 26 | 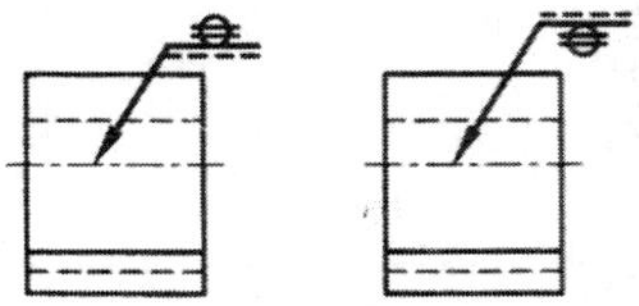 | 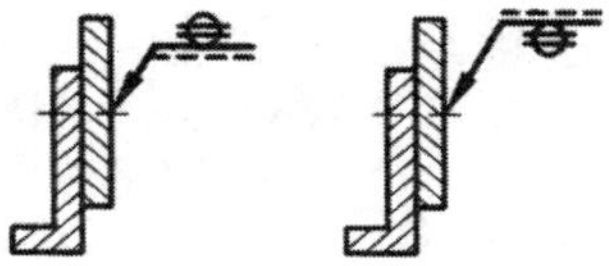 |
| 27 | 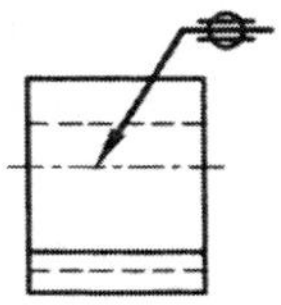 | 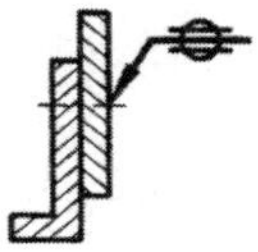 |

## [기본 기호 사용 보기]

KS B 0052

| 번 호 | 명칭, 기호 (숫자는 표 [기본 기호]의 번호) | 그 림 | 표 시 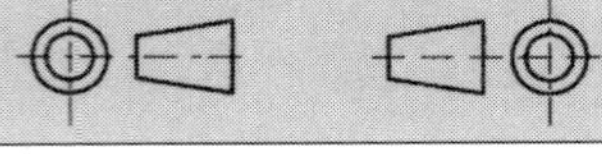 |
|---|---|---|---|
| 1 | 플랜지형 맞대기 용접 ⋏1 이면 용접 ◡9 | 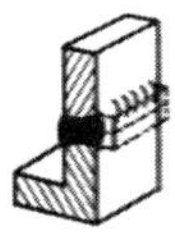 | 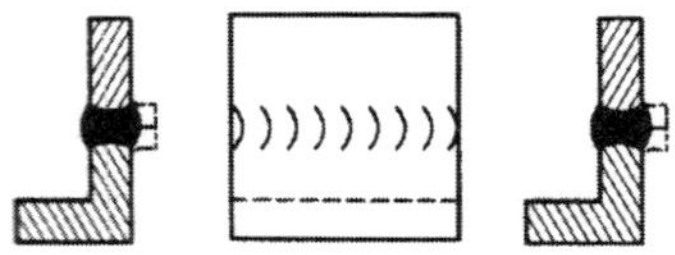 |
| 2 | I형 맞대기 용접 ‖2 양면 용접 2 − 2 |  | 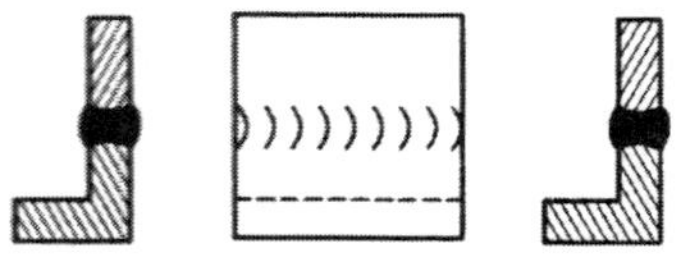 |
| 3 | V형 용접 V3 이면 용접 ◡9 3 − 9 | 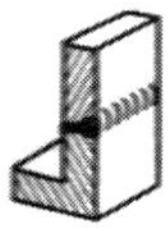 | 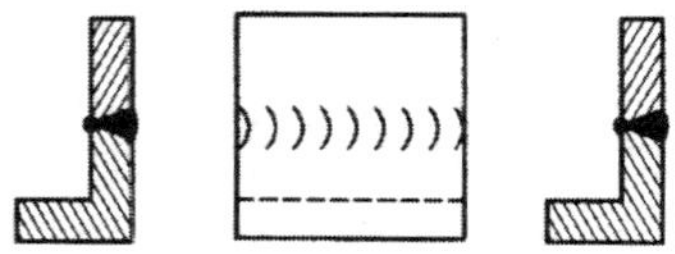 |
| 4 | | 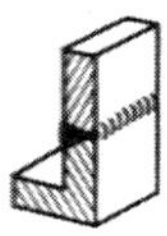 | 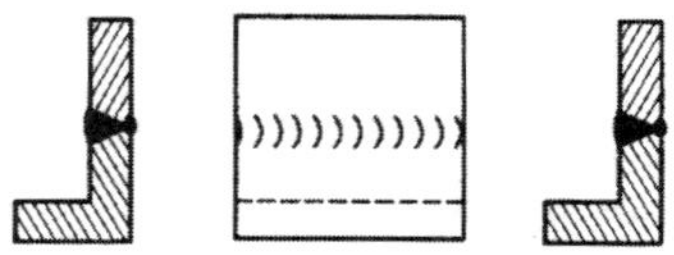 |
| 5 | 양면 V형 맞대기 용접 V3 (X형 용접) 3 − |  | 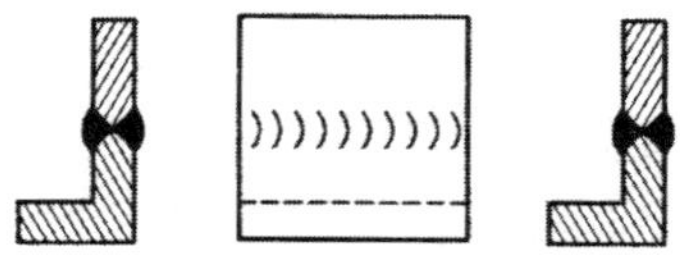 |
| 6 | K형 맞대기 용접 ∨4 (K형 용접) 4 − 4 | 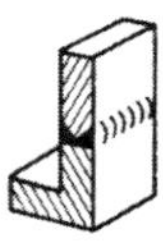 | 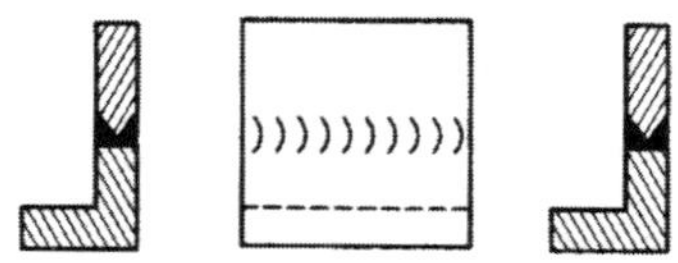 |
| 7 | | 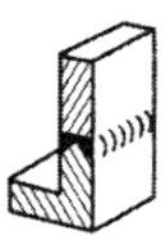 | 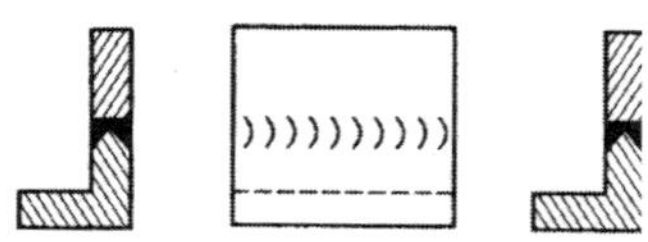 |

[기본 기호 사용 보기]

KS B 0052

| 번호 | 기호 | |
|---|---|---|
| | (a) | (b) |
| 1 | 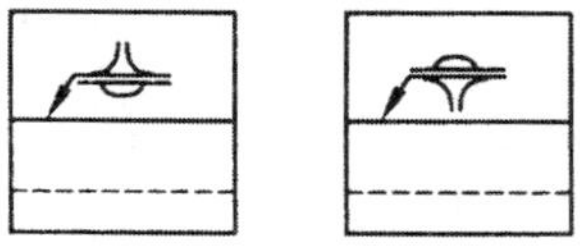 | 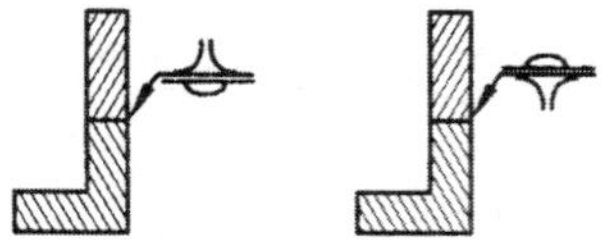 |
| 2 | 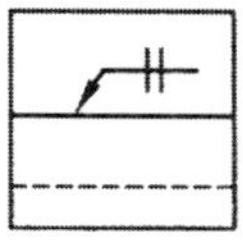 | 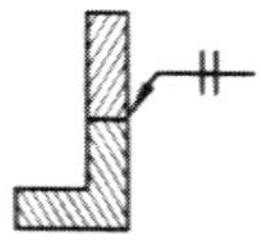 |
| 3 | 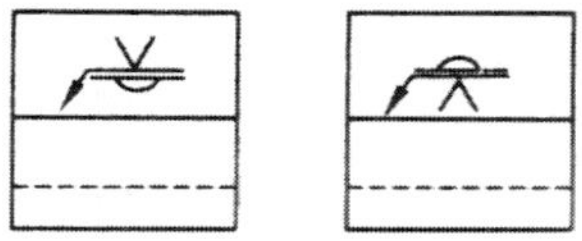 | 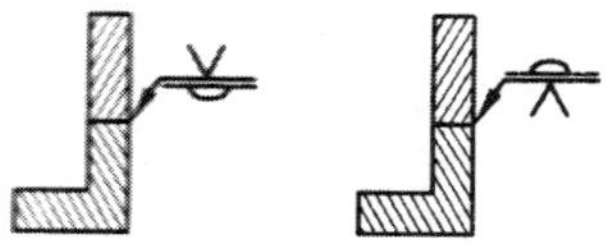 |
| 4 | 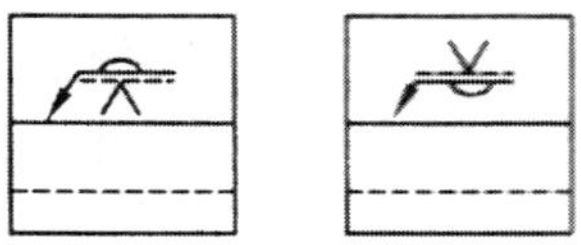 |  |
| 5 |  | 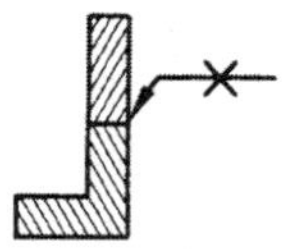 |
| 6 | 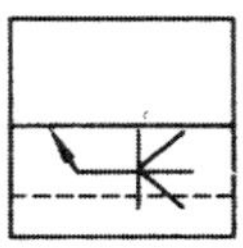 | 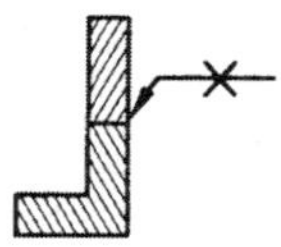 |
| 7 | 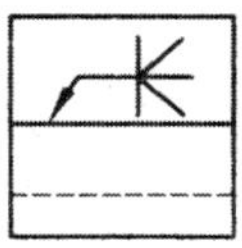 | 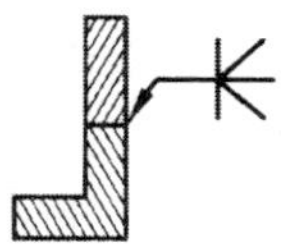 |

[ 기본 기호 사용 보기 ]

KS B 0052

| 번 호 | 명칭, 기호 (숫자는 표 [기본 기호]의 번호) | 그 림 | 표 시 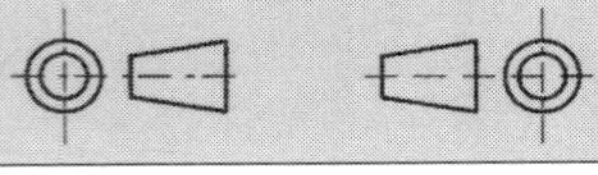 |
|---|---|---|---|
| 8 | 넓은 루트면이 있는 양면 V형 맞대기 용접  5 – 5 | 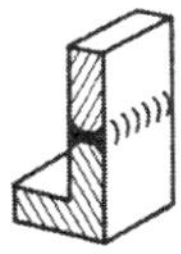 | 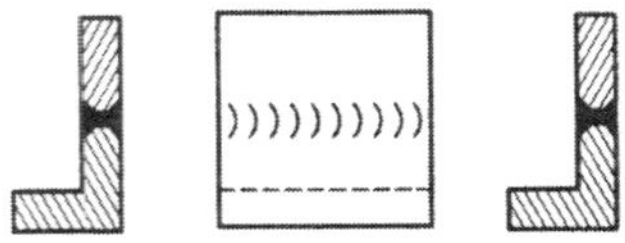 |
| 9 | 넓은 루트면이 있는 양면 K형 맞대기 용접  6 – 6 | 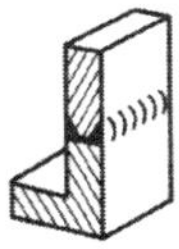 | 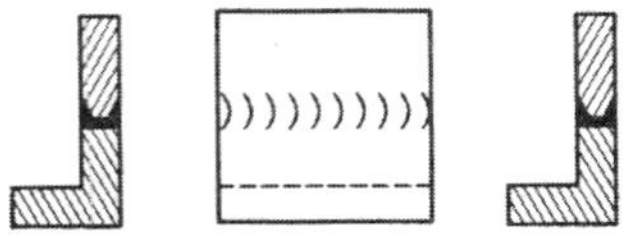 |
| 10 | 양면 U형 맞대기 용접  7 – 7 | 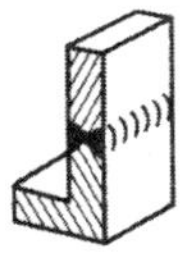 | 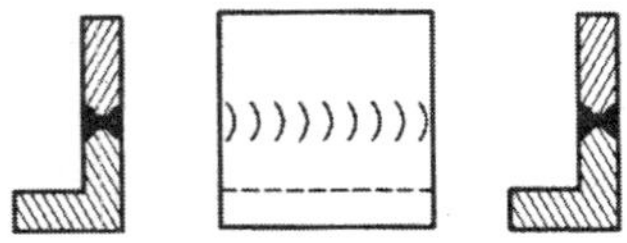 |
| 11 | 양면 J형 맞대기 용접  8 – 8 | 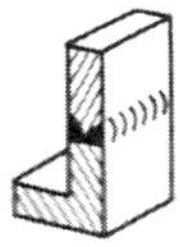 | 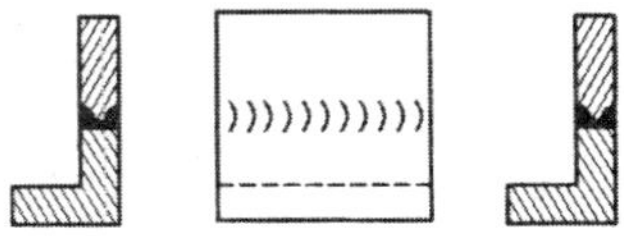 |
| 12 | 일면 V형 맞대기 용접  일면 U형 맞대기 용접  3 – 7 | 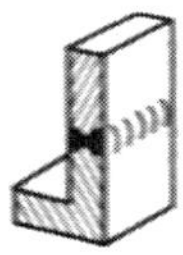 | 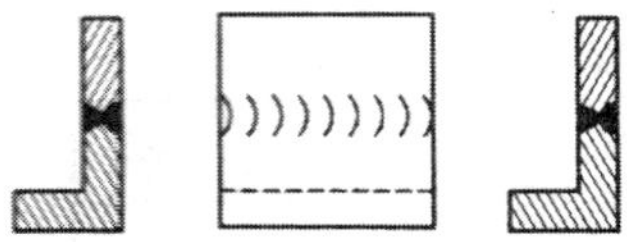 |
| 13 | 필릿 용접  | 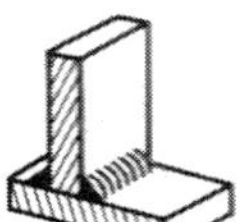 | 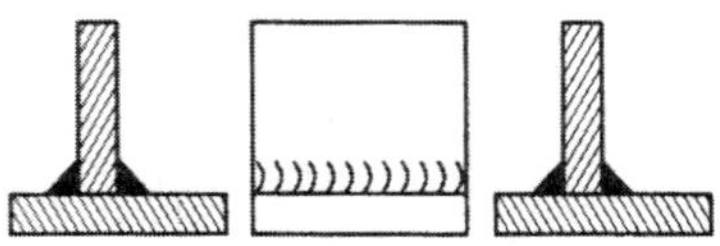 |
| 14 | 필릿 용접 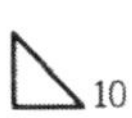 10 – 10 | 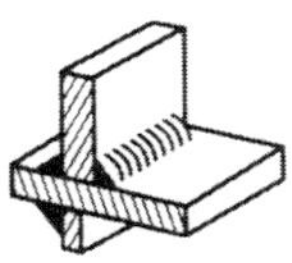 | 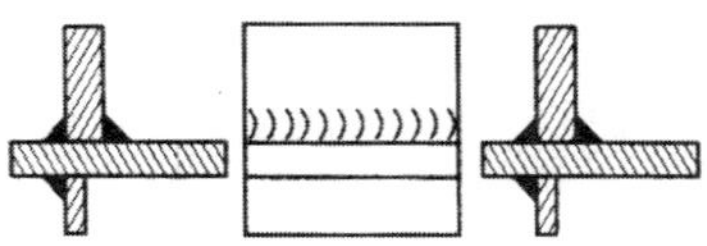 |

[기본 기호 사용 보기]

KS B 0052

| 번호 | 기호 | |
|---|---|---|
| | (a) | (b) |
| 8 | 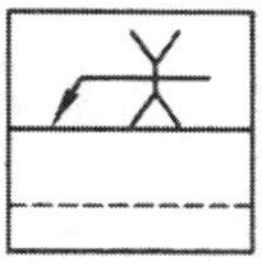 | 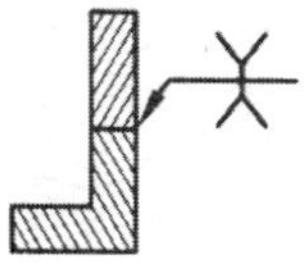 |
| 9 | 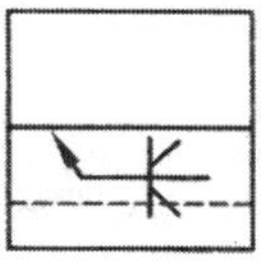 | 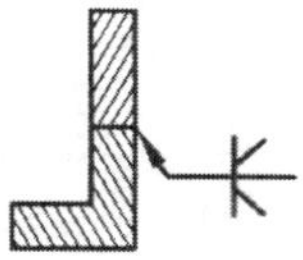 |
| 10 | 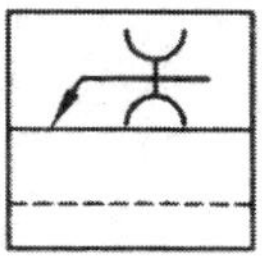 | 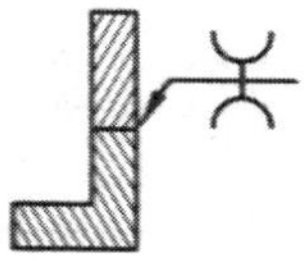 |
| 11 | 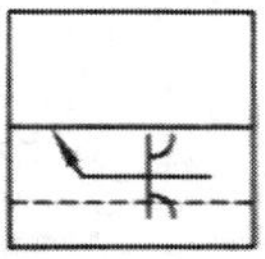 | 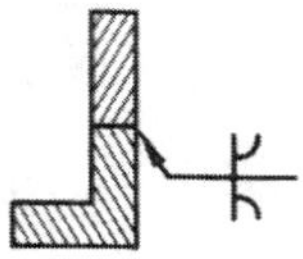 |
| 12 | 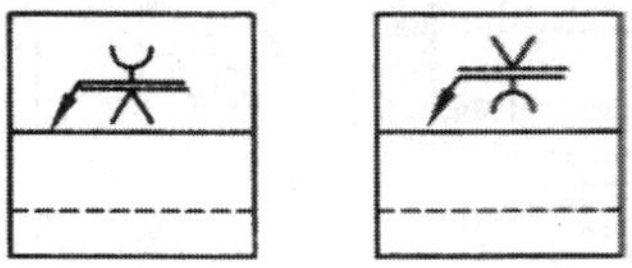 | 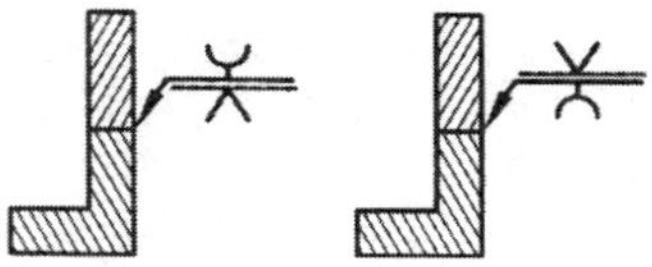 |
| 13 |  | 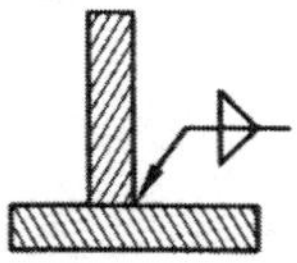 |
| 14 | 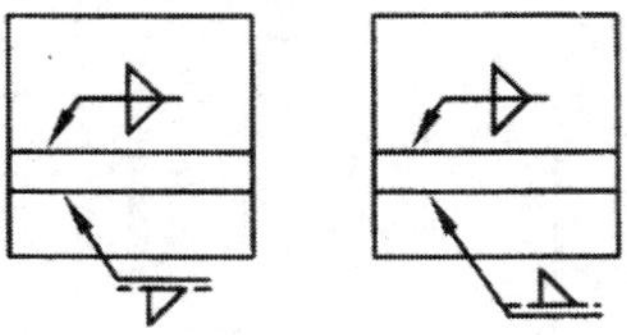 | 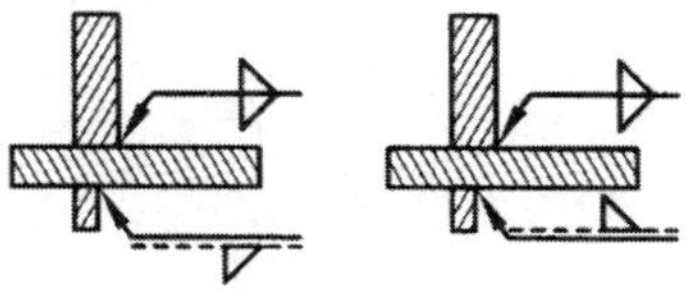 |

[기본 기호 사용 보기]

KS B 0052

| 번호 | 기호 | 그림 | 표시<br>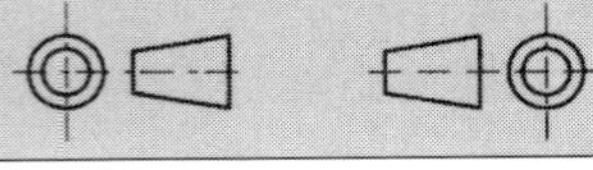 |
|---|---|---|---|
| 1 |  | 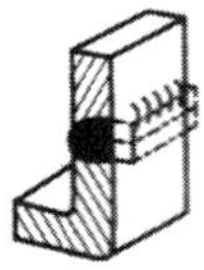 | 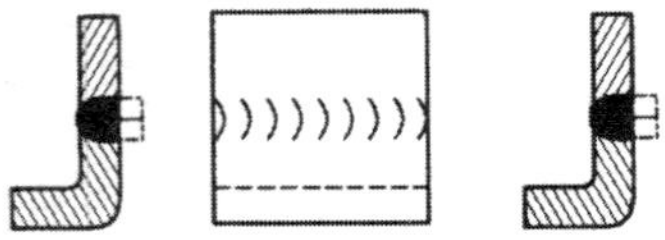 |
| 2 |  | 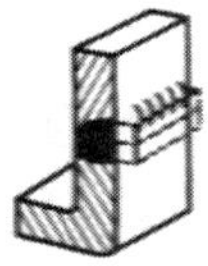 | 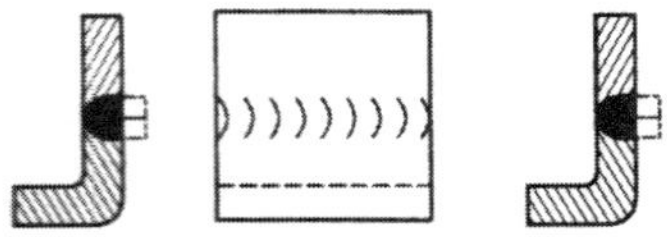 |
| 3 |  |  | 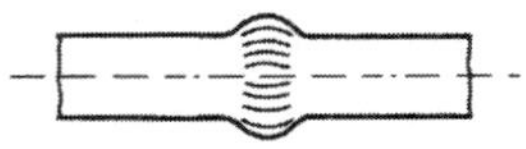 |
| 4 |  | 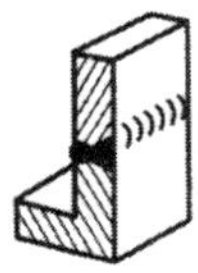 | 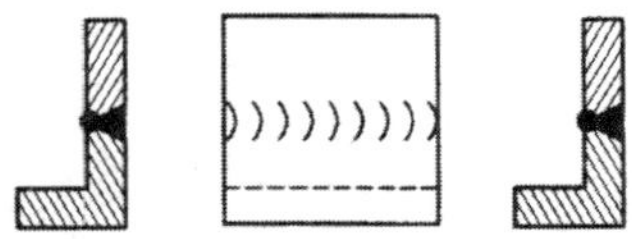 |
| 5 |  | 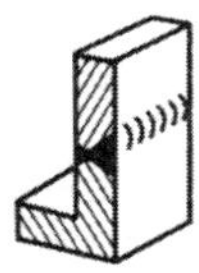 | 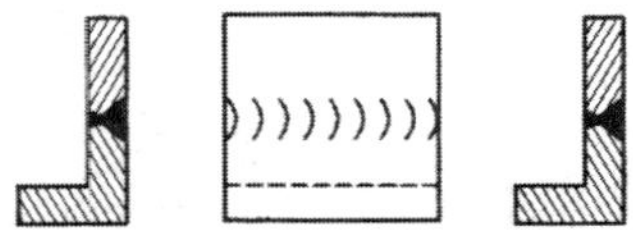 |
| 6 |  | 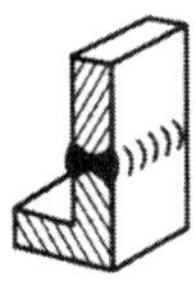 | 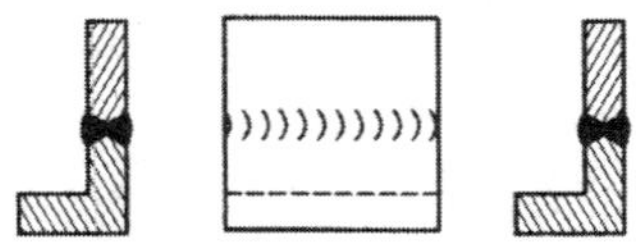 |
| 7 |  | 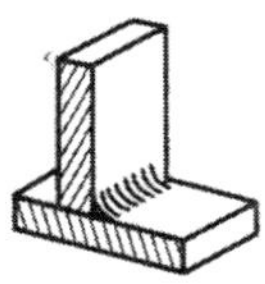 | 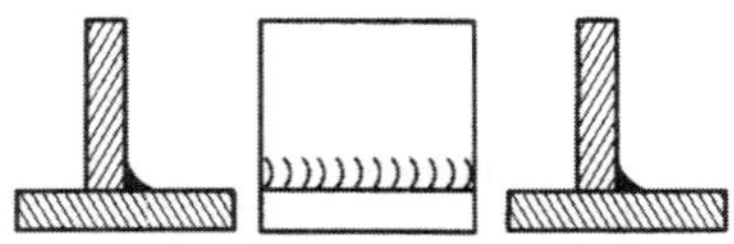 |
| 8 |  | 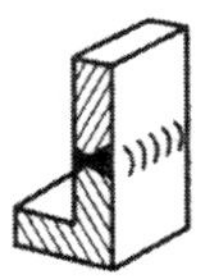 | 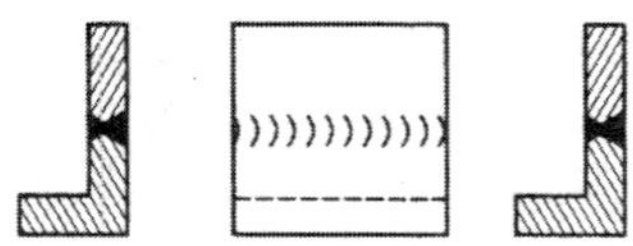 |

[기본 기호 사용 보기]

KS B 0052

| 번호 | 기호 | |
|---|---|---|
| | (a) | (b) |
| 1 | 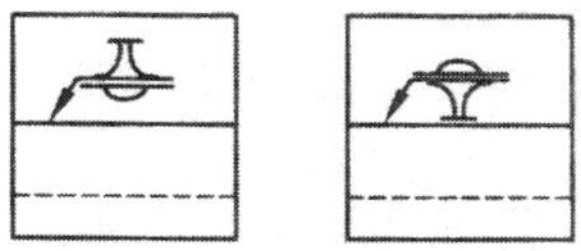 | 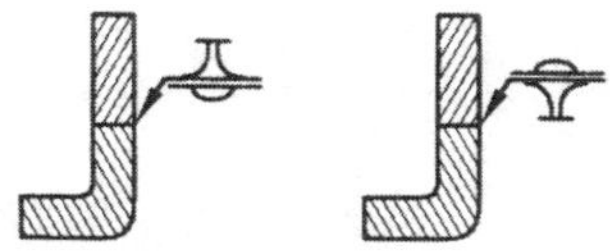 |
| 2 | 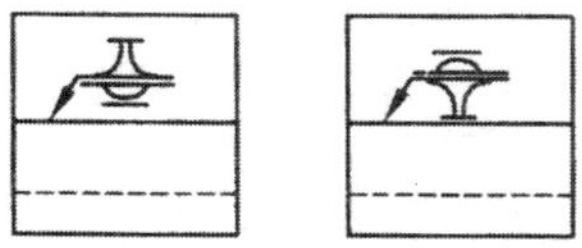 | 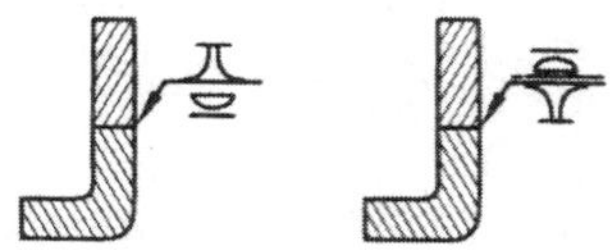 |
| 3 | 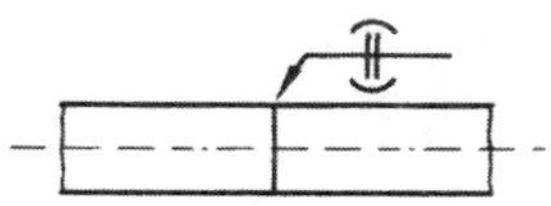 | 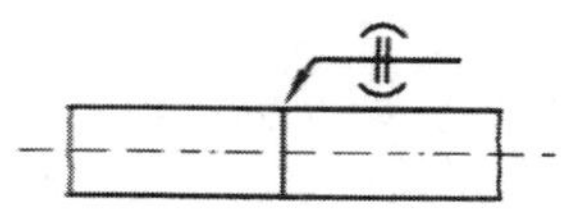 |
| 4 | 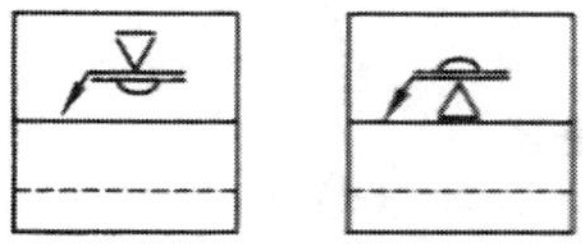 | 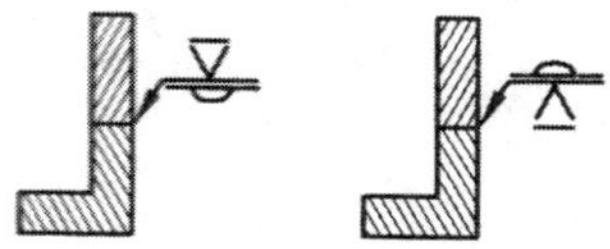 |
| 5 | 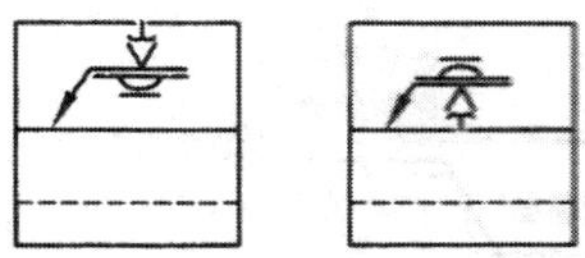 | 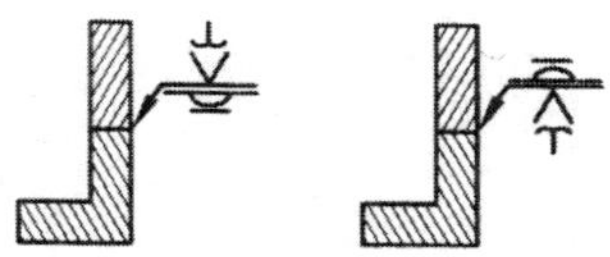 |
| 6 |  | 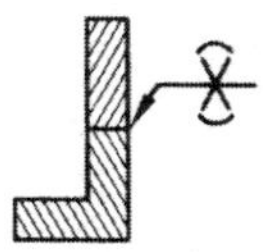 |
| 7 | 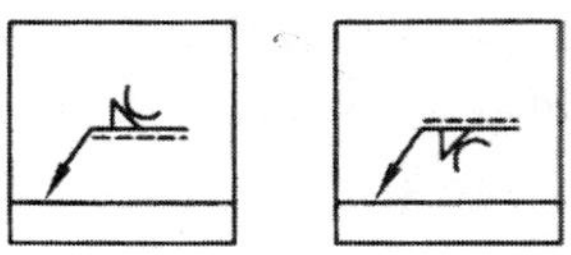 | 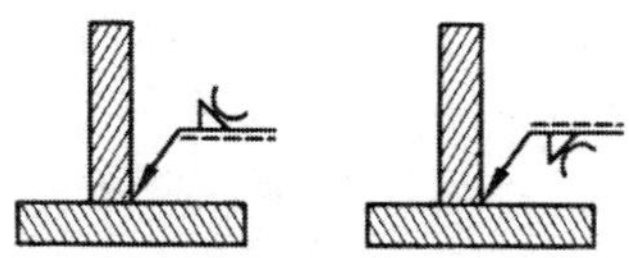 |
| 8 | 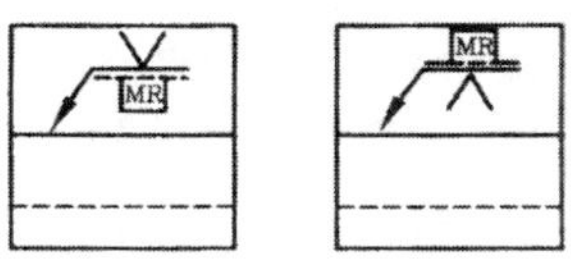 | 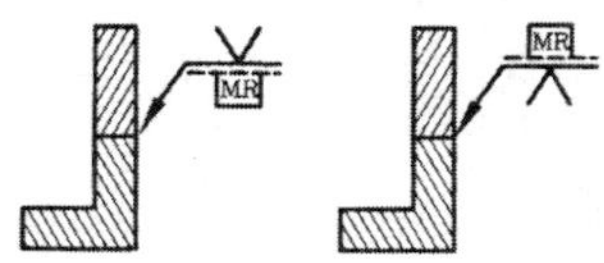 |

KS B 0052

# 부 속 서

## ISO 2553 : 1974에 따라 작성된 도면을 ISO 2553 : 1992에 따른 새로운 체계로 변환하기 위한 지침

ISO 2553 : 1974(용접부 – 도면에 기호 표시)에 의거 작성된 구도면을 변환하기 위한 임시방편으로서, 다음과 같은 허용 가능한 방법이 있다. 그러나 이것은 규격 개정 기간 동안 잠정적인 조치가 된다. 새로운 도면에서는 언제나 2중 기준선 ═══ 을 사용하게 된다.

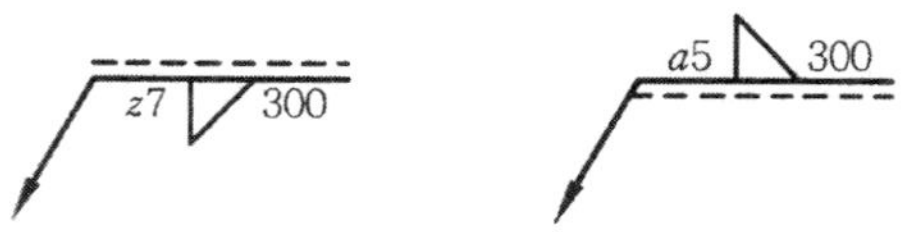


[ 화살표 쪽 용접 ]

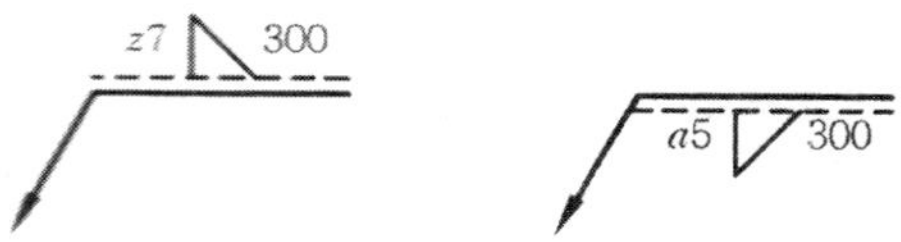


[ 화살표 반대쪽 용접 ]

비고 ISO 2553 : 1974의 E 또는 A 방법 중 하나로 작성된 도면을 새로운 체계로 변환할 때는 필릿 용접부에 있어서 각장($z$) 또는 목두께($a$) 치수는 기준선의 용접 기호에 연결되어 사용되는데, 그 치수 앞에 문자 $a$ 또는 $z$를 첨가하는 것이 특별히 중요하다.

# 제 2 편

# 건축배관설비

제1장 **급수설비**
제2장 **급탕설비**
제3장 **위생기구**

# 제 1 장 급수설비

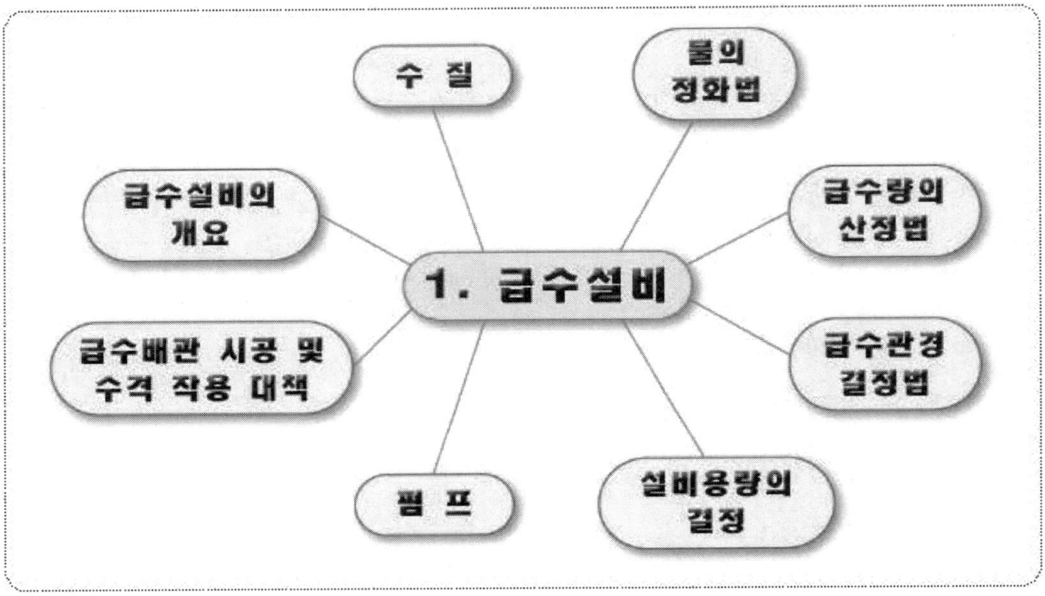


## 01 물

### 1 물의 무게

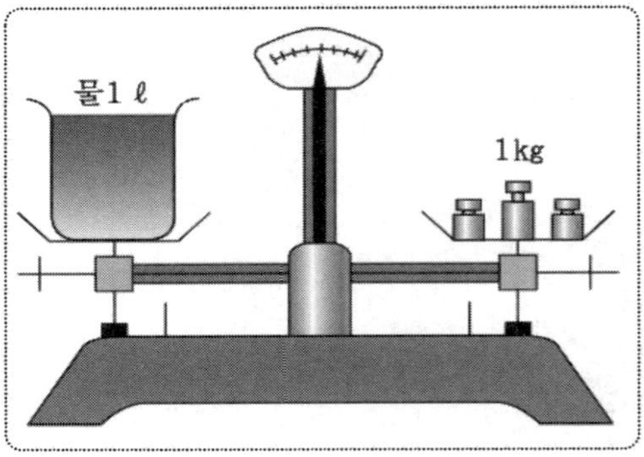


#### (1) 물의 무게기준

1기압 4℃

#### (2) 물의 비중량(r)

$r = 1\ g/cc = 1\ kg/\ell\ = 1{,}000 kg/m^3$

$= 1\ ton/m^3$

## 2 물의 경도

### (1) 물의 경도

물 속의 탄산칼슘 ($CaCO_3$), 마그네슘 (Mg) 및 염류의 함유비율

| 구 분 | 경 도 | 비 고 |
|---|---|---|
| 연 수 | 90 ppm미만 | 단 물 |
| 적 수 | 90~110 ppm | |
| 경 수 | 110 ppm이상 | 센 물 |

### (2) 1ppm

탄산칼슘 ($CaCO_3$)의 함량이 100만 분의 1 포함되었을 때

### (3) 극연수

주석도금관 사용

### (4) 음료수

90~110 ppm이며, 300 ppm 이상 초과는 금지

# 02 수질

## 1 원수의 수질기준

### (1) 상수도 수원의 수질 기준

1) 병원체에 오염되었거나 오염 우려가 있는 물질
- 질산성질소 : 10 ppm
- 염소이온 : 150 ppm
- 대장균 군 : 20,000/100 mℓ

2) 시안, 수은, 기타 독극물
- 시안과 유기인(살충제) : 검출되지 않을 것

- 수은 : 0.001 ppm
- 카드뮴 : 0.01 ppm

3) 동, 철, 불소, 페놀 등 기타 물질

- 동 : 1 ppm
- 철 및 망간 : 0.3 ppm
- 불소 : 1.5 ppm
- 납 : 0.1 ppm 등

4) 색도는 5도 이하로 냄새나 맛이 없을 것

## 2 수도법에 의한 수질기준

### (1) 병원체에 오염되었거나 오염 우려가 있는 물질

- 질산성 질소 : 10 ppm
- 염소이온 : 150 ppm
- 일반세균 : 100 ppm/cc 이하
- 대장균 : 50 cc 중 검출 없을 것

### (2) 시안, 수은 및 유기인(살충제) 검출이 없을 것

### (3) 동, 철, 불소, 페놀, 기타 물질 허용량

- 동 및 아연 : 1 ppm
- 철 및 망간 : 0.3 ppm
- 불소 및 납 : 0.1 ppm
- 페놀, 크롬 및 비소 : 0.05 ppm
- 규산 : 50 ppm
- 경 도 : 300 ppm 이하

### (4) 색도, 탁도는 각 2도를 넘지 않으며 냄새와 맛이 없을 것

### (5) 증발 잔유물은 500 ppm 이하일 것

## 3 수질 오염의 원인

### (1) 개방된 물탱크에 오염 물질의 침입

맨홀을 통한 먼지, 곤충 등의 침입

### (2) 물탱크의 균열 또는 불완전한 방수시공

지하수, 배수, 빗물의 침입

### (3) 오버플로우관을 통한 배수의 역류작용

### (4) 배관 기기나 연결부 재질

- 금속의 화학적 반응에 따른 적수 발생
- 플라스틱 제품에서 납 등 유해물질 용해
- 급수배관과 다른 용도 배관을 잘못 연결함에 따른 역류작용

## 4 저수탱크 오염대책

### (1) 저수탱크

건물 골조를 이용하지 않음(옥상, 지하)

### (2) 콘크리트 탱크

시공에 주의하며 FRP, 동, 스테인리스 철제 등을 이용

### (3) 설치 위치

배수가 역류되지 않는 위치

### (4) 탱크 내부

보강재가 없는 구조

### (5) 유해물질 침입이 없는 구조로 설계 (맨홀 등)

### (6) 역 사이폰 작용이 일어나지 않는 구조로 설계

- 급수탱크와 배수관
- 급수관과 수전
- 급수관과 위생기구

## 5 역류현상에 의한 오염

(1) **역 사이펀 작용**

급수관의 부압으로 배출된 물이 역류되는 현상

(2) **대책**

진공 브레이커, 압력식 진공브레이커 사용

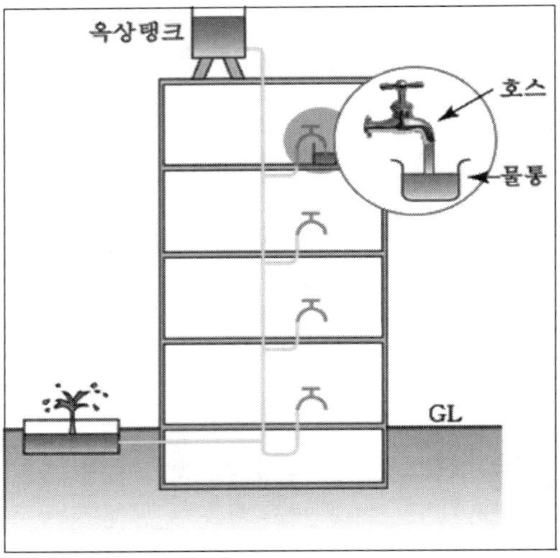


## 6 옥내 급수탱크 설치

(1) **탱크 주위, 상부 및 하부에 450 mm 이상 점검 공간 둔다.**

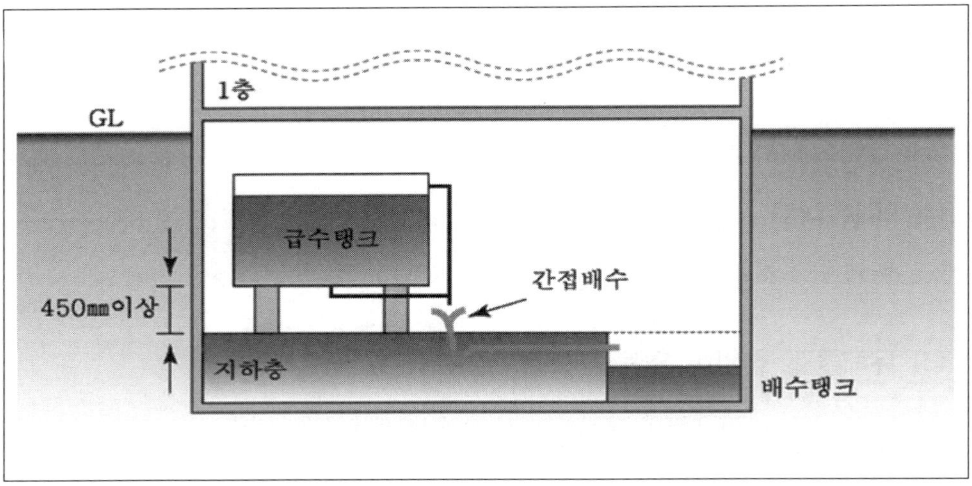

## 7 옥외 급수탱크 설치

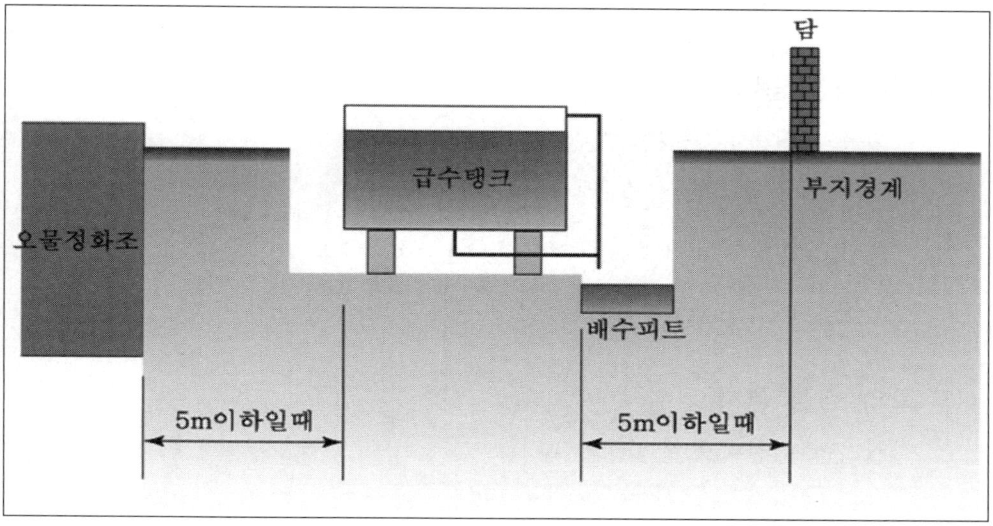


# 03 물의 정화법

### (1) 정수

원수를 음료수 또는 공업용수 등 사용목적에 맞게 수질을 처리하여 주는 것

### (2) 물의 정화 방법

1가지 또는 2가지 방법을 조합하여 처리

- 침전 방법
- 여과 방법
- 폭기 및 화학처리 방법

## 1 침전 정화 방법

### (1) 정지 침전 방법

물의 점성과 비중의 차에 의해 침전

- 물을 침전지에 정지시키거나 느린 속도로 통과시켜 침전

- 물의 점성은 온도가 높으면 저하되어 침전속도 증가(0℃ 보다 23~24℃일 때 침전속도 2배 증가)

### (2) 약품침전 방법

약품을 투입하여 플록을 형성

- 황산반토 : 수중의 알칼리 성분과 반응하여 침전
  - $Al_2(SO_4)+3Ca(HCO_3)_2 \Rightarrow \underline{2Al(OH)_3} + 6CO_2 + 3CaSO_4$
    (응집력이 풍부하여 플록 형성)
  - 혼합량 : 10~20 ppm

### (3) 고속 침전 장치

임펠라의 회전력으로 침전과 분리

## 2 여과 정화방법

### (1) 급속 여과방법

- 약품 침전으로 큰 불순물을 제거
- 미세플록을 여과층에 100~150 m/day의 속도로 여과
- 세척 시기 : 1일 1회 세척

### (2) 완속 여과방법

- 여과 속도 : 중력을 이용하여 3~6 m/day 속도로 여과
- 여과 깊이 : 1~2 m 두께의 모래층에 여과막 형성
- 세척 시기 : 1개월에 1회 정도

## 3 폭기 정화 방법

### (1) 폭기정화의 목적

중탄산 제2철 [Fe $(HCO_3)_2$], 수산화 제2철 [$Fe(OH)_2$], 황산 제2철 [$FeSO_4$]의 제거

### (2) 정화 방법

- 지하수와 공기의 접촉으로 철분을 수용성 제2철 [$Fe(OH)_3$]로 만들어 침전, 여과

시킴

$Fe(HCO_3)_2 + O_2 + 2H_2O \rightarrow Fe(OH)_2$

$4Fe(OH)_2 + O_2 + 2H_2O \rightarrow Fe(OH)_2$

- 공기와 접촉으로 수중의 암모니아, 황화수소, 탄산가스 등 유독가스 제거

## 4 이온 교환수지 정화방법

### (1) 목적

이온교환체를 이용하여 경수 연화, 탈알칼리 연화, 탈염, 순수제조 등

### (2) 이온 교환 수지법

막의 형태로 탈염이나 염류 농축에 사용(직경 : 0.4~0.6 ㎚ , 비중 0.6~0.9, 수분 함유량 50%)

### (3) 고정식 이온 교환법

- 철판제 원통형 탱크에 고무라이닝 후 이온 교환 수지를 채워 처리
- 이온교환(통수)과 재생으로 구분
- 재생공정 : 역세척, 통약, 압축, 세정으로 분류

## 5 전기적 이온 교환법

### (1) 용도

수중염기 제거 및 농축

### (2) 구조

- 1조의 전극 사이에 100~300쌍의 이온막 삽입
- 1쌍의 막에 직류 2V 걸림

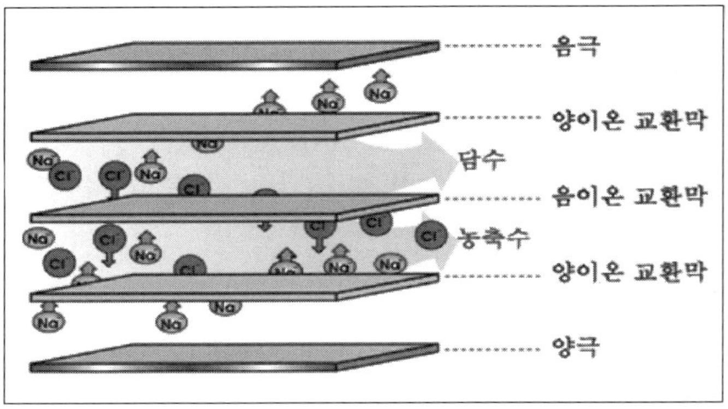


(3) **소비 전력**

2600~3000 mg/ℓ의 염수를 담수화 하는데 2~4 kwh/$m^3$ 전기소요

## 6 활성탄 및 멸균법

(1) **활성탄법**

수중의 유기물이나 냄새 및 염소를 분해

(2) **멸균법**

- 염 소 : 수도물 및 정화조의 소독에 사용
  대용량 소독 : 압축 액화염소 봄베 사용
  소용량 소독 : 표백분, 차아염소나트륨 사용
- 오 존 : 산화력이 매우 강한 기체
  첨가량 : 2~3 mg/ℓ
  용 도 : 탈색, 철, 망간의 제거, 폐수처리에도 이용

# 04 급수량의 산정법

## 1 일당 급수량 산정

(1) **급수 대상 인원이 분명한 경우**

Qd = n·q [ℓ/d]

- n : 급수대상인원
- q : 건물종류별 1일 1인당 사용수량

### (2) 급수 대상 인원이 불분명한 경우

$Qd = c \cdot k \cdot n \cdot q[\ell/d]$

- A : 건물의 연면적 ($m^2$)
- k : 유 효 면 적 비 (%)
- n : 유효면적 당 거주인원 (인/$m^2$)
- q : 건물종류별 1일 1인당 사용수량 ($\ell$/d)

## 2 건물의 종류별 사용수량

| 건물의 종류 | 1일 1인당급수량(q)<br>($\ell$ /d · c) | 1일평균<br>사용시간(h) | 사용자 | 유효면적당<br>인원(인/$m^2$ ) | 유효면적/<br>연면적(%) |
|---|---|---|---|---|---|
| 사무소 | 100-120 | 8 | 재실자 1인당 | 0.2 | 55-57(임대60) |
| 관청, 은행 | 100-120 | 8 | 직원 1인당 | 0.2 | 〃 |
| 병원 | 고급 1,000 이상<br>중급 500 이상<br>기타 250 이상 | 10 | 외래객 8<br>의사, 직원 120 | 1병상당 3.5인 | 45-48 |
| 극장<br>영화관 | 30<br>10 | 5<br>3 | 객석 1인당<br>입장인원당 | 3.5인/객석 | 53-55 |
| 백화점 | 손님 3<br>종업원100 | 3 | 손님 1인당<br>종업원 1인당 | 1.0 | 55-60 |
| 점포 | 100(상주 160) | 7 | 점원 1인당 | 0.16 | |
| 공중식당 | 15 | 7 | 손님 1인당 | 1.0 | |
| 주택 | 160-200 | 8-10 | 거주자 1인당 | 0.16 | 50-53 |
| 아파트 | 160-250 | 8-10 | 거주자 1인당 | 0.16 | 45-50 |

## 3 가구수에 의한 급수량 산정

### (1) 가구별 사용수량을 구하고 동시 사용율에 의해 산정

$Q_d = f \times \Sigma q' \times p[\ell/d]$

$$Q_m = \frac{Q_d}{T} \times (1.5 \sim 2.0)[\ell/d]$$

- f : 기구 수
- $\Sigma q'$ : 기구 당 사용수량 [ℓ /d]
- p : 동시 사용율 [%]
- Qm : 최대예상 급수량 [h]
- T : 사용시간 [h]

## 4 가구당 사용수량과 동시 사용율

| 위생기구 \ 건물별 | 사무실 건물 | 학 교 | 병 원 | 아파트 | 공 장 | 회관 은행 | 극장 영화관 |
|---|---|---|---|---|---|---|---|
| 대변기(세정밸브) | 900 | 600 | 750 | 200 | 750 | 600 | 750 |
| 대변기(세정밸브) | 1200 | 800 | 100 | 240 | | 800 | 1000 |
| 대변기(세정밸브) | 400 | 240 | 480 | 150 | 1000 | 320 | 480 |
| 대변기(세정밸브) | 400 | 240 | 480 | 150 | 420 | 320 | 480 |
| 세면기 | 960 | 900 | 400 | 200 | – | 640 | 3200 |
| 수 채 | 1200 | 7200 | 600 | 550 | – | 960 | – |
| 욕 조 | – | – | – | 760 | – | – | – |

| 가구수 | 2 | 3 | 4 | 5 | 10 | 15 | 20 | 30 | 50 | 100 |
|---|---|---|---|---|---|---|---|---|---|---|
| 동시사용률(%) | 100 | 80 | 75 | 70 | 53 | 48 | 44 | 40 | 35 | 33 |

## 5 기기의 사용 수량

### (1) 냉동기의 냉각 수량

1) 방류 방식의 경우

- QR = 13 ~ 15ℓ/min × 냉각기용량(USRt) × 60 × 사용시간

2) 냉각 방식의 보급수량

- $Q_R$ = 0.26 ~ 0.3ℓ/min × 냉동기용량(USRt) × 60 × 사용시간

(2) **엔진용 냉각 수량**

- $Q_e = 30 \sim 40(\ell/h) \times$ 발전기용량(KVA) × 발전시간(h)

## 6 예상 급수량 산정

(1) **시간 평균 예상 급수량 (Qh)**

$$Q_h = \frac{Q_d}{T}(\ell/h)$$

T : 건물 평균 사용시간

(2) **시간 최대 예상 급수량 (Qm)**

$$Q_m = Q_h \times 1.5 \sim 2.0(\ell/h)$$

(3) **순간 최대 예상 급수량 (Qp)**

$$Q_p = \frac{Q_h \times (3 \sim 4)}{60}(\ell/h)$$

# 05 급수관경 결정법

## 1 수도 직결식 급수방식

(1) 공급방식

### (2) 특징

- 정전 시에도 계속 급수 가능
- 급수오염 가능성 희박
- 소규모 건물에 적합

### (3) 급수설계

$$Po \geq P1 + P2 + h/10\ (kg/cm^2)$$

- $P_o$ : 수도본관 최저 필요압력
- $P_1$ : 기구별 최저 소모압력
- $P_2$ : 관내 마찰 손실 수두
- $\frac{h}{10}$ : 수전고

## 2 가구별 최저 소요 압력

| 가구별 | 최저소요 압력 (kg/cm²) | 최고 압력 (kg/cm²) |
|---|---|---|
| 세정밸브 (flush valve) | 0.7 | |
| 보통밸브 | 0.3 | |
| 자동밸브 | 0.7 | 4.0 |
| 샤워 | 0.7 | 5.0 |
| 순간온수기 (대) | 0.5 | *살수전은 최저 2.0kg/cm² |
| 순간온수기 (중) | 0.4 | |
| 순간온수기 (소) | 0.1 | |

## 3 옥상 탱크식 급수방법

### (1) 급수방법

수도본관 ➡ 저수조 ➡ 양수펌프 ➡ 옥상탱크 ➡ 각수전

### (2) 장점

- 일정 수압으로 급수
- 저수량 확보로 일정시간동안 급수가능
- 배관 부속의 파손이 적으며 대규모 설비에 이용

### (3) 단점

- 저수조에서 급수 오염가능
- 저수 시간 길어지면 수질 저하
- 설비비와 경상비 높다

## 4 옥상탱크 급수장치도

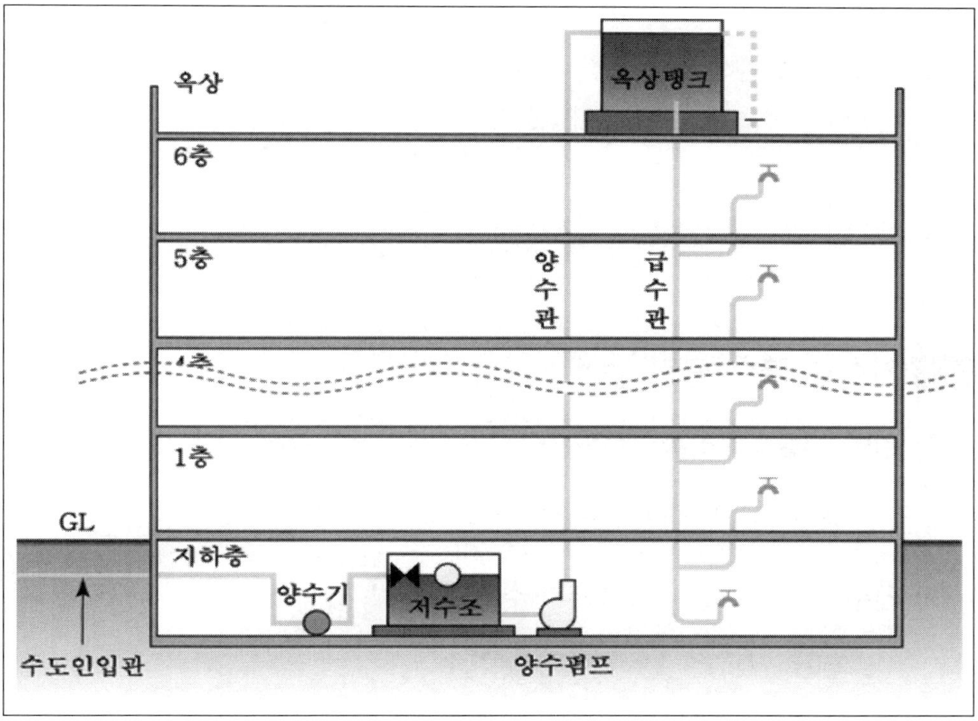

## 5 옥상탱크의 구조도

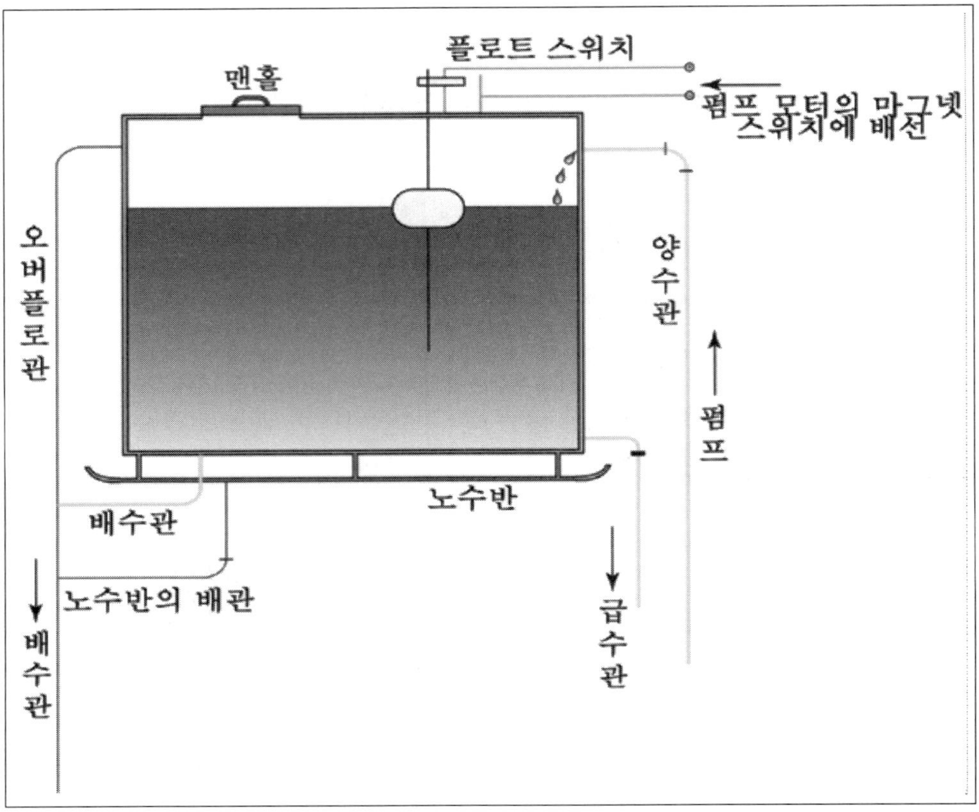


## 6 저수조 급수 용량 설계

### (1) 일반 건물의 저수조 용량

$V_s = Qd \times (1/4 - 1/2) +$ 소화용수$[\ell]$

### (2) 급수 사정이 나쁜 지역의 저수조 용량

$Vs \geq Qd - QsT + Vf \ [\ell]$

$Vs - Vf \leq Qs(24 - T)[\ell]$

- $Q_s$ : 수도인입 관의 급수 능력 $[m^3/h]$
- T : 1일 평균 사용 시간
- $V_s$ : 저수조의 용량 $[m^3]$
- $V_f$ : 소화 용수 $[m^3]$

## 7 옥상 탱크의 설치높이

(1) $H \geq H_1 + H_2 + h$ [m]

- H : 지상에서 옥상 탱크까지 높이 [m]
- $H_1$ : 최고층의 수전(소요압력수두)과 옥상 탱크의 최저수면까지의 높이 [m]
- $H_2$ : 관내 마찰 손실 수두 [m]
- h : 지상에서 최고층의 수전까지 높이 [m]

## 8 옥상탱크 용량과 양수량

### (1) 옥상탱크 용량 (Vh)

$V_h$ = 1시간당 최대 사용 수량×(1 ~ 3시간)[$m^3$]

$V_h$ = Qm = Qh×(1.5 2.0시간)[ ℓ ]

- $Q_m$ : 시간 최대예상 급수량 [ℓ /h]
- $Q_h$ : 시간 평균예상 급수량 [ℓ /h]

### (2) 급수 펌프 양수량과 옥상 탱크 용량과의 관계식

$$V_h = (Q_p = Q_{pu})T_p + Q_{pu} \cdot T_{pu}$$

- $Q_p$ : 순간 최대예상 급수량 (ℓ /min)
- $Q_{pu}$ : 급수펌프 양수량 (ℓ /min)
- $T_p$ : 순간 최대예상 급수량의 계속시간 (min)
- $T_{pu}$ : 급수펌프의 최단 운전시간 (min)

## 9 급수펌프

### (1) 펌프의 성능 결정 항목

펌프구경, 양수량, 양정, 동력 등

### (2) 흡입측 유속

저양정 2~3 m/sec, 고양정 5~6 m/sec

$$Q = AV = \frac{\pi D^2}{4} \cdot V \, [m^3/sec]$$

$$Q = \sqrt{\frac{4Q}{V}} \, [m]$$

- Q : 양수량 $[m^3/sec]$
- V : 유속 [m/sec]

## 10 펌프의 전양정, 소요동력, 전동기 출력

### (1) 급수펌프의 전양정(H)

$$H = H_s + H_d + H_f + \frac{V^2}{2g} = H_a + H_f + \frac{V^2}{2g} \, [m]$$

### (2) 급수펌프의 소요동력(P′)

$$\text{축동력} = \frac{\gamma QH}{6120\eta_p} \, [KW]$$

$$\text{축마력} = \frac{\gamma QH}{4500\eta_p} \, [PS]$$

### (3) 펌프의 전동기 출력(P)

$$P = P'(1.1 \sim 1.2) \, [KW]$$

## 11 압력탱크식 급수방식

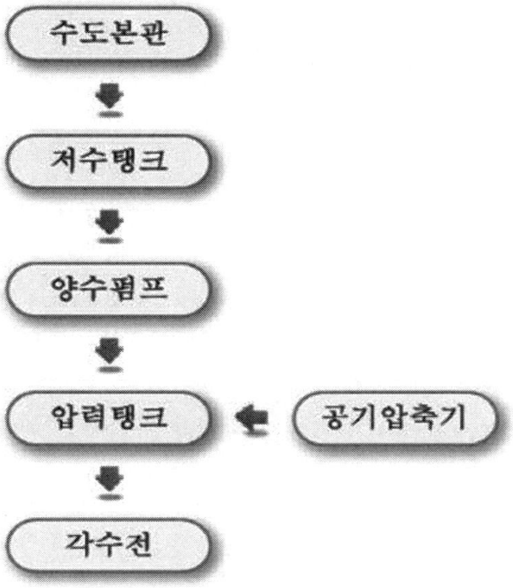


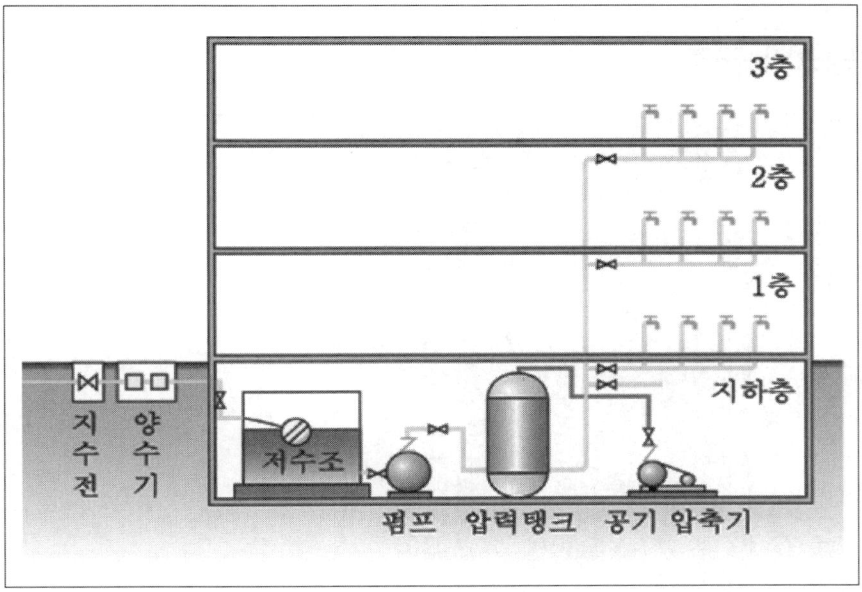

## 12 압력탱크 방식의 특징

### (1) 장 점

- 탱크 위치 낮으므로 건물 구조 보강이 필요 없다.
- 외관상 깨끗하다.
- 국부적 고압 필요시 적합하다.
- 설치 위치에 제한이 없다.

### (2) 단 점

- 압력 차 커서 급수압이 일정치 않다.
- 펌프 양정이 길어 시설비가 많이 든다.
- 압력탱크 제작비가 비싸다.
- 공기압축기가 필요하다.
- 취급 곤란하며 타 방식에 비해 고장이 많다.

## 13 압력탱크의 구조

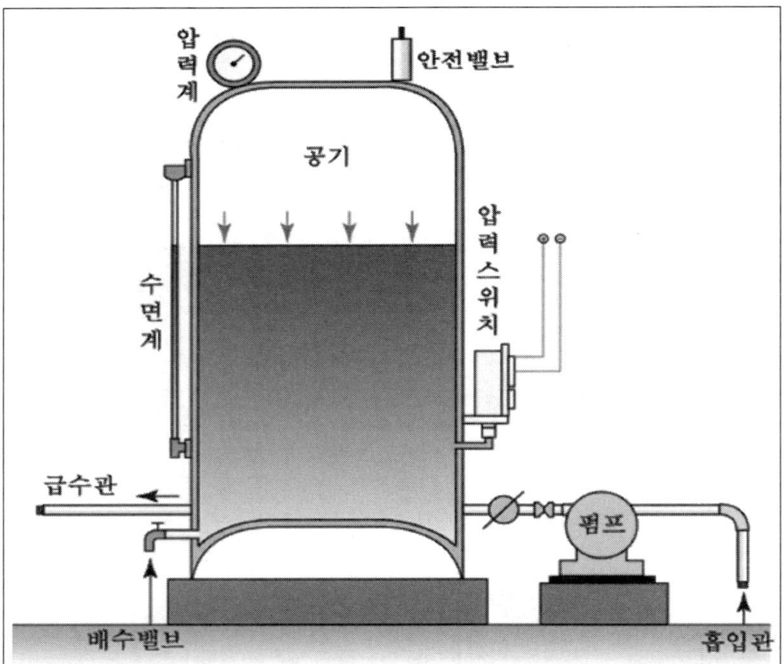

## 14 압력탱크의 필요압력

### (1) 최저 필요 압력 (P)

$$P = P_1 + P_2 + P_3 \,[\mathrm{kg/cm^2}]$$

### (2) 허용 최대 압력 (P0)

$$P_0 = P_1 + 0.7 \sim 1.4 \,[\mathrm{kg/cm^2}]$$

- $P_1$ : 압력탱크의 최고층 수전에 해당하는 수압 $[\mathrm{kg/cm^2}]$
- $P_2$ : 기구별 소요 압력 $[\mathrm{kg/cm^2}]$
- $P_3$ : 관내 손실 수두 $[\mathrm{kg/cm^2}]$

## 15 탱크, 용적, 펌프 양수량 및 전양정

### (1) 압력탱크의 용적(V)

$$V = \frac{Q}{A-B}\,[\ell]$$

- Q : 유효 저수량 $[\ell]$

  $= 최대사용수량\,[\ell] \times \frac{20}{60}$
- A : 최고압력($P_0$)일 때 수량비 (%)
- B : 최저압력($P_1$)일 때 수량비 (%)

### (2) 펌프의 양수량(Q)

$$Q = 최대사용수량 \times 2\,[\mathrm{m^3/h}]$$

### (3) 펌프의 전양정(H)

$$H = (10P_0 + 흡입\ 양정) \times 1.2\,[\mathrm{m}]$$

## 16 부스터식 급수방식

### (1) 급수방식

수도본관 ➔ 저수탱크 ➔ 급수펌프 ➔ 각수전

### (2) 부스터식 급수 방식의 종류

- 정속 방식 : 여러 대의 펌프를 설치하여 사용압력의 변화에 따라 다른 펌프를 시동, 정지시키는 방식
- 변속 방식 : 변속장치 또는 변속 전동기로 압력 변화에 따라 회전수를 변화시켜 양수량을 조절하는 방식

## 17 부스터식 급수 System

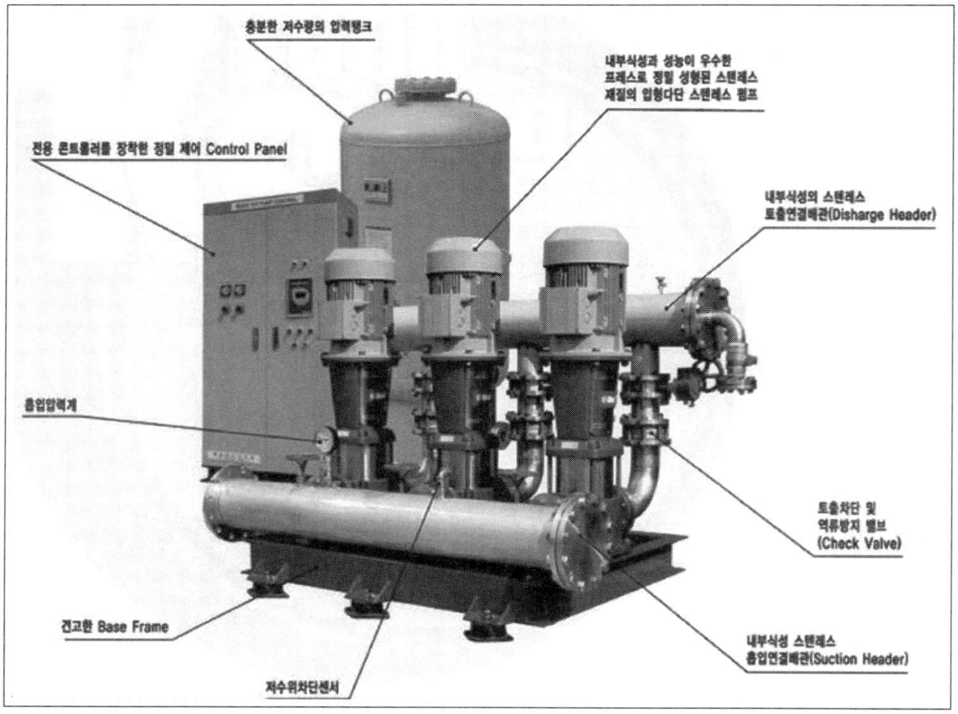

## 18 층별식 급수조닝

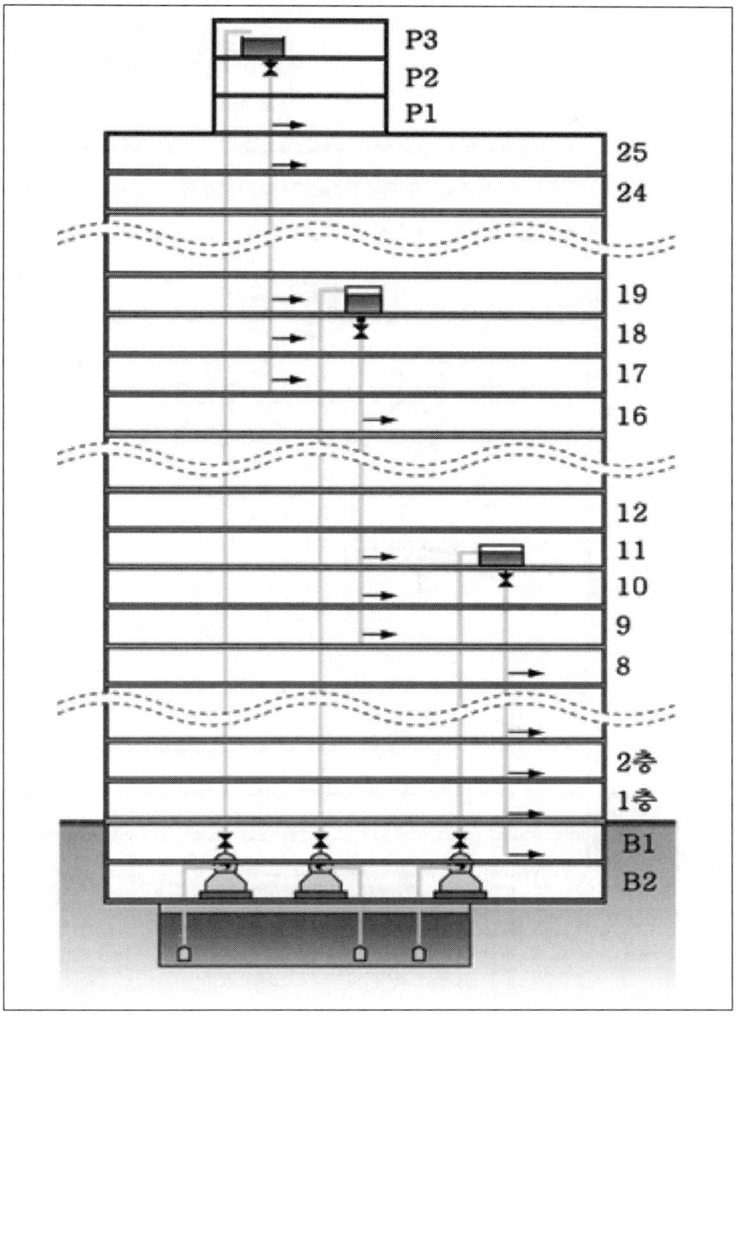

## 19 중계식 급수조닝

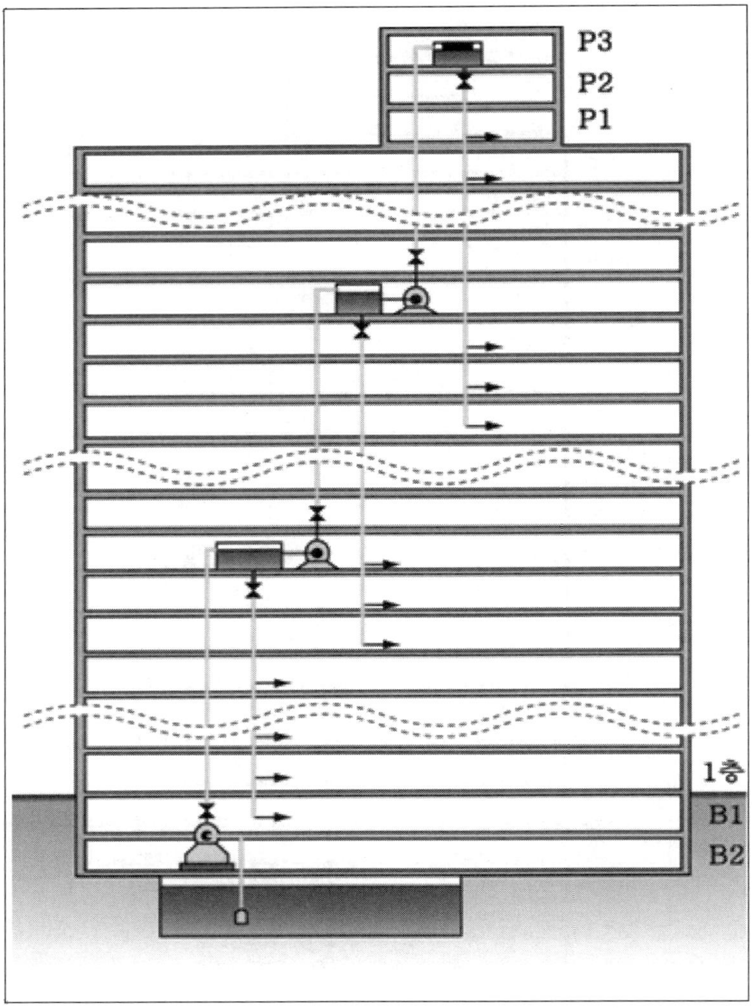

## 20 조압 펌프식 급수조닝

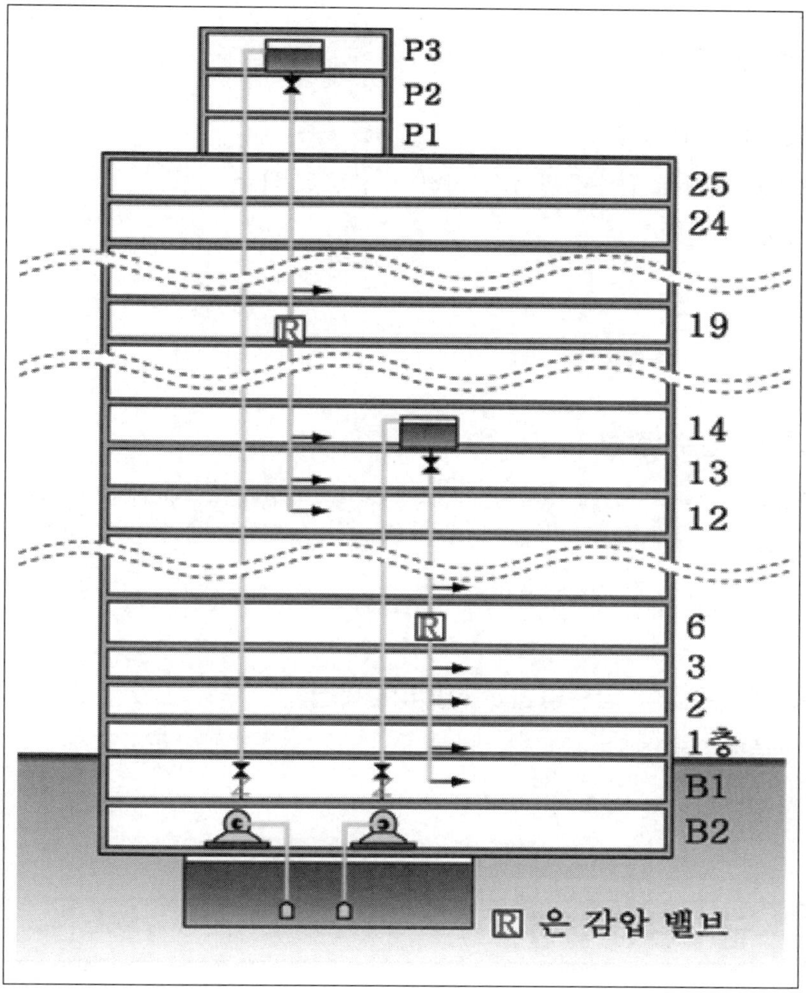

# 06 급수 공급법

## 1 급수 공급법

### (1) 상향식 급수방법

최하층 천장에 급수주관을 설치하여 상부로 급수

- 수도 직결식
- 압력탱크식
- 탱크리스 부스터식

### (2) 하향식 급수 방법

최상층에 급수주관을 설치하여 급수(예 : 옥상 탱크식 급수방식)

- 층별식
- 조압 펌프식

### (3) 상 · 하 혼합식 급수방법 : 설비가 복잡

- 상부층 : 옥상탱크식
- 하부층 : 수도 직결식, 압력탱크식

# 07 급수관경 결정법

## 1 기구 연결관의 결정

| 기구종류 | 1회당 사용량(ℓ) | 순간 최대유량(ℓ/min) | 접속구경(㎜) | 비고 |
|---|---|---|---|---|
| 대변기(세정밸브) | 8.0~16.5 | 110~180 | 25 | 1회당 사용량은 종류에 따라 다름 |
| 소변기(세정밸브) | 4~6 | 30~60 | 20 | |
| 세면기 | 10 | 10 | 13 | |
| 싱크(13㎜수전) | 15 | 15 | 13 | 사용 수량 크기 종류에 따라 다름 |
| 수세기 | 3 | 8 | 13 | |
| 샤워 | 24~60 | 12~20 | 13~20 | |

## 2 균등표에 의한 관경 결정

| 관경 | 15(1/2) | 20(3/4) | 25(1) | 32(11/4) | 40(11/2) | 50(2) |
|---|---|---|---|---|---|---|
| 15A(1/2B) | 1 | | | | | |
| 20(3/4) | 2.89 | 1 | | | | |
| 25(1) | 5.1 | 1.74 | 1 | | | |
| 32(11/4) | 8.02 | 2.75 | 1.57 | 1 | | |
| 40(11/2B) | 15.59 | 5.65 | 3.53 | 2.05 | 1 | |
| 50(2) | 29.00 | 9.80 | 5.65 | 3.58 | 1.75 | 1 |

### (1) 마찰저항 선도에 의한 방법

[동시 사용 유수량 계산]

| 기구명 | 수전 | 기구 급수 부하 단위 | |
|---|---|---|---|
| | | 공중용 | 개인용 |
| 대변기 | 세정밸브 | 10 | 6 |
| 소변기 | 세정밸브 | 5 | |
| 수세기 | 급수전 | 1 | 0.5 |
| 욕 조 | 급수전 | 4 | 2 |
| 샤 워 | 혼합밸브 | 4 | 2 |
| 세면기 | 급수전 | | 1 |

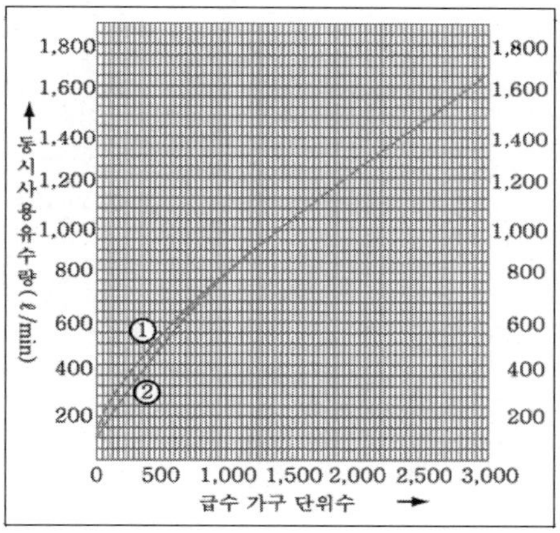


### (2) 허용 마찰 손실 수두계산

$$R = \frac{H_1 + H_2}{\ell(\iota + K)} \times 1000 \,[\text{mmAq/m}]$$

- $H_1$ : 고가탱크에서 각 층 기구까지의 수직 높이 [m]
- $H_2$ : 각층 급수기구의 최저 필요압력에 해당하는 수두 [m]
- $\ell$ : 고가탱크에서 가장 먼 길이에 있는 급수기구까지 거리 [m]
- K : 직관에 대한 연결 부속품의 국부저항비율 (0.3~0.4)

### (3) 마찰저항 선도 에 의한 관경 결정

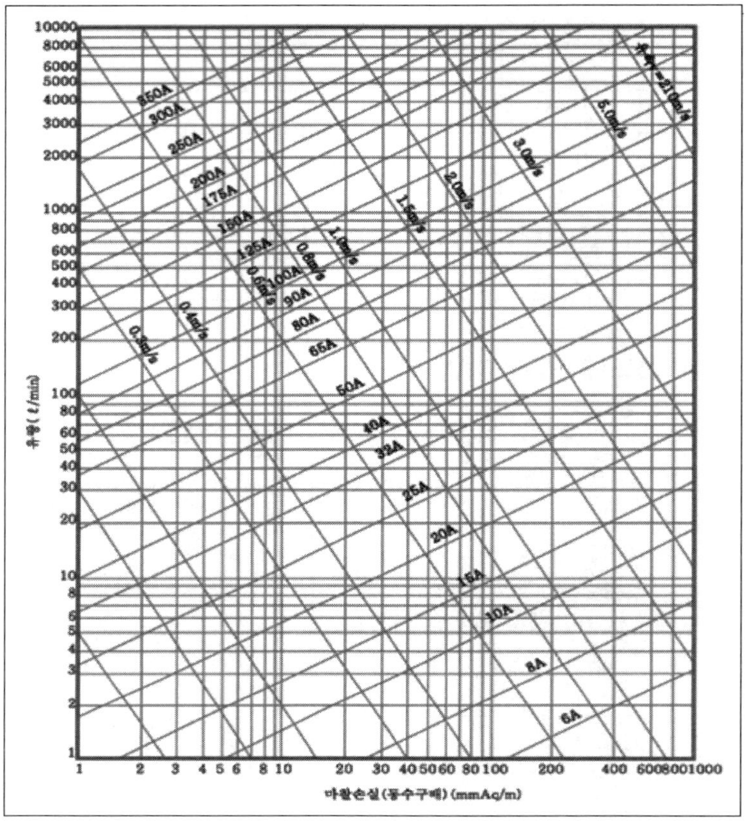


## 08 설비용량의 결정

### 1 저수탱크 용량 계산

$$V \geq V_d - Q_t$$

$$Q \geq \frac{V}{t_i - t}$$

- V : 저수탱크의 용량 [$m^3$]
- $V_d$ : 1일 건물의 물 사용 예상량 [$m^3$]

- $t$ : 계속 사용 시간 [h]
- $Q$ : 수도관 및 수원으로부터 급수 능력 [$m^3/h$]
- $t_i$ : 수원에서 1일 급수시간 [수도관 : 24시간, 지하수 : 20시간]

## 2 저수탱크의 용량 결정 요소

- 소화설비와 급수설비를 병용할 때는 규정 소화설비 용량을 고려한다.
- 수도관 및 수원의 급수능력은 시간당 평균 예상량 정도가 적당 하나 단수 등을 고려하여 1일 사용 예상량의 1/2 정도로 한다.
- 탱크용량이 크면 잔류염소의 소모로 물이 부패되므로 탱크용량을 너무 크지 않게 한다.
- 탱크용량을 크게 할 때는 염소의 양을 조절하여 물의 부패를 방지한다.

## 3 옥상탱크의 용량 계산

### (1) 옥상탱크의 용량 계산(II)

$$V = (Q_t - Q_R)T_t + Q_R T_R$$

단, $Q_t < Q_R$ 일때 $Q_t - Q_R = 0$ 이다.

- $V$ : 옥상 탱크 용량 [$\ell$]
- $Q_t$ : 순간시간 최대예상 급수량 [$\ell$/min]
- $Q_R$ : 양수펌프 양수량 [$\ell$/min]
- $T_t$ : 순간시간 최대예상 급수량의 계속시간 [min]
- $T_R$ : 양수펌프의 최대 운전시간

### (2) 옥상탱크의 용량 계산(II)

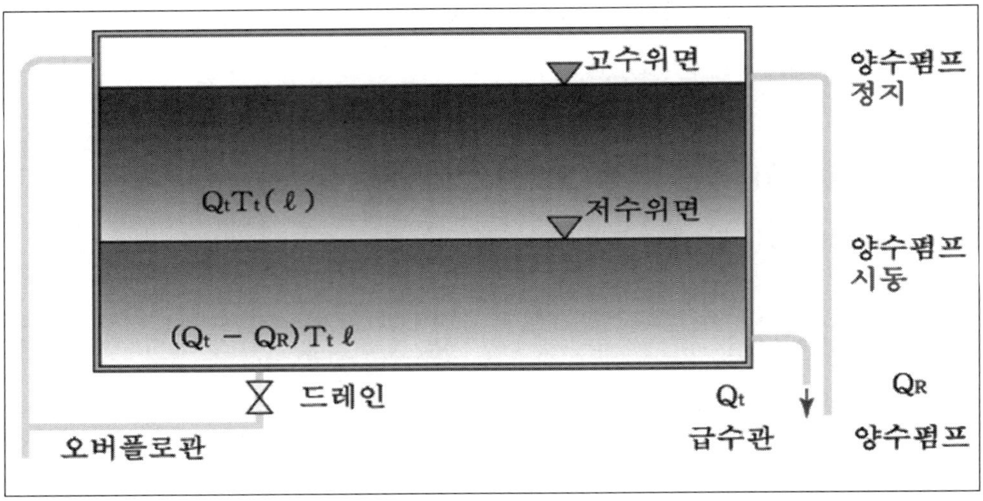


### (3) 양수 펌프의 양정 계산

$$H = H_P + H_f(Std) + \frac{vd^2}{2g}$$

- H : 양수 펌프의 양정 [m]
- $H_P$ : 양수 펌프 실양정 [m]
- $H_f(Std)$ : 흡입쪽과 송수쪽의 마찰 손실 수두 [m]
- $\frac{vd^2}{2g}$ : 송수 속도 수두 [m]

### (4) 양수 펌프의 동력 계산

$$R = \frac{0.163QHr(Hd)}{P_E E_t}$$

- R : 필요 동력 [KW]
- Q : 양수 펌프양 수량 [$m^3$/min]
- r : 물의 비중량 [kg/ℓ ]
- H : 양수 펌프 전양정 [m]
- d : 여유율
- $E_t$ : 전동 효율
- $P_E$ : 펌프 효율

1) 펌프 흡입구 유속 : 2~3 m/s

2) 펌프 송출구 유속 : 고양정(5~6 m/s), 저양정(2~4 m/s)

## 4 압력 탱크의 용량

### (1) 압력 탱크의 유효저수량

- 펌프 양수량의 2~3분간 용량
- 최대 사용수량의 20분정도 용량

### (2) 압력탱크에 작용하는 인장응력

- 원주방향 : $\delta = \dfrac{P_d}{2_t}$
- 길이방향 : $\delta_t = \dfrac{P_d}{4_t}$

### (3) 탱크 두께

$$t = \frac{P_d}{2\delta \cdot m} + c$$

- m : 이음효율
- c : 부식여유
- $\delta$ : 인장응력

# 09 펌프

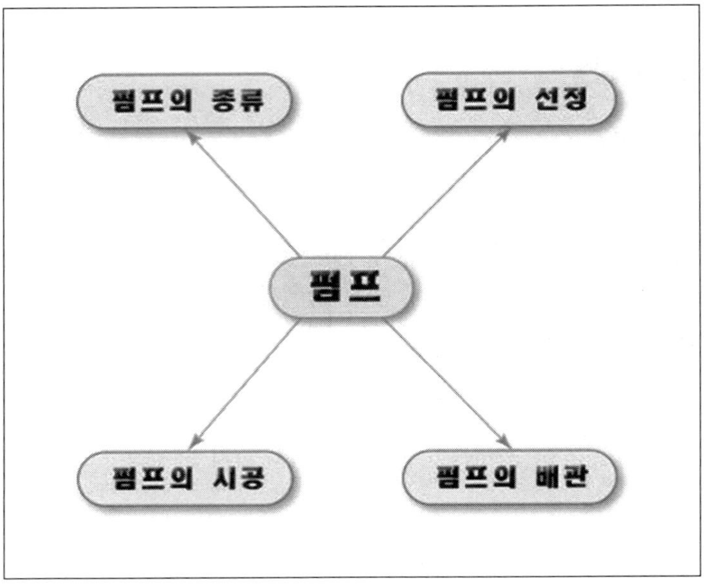


## 1 펌프의 종류

### (1) 왕복식 펌프

피스톤 또는 플런저의 왕복운동에 의한 펌프

- 종류 : 피스톤 펌프, 플런저 펌프, 워싱톤 펌프

### (2) 원심펌프

임펠라의 회전에 의한 원심력을 이용한 펌프

- 종류 : 터빈 펌프, 볼류트 펌프

### (3) 축류 펌프

임펠라를 프로펠러 날개 모양으로 변경한 펌프

- 용도 : 저양정 대용량의 물 송수
- 종류 : 고정날개 펌프, 가동날개 펌프

### (4) 로터리 펌프

왕복펌프의 왕복부분을 회전운동으로 바꾸어 송수하는 펌프 (고속회전운동 가능)

- 종류 : 기어펌프, 스크루 펌프, 슬라이딩 베인 펌프

## 2 펌프의 선정

### (1) 펌프 선정 요소

- 급수의 양
- 펌프의 흡입 및 토론 양정
- 펌프의 효율
- 펌프의 전원 등

### (2) 펌프의 흡입 양정

- 이론상 양정 : 10m
- 실제상 양정 : 6~7m (마찰 손실에 의함)

### (3) 펌프의 토출양정

- 볼류트 펌프 : 20m 이하 , 터빈 펌프 : 20m 이상

### (4) 펌프의 양수량

- 옥상탱크를 15~30분에 만수되는 것 선정

## 3 펌프의 양수량과 양정

### (1) 펌프 양수량

$$Q = AV = V \cdot \frac{\pi d^2}{4}$$

- Q : 양수량 ($m^3$/sec)
- V : 물의 속도 1~3 m/sec
- d : 펌프의 구경 (m)
- A : 펌프의 면적 ($m^2$)

### (2) 펌프의 전양정

$$H = H_d + H_s + H_f$$

- $H_d$ : 송수양정 (m)
- $H_s$ : 흡입양정(m)
- $H_f$ : 마찰손실수두 (m)

## 4 펌프의 마력과 효율

### (1) 펌프의 마력

$$W\ HP = \frac{W \cdot Q \cdot H}{4500E}$$

$$B\ HP = \frac{W \cdot Q \cdot H}{4500E}$$

- W HP : 펌프의 이론적 마력 (HP)
- W : 유체의 단위 체적 비중 (kg/m³)
- B HP : 펌프의 축마력 (HP)
- Q : 양수량 (m³/min)
- E : 펌프의 효율

### (2) 원심펌프의 구경과 효율

| 펌프구경 | 50 | 75 | 100 | 125 | 150 | 220 | 250 |
|---|---|---|---|---|---|---|---|
| 펌프효율 | 45 | 55 | 60 | 65 | 70 | 73 | 74 |

## 5 펌프배관

### (1) 펌프배관( I )

- 흡입관이나 토출관의 중량이 펌프에 영향이 없는 구조로 시공
- 수평관에서 관경 바꿀 때 편심 레듀셔 시공
- 흡입관은 짧게 굴곡 부분은 적게 배관하여 시공
- 풋 밸브와 흡입관은 기밀이 유지 되게 시공
- 풋 밸브는 동수위면에서 흡입관경 2배 이상 물속에 설치
- 나사 이음시 동수위면 보다 높은 곳에 플랜지 이음 설치
- 토출양정 18m 이상은 토출구와 토출밸브 사이에 체크밸브 설치

- 흡입 쪽 수평관은 펌프 쪽으로 올림구배 시공

(2) **펌프배관(II)**

- 토출측 수평관은 올림구배로 시공
- 토출측 수직관 상부에 수격방지장치 설치
- 펌프 토출측에 충격 흡수기구 설치
- 토출측은 압력계 설치
- 흡입측은 진공계나 연성계 설치
- 흡입측에 스트레이너 설치
- 전동기와 펌프의 회전 방향 일치
- 운전 전에 프라이밍을 한다.

# 10 급수배관 시공 및 수격작용 대책

## 1 급수 배관 시공

(1) **급수 배관의 구배**

- 급수관 : 선단하향 구배
- 옥상 탱크식 급수 배관
  - 횡주 주관 : 선단하향 구배
  - 각 층의 횡주관 : 선단상향 구배

(2) **밸브**

- 공기빼기 밸브 : 굴곡부의 상부에 설치
- 배기 밸브 : 배관 말단부에 설치하여 침전물 제거
- 지수 밸브 : 수평주관에서 각 수직관의 분기점에 설치
  각 층 수평 주관의 분기점에 설치

## 2 공기실(Air chamber)설치

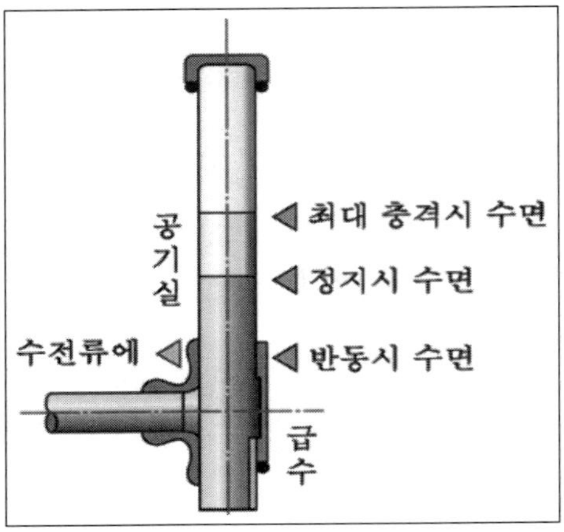


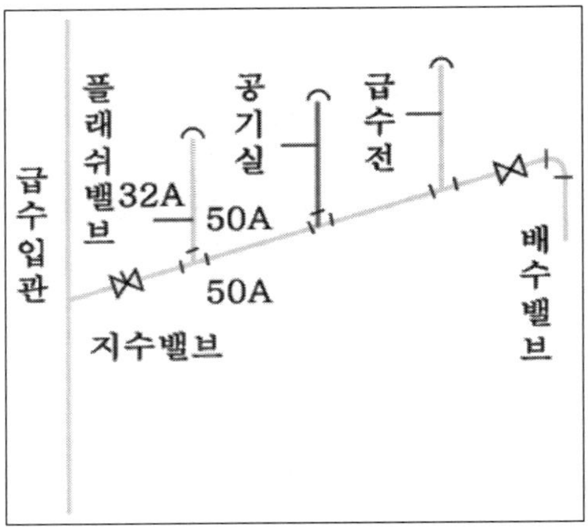


## 3 슬리브 배관

### (1) 설치 위치

- 벽이나 바닥을 관통하는 배관을 할 때

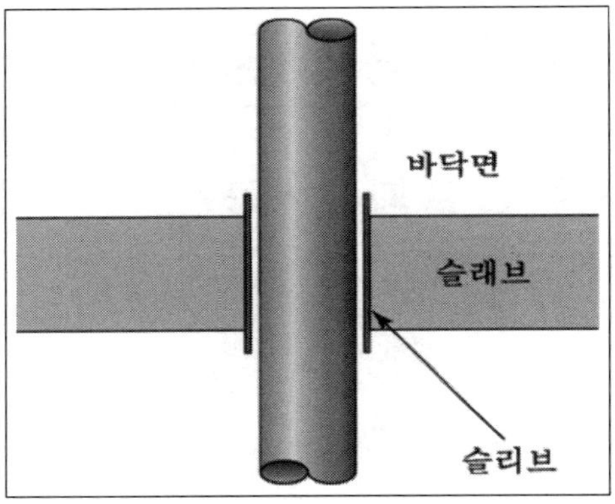


### (2) 슬리브 배관의 역할

- 관의 신축과 팽창 흡수
- 배관의 설치 및 교체할 때 유리

## 4 관의 피복

### (1) 방식피복

부식되기 쉬운 곳에 방식을 위한 피복

### (2) 방동, 방로피복

동파 방지나 결로 방지를 위한 피복

[피복두께]

| 관경 / 경관의 종류 | 15 이하 | 20~40 | 50~80 | 100~150 | 200 이상 |
|---|---|---|---|---|---|
| 급수관 | 15 | 20 | 25 | 30 | 40 |
| 배수관 | 15 | 15 | 15 | 15 | 15 |

# 제 2 장 급탕설비

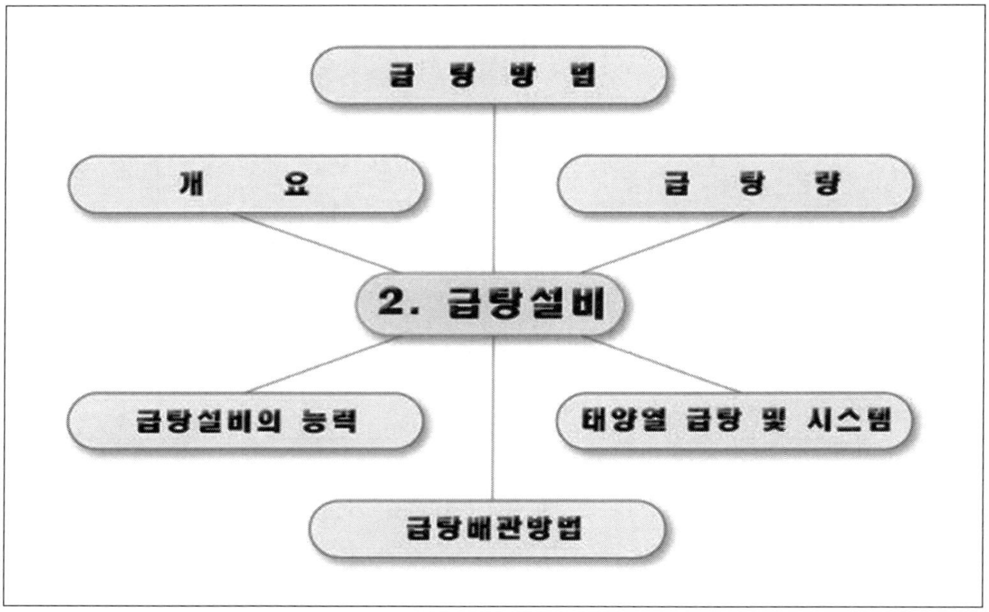


## 01 개요

### (1) 급탕의 사용 목적

식수, 요리, 세척, 세탁, 욕조, 세면기 등

### (2) 급탕의 온도

60℃로 환산하여 급탕량 표시

| 용 도 | 15이하 | 20~40 | 50~80 |
|---|---|---|---|
| 식수 | 50 ~ 55 | 세면 및 손씻기 | 40 ~ 42 |
| 목욕용(성인, 유아) | 42 ~ 45, 40 ~ 22 | 샤워용 | 43 |
| 의료용(손씻기) | 43 | 주방(행구기) | 45 ~ 60, 70 ~ 80 |
| 풀장 | 21 ~ 27 | 차고(세차용) | 24 ~ 30 |
| 면도장 | 46 ~ 52 | 세탁용 | 33 ~ 60 |

## 1 온도에 따른 급탕량 비율

| 급탕의 온도(45℃) | $\frac{q}{Q+q}$ = 급탕전량에 대한 열탕의 비율 | | | |
|---|---|---|---|---|
| 물의 온도 / 열탕의 온도 | 5℃ | 10℃ | 15℃ | 20℃ |
| 60℃ | 0.727 | 0.700 | 0.667 | 0.625 |
| 70℃ | 0.616 | 0.585 | 0.545 | 0.500 |
| 80℃ | 0.534 | 0.500 | 0.462 | 0.418 |
| 90℃ | 0.470 | 0.438 | 0.400 | 0.358 |

## 2 탕의 성질

### (1) 온도에 따른 팽창량 : 4℃ 물의 부피기준

0℃ 얼음 : 9% 팽창, 100℃ 물 : 4.3%, 100℃ 증기 : 1,700배

$$\Delta\nu = \left(\frac{1}{\rho_2} - \frac{1}{\rho_1}\right)\nu$$

- $\Delta\nu$ : 온수의 순환량 (ℓ)
- $\rho_1$ : 온도 변화전의 밀도 (kg/ℓ)
- $\rho_2$ : 온도 변화 후의 밀도 (kg/ℓ)
- $\nu$ : 장치내 전수량 (ℓ)

### (2) 온도에 따른 자연순환 수두

$$H = 1000(\rho_2 - \rho_1)h$$

## 3 열량

### (1) 열량 단위 (kcal)

- 이론상 : 14.5℃, 1 kg의 물을 1℃ 올리는데 필요 열량
- 실제상 : 임의 온도에서 1 kg의 물을 1℃올리는데 필요열량

### (2) 비 열 (kcal/kg)

0℃ 얼음 $\xrightarrow{\text{79.7 kcal/kg}}$ 0℃물 $\xrightarrow{\text{1 kcal/kg ℃}}$ 100℃온수 $\xrightarrow{\text{539 kcal/kg}}$ 100℃증기

### (3) 소요 열량 (kcal)

Q = W(t2 − t1) : W 수량(kg)

### (4) 급탕 부하 : 급탕 온도 60℃ 기준

부하를 산정 할 때 60 kcal/ℓ로 계산

# 02 급탕 방법

### (1) 개별식 급탕 방법 : 소형 가열기로 가열하여 개별 공급

- 소형 주택, 여름철 아파트 욕실, 주방 등
- 열원 : 전기, 가스
- 장점 : 배관 길이가 짧아 열 손실이 적으며 사용이 쉽고 편리하며 설비비가 저렴하다.

### (2) 중앙식 급탕 방법 : 대형보일러로 가열하여 집단 공급

- 급탕 방법 : 직접 가열식, 간접 가열식
- 열 원 : 석탄, 방카C유, 중유, 천연가스
- 장 점 : 대규모 설비로 열효율 좋으며 기계실 설치로 관리가 쉽다.

## 1 순간온수기

### (1) 가스 순간온수기

- 열원 : 도시가스(LNG) 또는 프로판가스(LPG)
- 가열 방법 : 열전달 핀과 코일을 연소 불꽃으로 직접가열
- 급탕온도조절 : 물의 속도에 따라 가스불꽃 조절
- 가스양 조절 : 다이어프램 밸브와 벤츄리관에 의해 조절
- 점화 방법 : 파일롯 불꽃에 의해 급탕을 사용할 때 점화

### (2) 전기 순간온수기

- 투입식 히터방식 : 히터를 급탕관에 투입하여 가열
- 외부 히터방식 : 히터로 급탕관을 감싸서 가열
- 히터의 구조 : 알루미늄관에 니크롬선을 넣어 제작

## 2 가스 순간온수기의 구조

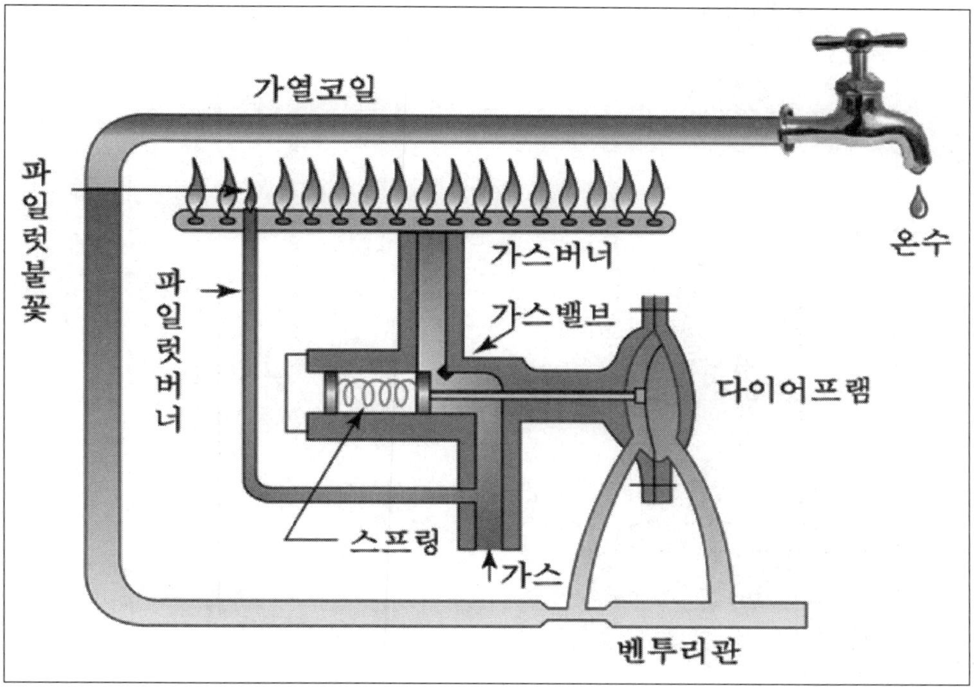

## 3 저탕식 급탕기

(1) **열원**

전기, 가스

(2) **용도**

특정 시간에 다량의 온수가 필요한 장소 (기숙사, 학교, 공장 등)

(3) **온도조절 방법**

서머스탯에 의해 자동 조절

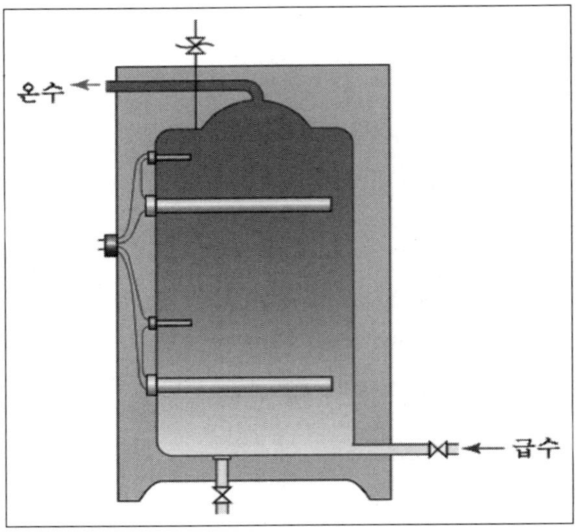


## 4 저탕식 급탕기의 급수 · 급탕

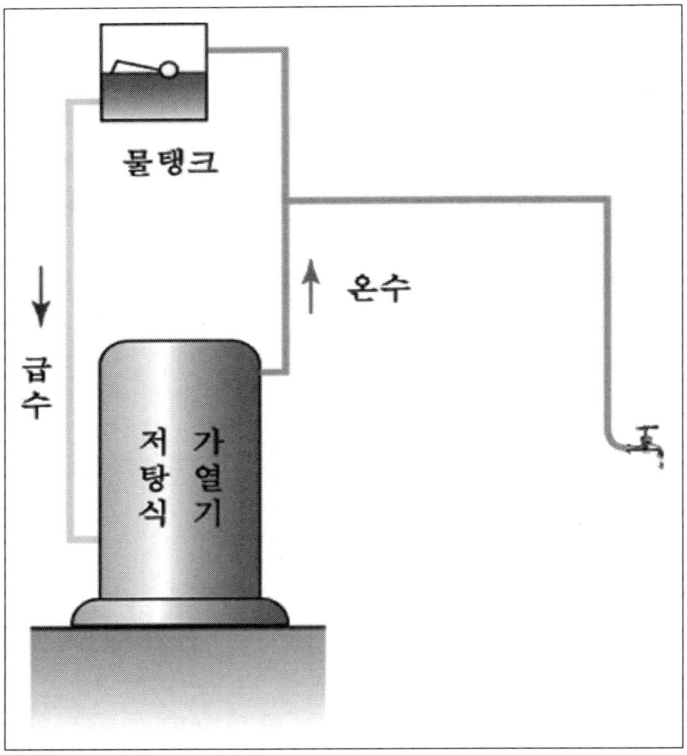

## 5 기수 혼합 급탕기

### (1) 가열 방법

- 증기를 직접 물에 분사하여 가열
- 증기를 분사할 때 압력차에 의한 소음 발생
- 소음을 방지하기 위해 스팀사이렌서 사용

### (2) 스팀사이렌서의 종류

- F형 : 일반적인 방법으로 욕조 급탕용에 사용
- S형 : 소독용으로 사용

### (3) 사용증기압력 : 1~4 kg/cm$^2$ 정도

### (4) 열효율 : 100% (직접분사)

## 6 스팀사이렌서

### (1) 스팀사이렌서( I )

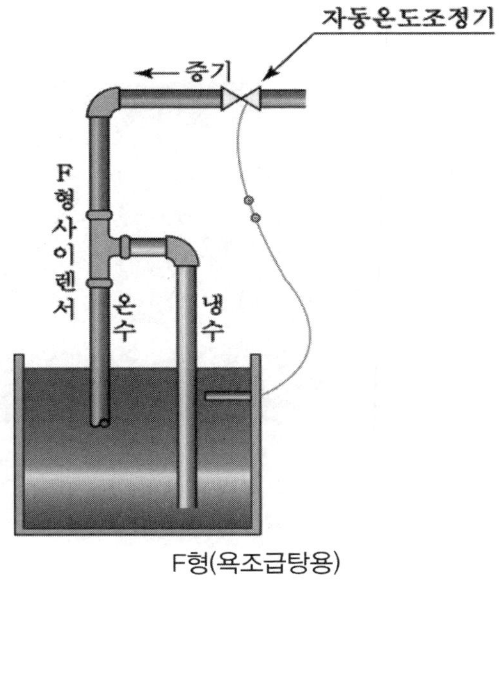


F형(욕조급탕용)

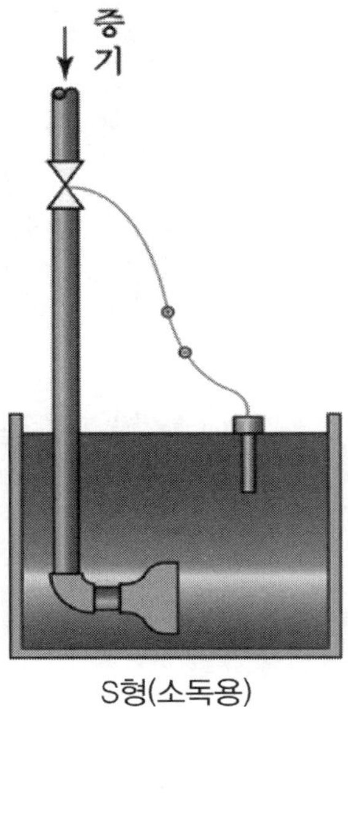


S형(소독용)

### (2) 스팀사이렌서(II)

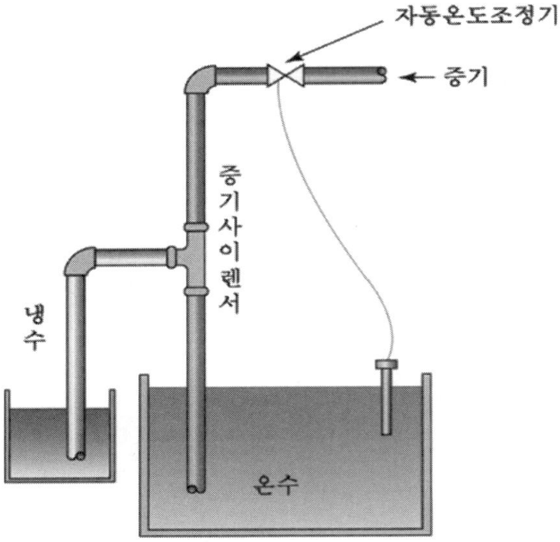


주방 식기세척용

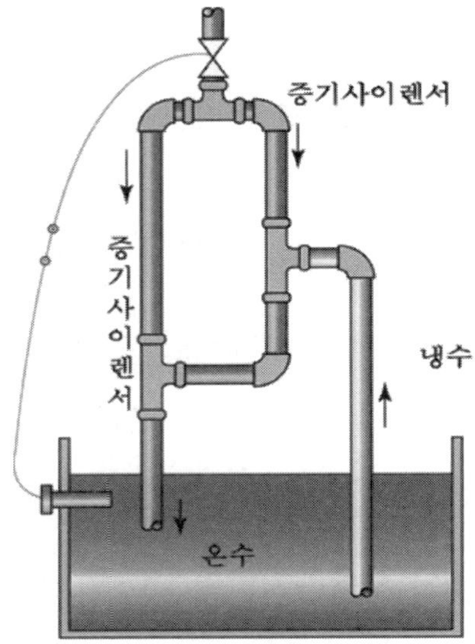


급속 온수가열용

### (3) 스팀사이렌서의 구조

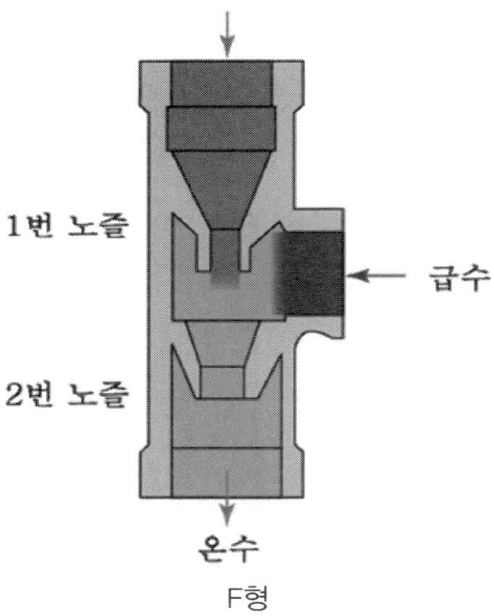


F형

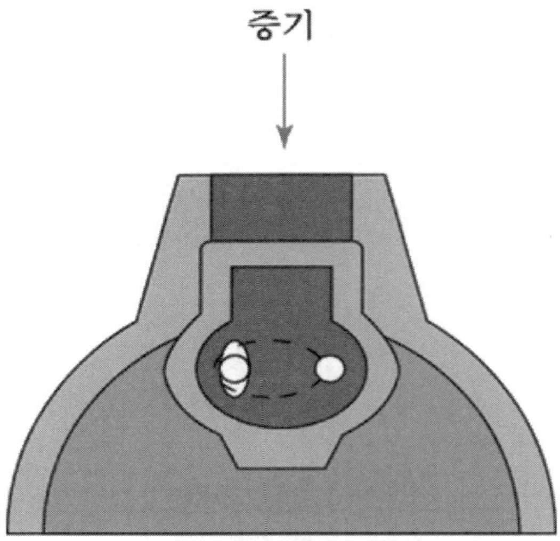


S 형

## 7 중앙식 직접가열 급탕

(1) **가열 방법**

보일러에서 직접 가열

(2) **순환 방법**

자연순환과 강제순환

(3) **특징**

- 열효율상 경제적이다.
- 내부 신축이 불균일하다.
- 다량의 물때가 생성된다.
- 소규모 급탕설비에 적합하다.

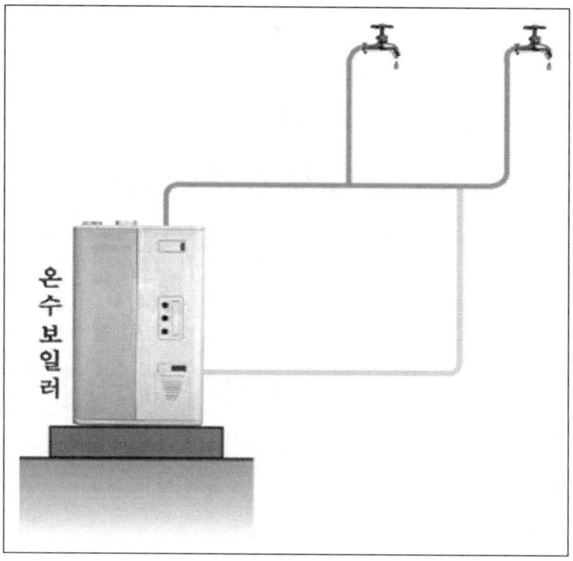


## 8 중앙식 간접가열 급탕

(1) **가열 방법**

저장 탱크에 코일을 투입시켜 간접가열

(2) **특징**

- 난방용 증기 활용으로 경제적이다.
- 스케일 생성이 적다.
- 저압 증기 사용이 가능하다. (0.3~1 kg/cm$^2$)

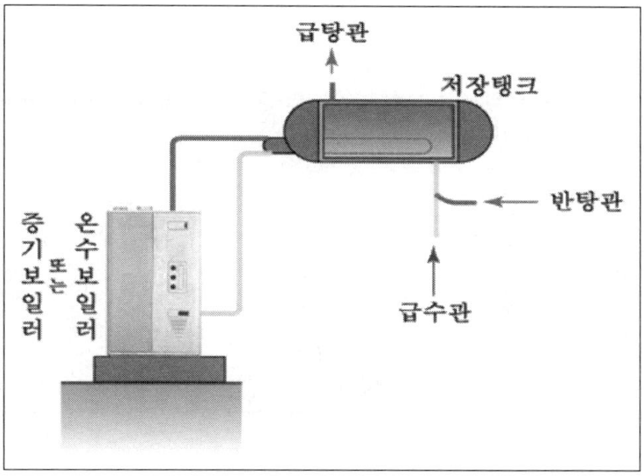

## 9 증기 가열식 자동온도 조절장치

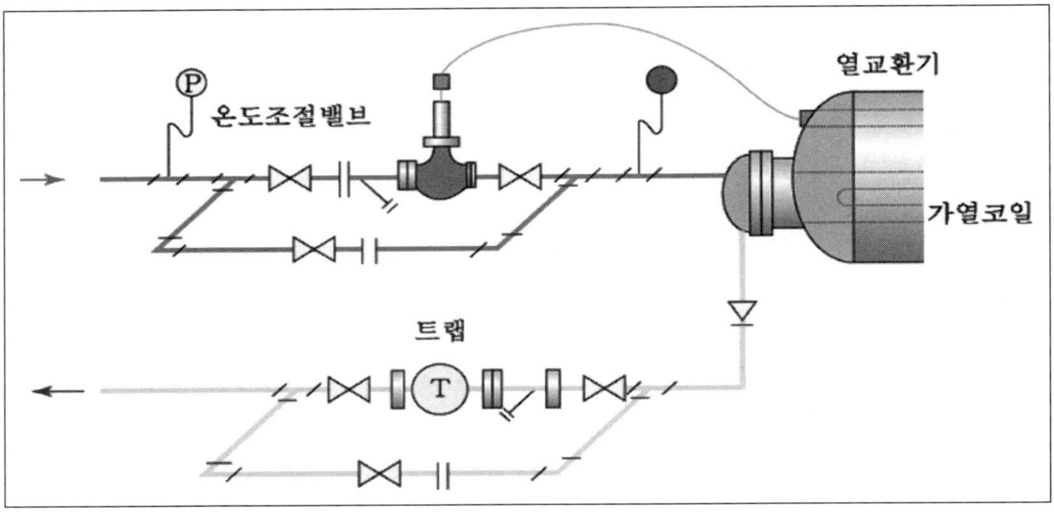


## 10 온수 가열식 자동온도 조절장치

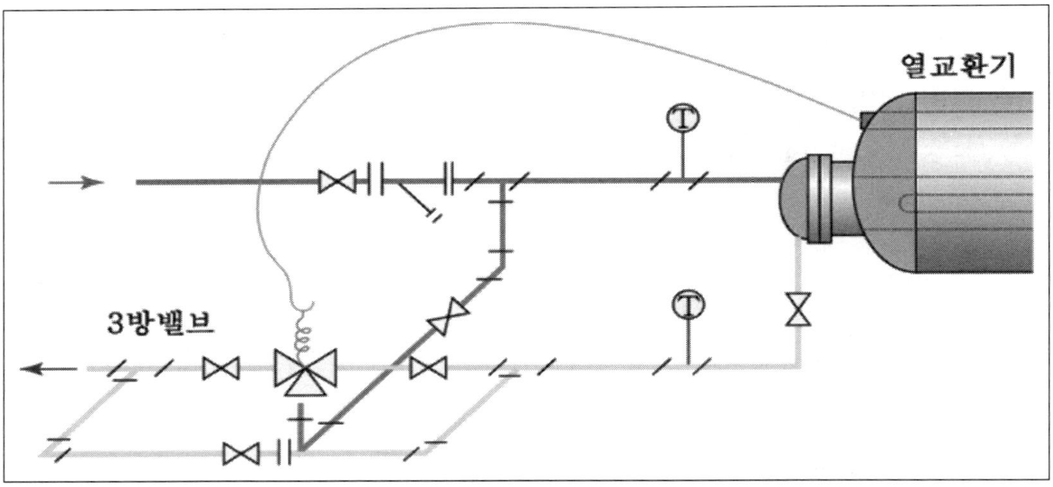

## 11 다관식 열교환기 주변 배관

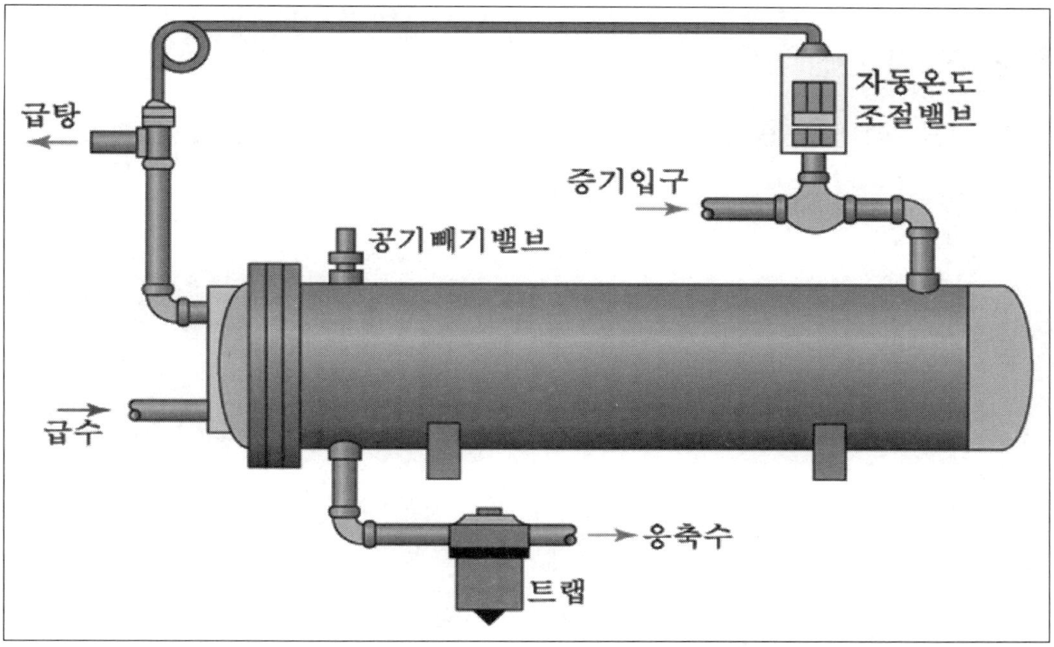


## 12 열교환기와 저장탱크를 조합시킨 배관

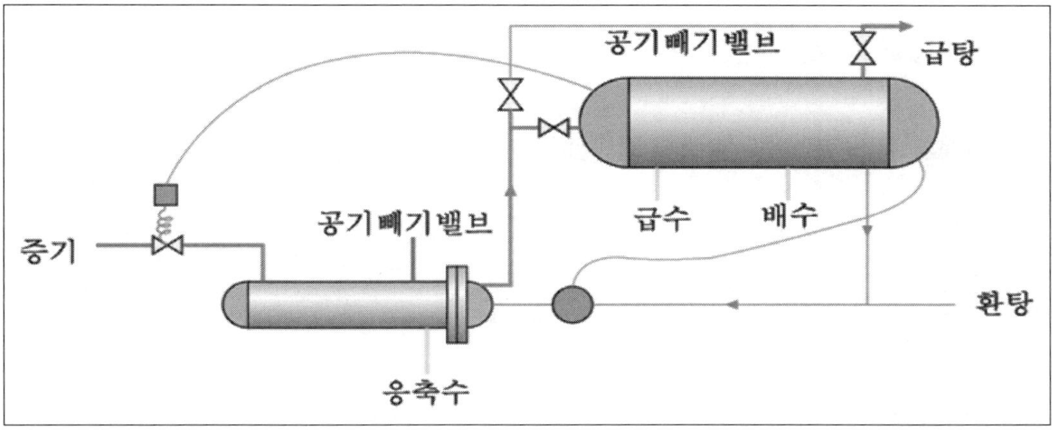

# 03 급탕량

## 1 급탕량 산정(인원수)

### (1) 인원수에 의한 방법

$$Q_d = N \times q_d$$

$$Q_m = Q_d \times q_h$$

$$H = Q_d \cdot r(t_h - t_c)$$

- $Q_d$ : 1일 최대 급탕량 [ℓ /d]
- $q_d$ : 1일 1인당 급탕량 [ℓ /d]
- N : 급탕 인원 [인]
- $Q_m$ : 1시간 최고 급탕량 [ℓ /h]
- $q_h$ : 1일 사용에 대한 최대치 비율
- H : 가열기 능력 [kcal/h]
- r : 1일 사용량에 대한 가열 능력 비율
- $t_h$ : 탕의 온도 [℃]
- $t_c$ : 물의 온도 [℃]

## 2 급탕량 산정(가구수)

### (1) 사용 횟수 추정이 가능할 때

$$Q_h = F \times P \times a$$

### (2) 사용 횟수 추정이 불가능 할 때

$$Q_h = F_h \times O \times a$$

- F : 기구 1개당 1회 급탕량 (ℓ )
- P : 시간당 사용회수 (회/h)
- a : 동시 사용율 (%)
- $F_h$ : 기구의 급탕량 (ℓ /h)
- O : 기구수

## 3 건물의 종류별 급탕량

| 건물의 종류 | 1일 1인당 급 탕 량 (ℓ /d · c) | 1일 사용량에 대한 1시간당 최대치 비율 | 피크로드의 지속 시간 | 1일 사용량에 대한 저탕 비율 | 1일 사용량에 대한 가열 능력 비율 |
|---|---|---|---|---|---|
| | qd | qh | h | v | r |
| 주택, 아파트, 호텔등 | 75~150* | 1/7 | 4 | 1/5 | 1/7 |
| 사무실 | 7.5~11.5* | 1/5 | 2 | 1/5 | 1/6 |
| 공 장 | 20* | 1/3 | 1 | 2/5 | 1/8 |
| 레스토랑 | – | – | – | 1/10 | 1/10 |
| 레스토랑(3식/1일) | – | 1/10 | 8 | 1/5 | 1/10 |
| 레스토랑(1식/1일) | – | 1/5 | 2 | 2/5 | 1/6 |

## 4 기구에 대한 급탕량(60℃)

| 기 구 | 1회당 급탕량(ℓ ) | 1시간당사용 횟수(회) | 1시간당 급탕량(ℓ ) |
|---|---|---|---|
| 개인 세면기 | 7.5 | 1 | 7.5 |
| 일반 세면기 | 5 | 2~8 | 10~40 |
| 양식욕조 | 100 | 1~3 | 100~300 |
| 샤워 | 50 | 1~6 | 50~300 |
| 부엌싱크 | 15 | 3~5 | 45~75 |
| 배식싱크 | 10 | 2~4 | 20~40 |
| 세탁싱크 | 15 | 4~6 | 60~90 |
| 청소싱크 | 15 | 3~5 | 45~75 |

## 5 기구별 1시간당 급탕량(60℃)

| 기 구 | 아파트 | 체육관 | 병 원 | 호 텔 | 공장 | 개인주택 | 학 교 |
|---|---|---|---|---|---|---|---|
| 세면기(개인용) | 7.5 | | 7.5 | 7.5 | 7.5 | 7.5 | 7.5 |
| 세면기(공중용) | 15 | 7.5 | 22 | 30 | 45 | – | 57 |
| 양식욕조 | 75 | 30 | 75 | 75 | – | 75 | – |
| 접시세척기 | 57 | 100 | 150~570 | 190~750 | 75~375 | 57 | 75~375 |
| 세족기 | 11.5 | 45 | 11.5 | 11.5 | 45 | 11.5 | 11.5 |
| 부엌싱크 | 38 | | 75 | 110 | 75 | 38 | 75 |

# 04 급탕 설비의 능력

## 1 급탕 온도와 가열온도

### (1) 개별 급탕 방식

급탕온도와 가열 온도가 같다.

### (2) 중앙 급탕 방식

- 가열 온도가 급탕온도보다 10~20℃ 높게 한다.
- 일반적 급탕 온도는 60~70℃ 정도로 한다.
- 급탕 온도 높으면 급탕관경이 작고 낮으면 커진다.
- 비 및 시공상 급탕온도가 낮은 것이 유리하다.

## 2 급탕관 열손실

$$\Delta Q = \frac{2\pi\ell(t_2 - t_1)}{(\ell_n \frac{r_1}{r_2}) \times \frac{1}{K} + \frac{1}{\ell \cdot r_2}}$$

- $\Delta Q$ : 열손실 (kcal/h)
- $\ell$ : 관의길이 (m)
- $t_1$ : 관내 탕의 온도 (℃)
- $t_2$ : 외기온도(20℃) (℃)
- $r_1$ : 관 내경의 1/2 (m)
- $r_2$ : r1 + 보온피복두께 (m)
- k : 글라스울의 열전도율 (=0.03kcal/m·h·℃)
- $\ell$ : 외기의 열전달율 (=10kcal/㎡·h·c)

## 3 급탕의 혼합

$$\frac{g}{Q+g}=\frac{T_m-t_C}{t_h-t_c}$$

- Q : 물의 중량 [kg]
- g : 열탕의 무게 [kg]
- Q + g : 혼합탕의 무게 [kg]
- $t_c$ : 물의온도 [℃]
- $t_h$ : 열탕의 온도 [℃]
- $T_m$ : 혼합탕의 온도 [℃]

## 4 온도가 다른 급탕배관(가열기)

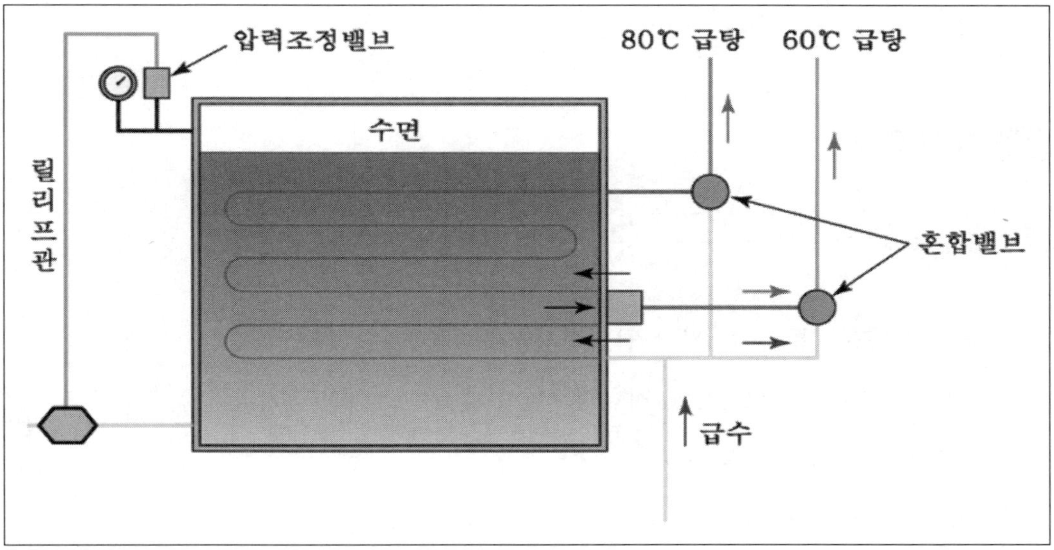

## 5 온도가 다른 급탕배관(부스터식)

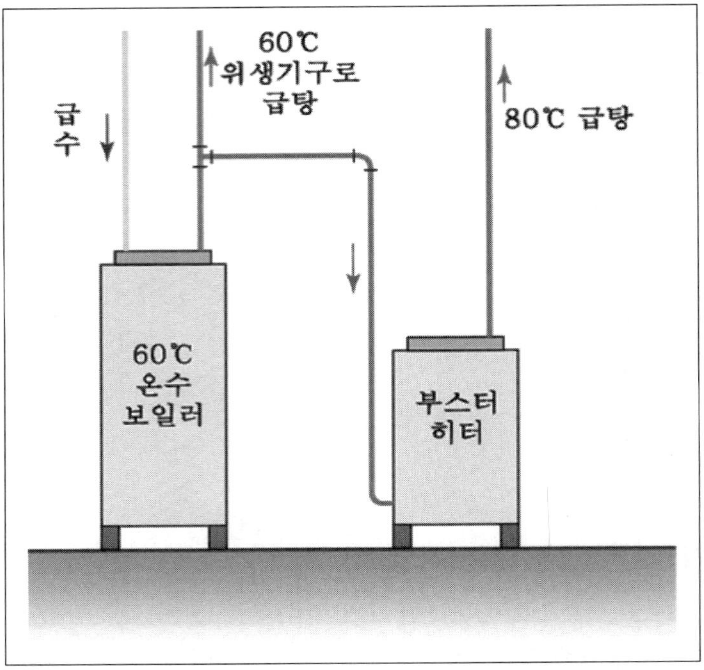


## 6 저탕용량

$$Q = Q_s + Q_\chi = R + \frac{0.7S}{d} + \frac{0.7s}{d}$$

- Q : 피크동안 단위시간당 급탕량(ℓ/h)
- $Q_S$ : 피크의 단위시간당 저장탱크에서 공급된 급탕량(ℓ/h)
- $Q_X$ : 가열기 급탕량(ℓ/h)
- R : 단위 시간내 필요온도까지 가열할 부하량(ℓ/h)
- S : 저장 탱크의 전용량(ℓ)
- s : 가열기 전용량(ℓ)
- d : 피크 사용이 계속된 시간(h)

## 7 연료의 소비량

$$Q = \frac{W(t_h - t_c)}{H \cdot E}$$

- Q : 열원의 1시간당 소비량 (kg/h)
- W : 급탕량 (kg/h)
- $t_h$ : 급탕온도 (℃)
- $t_c$ : 급수온도 (℃)
- $W(t_h - t_c)$ : 가열능력 (kcal/h)
- H : 열원의 발열량 (kcal/kg)
- E : 가열기의 효율 (kg/h)

E
- 중유 : 10,000 Kcal/h 50~70%
- 경유 : 10,000 Kcal/h 50~70%
- 프로판가스 : 12,000 Kcal/h 55~65%

## 8 급탕 장치의 능력

$$A = \frac{Q}{C} = \frac{W(t_h - t_c)}{C \cdot H \cdot E}$$

- A : 보일러의 전열 면적(화상면적) [$m^2$]
- Q = 열원의 소비량 [kg/h]
- C : 단위면적당 연소율 [$kg/m^2 \cdot h$]
- W = 급탕량 [kg/h]
- $t_h$ : 온수의 온도 [℃]
- $t_c$ = 냉수의 온도 [℃]
- H : 열원의 발열량 [kcal/kg]
- E = 가열장치효율

## 9 중력 순환식 주관의 급탕 관경

| 최대급탕량(ℓ /h) | 급탕 주관의 관경(㎜) |
|---|---|
| 1,900 | 50 |
| 2,850 | 65 |
| 3,800 | 65 |
| 4,750 | 80 |
| 5,700 | 80 |
| 6,650 | 90 |
| 7,600 | 90 |

## 10 강제 순환식 주관의 급탕 관경

### (1) 순환탕량

1시간 동시 사용탕량의 2~2.5배

- 각 기구 사용탕량 : 1/2
- 환탕 되는 탕량 : 1/2

### (2) 계산 공식

$$\frac{\pi}{4}d^2 = \frac{Q}{V}$$

- d : 주관의 관경 (m)
- Q : 1시간당 순환탕량 ($m^3/h$)
- V : 0.7 1m/sec = 2520 ~ 3600m/h

## 11 순환펌프 양정

$$H = 0.01(L + \frac{\ell}{2})$$

- H : 순환펌프의 양정 (m)
- L : 급탕 주관의 길이 (m)
- $\ell$ : 환탕 주관의 길이 (m)

| 급탕관경 | 환탕관경 |
|---|---|
| 20~25 | 20 |
| 32 | 20 |
| 40 | 25 |
| 50 | 32 |
| 65~80 | 40 |

## 12 저장탱크 용량

### (1) 개방식

$$\triangle V = (\frac{1}{r_2} - \frac{1}{r_1})V$$

- $\triangle V$ : 팽창량 ($\ell$)
- $r_1$ : 가열전 물의 비중 (kg/$\ell$)
- $r_2$ : 가열후 물의 비중 (kg/$\ell$)
- V : 계통의 전수량 ($\ell$)
- $P_1$ : 대기압력 (kg/cm$^2$)

### (2) 밀폐식

$$E{\cdot}T = \frac{\triangle V}{\dfrac{P_1}{P_1 + 0.1H} - \dfrac{P_1}{P_2}}$$

- $P_2$ : 최대허용압력 (kg/cm$^2$)
- H : 팽창탱크에서 최고 높이 기구까지의 거리 (m)
- E·T : 팽창탱크용량 ($\ell$)

## 13 팽창관의 입상 높이

$$H = h\left(\frac{\rho}{\rho'} - 1\right)$$

- H : 탱크 최고 수면에서 수직 높이 (m)
- h : 탱크의 정수두 (m)
- $\rho$ : 물의 밀도 (kg/ℓ)
- $\rho'$ : 탕의 밀도 (kg/ℓ)

## 14 온도별 팽창관 입상 높이

| | t1=물의 온도 | 5℃(m) | 10℃(m) | 15℃(m) | 20℃(m) |
|---|---|---|---|---|---|
| H | 2(탕의 온도)=60℃ | 0.58 | 0.501 | 0.483 | 0.445 |
| | t2(탕의 온도)=70℃ | 0.676 | 0.668 | 0.651 | 0.623 |
| | t2(탕의 온도)=80℃ | 0.875 | 0.858 | 0.839 | 0.810 |
| | t2(탕의 온도)=90℃ | 1.07 | 1.072 | 1.038 | 1.015 |
| | t2(탕의 온도)=100℃ | 1.298 | 1.288 | 1.267 | 1.240 |

※ 정수두를 30 m로 할 때

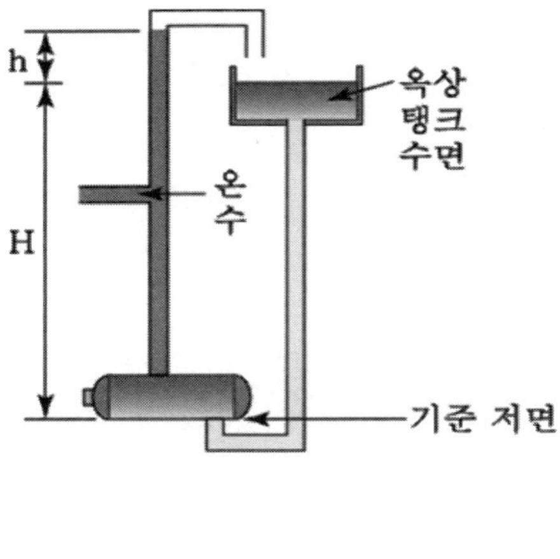

# 05 급탕 배관 방법

## 1 급탕 배관법

### (1) 배관 방식

- 단관식 : 1개의 관으로 온수를 급탕 전에 공급 (소규모 건물)
- 순환식(복관식) : 급탕관과 순환관을 설치하여 공급 (대규모 건물)

### (2) 공급 방식

- 상향 공급식 : 저탕조에서 상부의 각 기구로 공급
- 하향 공급식 : 급탕을 위로 올려 위에서 아래의 각 기구로 공급
- 상 · 하 혼합 공급식

### (3) 순환 방식

- 중력식 : 온도차에 따른 밀도차에 의해 자연순환
- 강제식 : 순환 펌프를 설치하여 강제 순환

## 2 상향 공급 방식

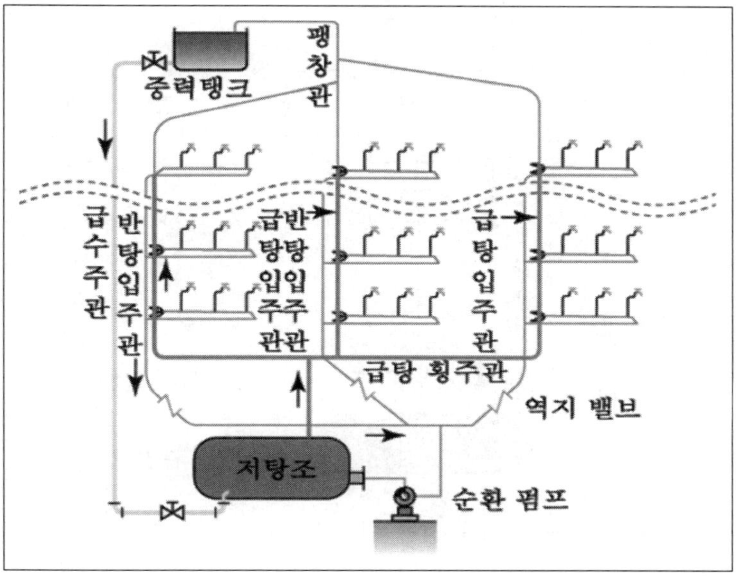

## 3 하향 공급 방식

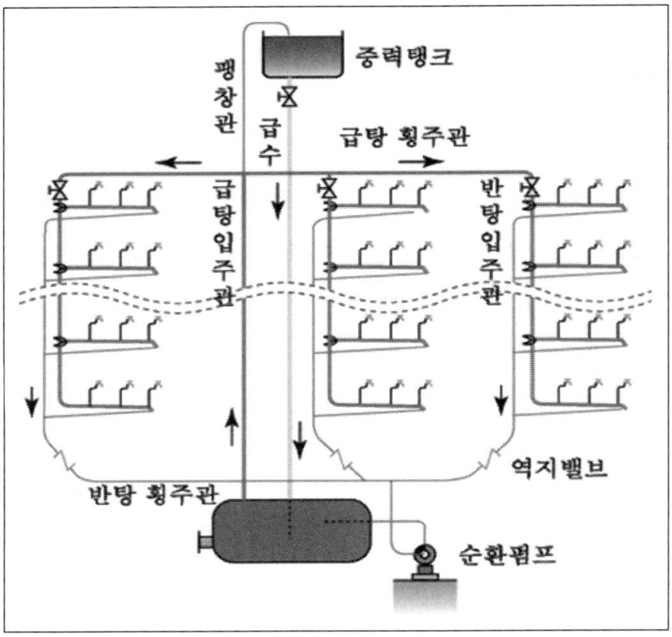


## 4 상 · 하향 공급 방식

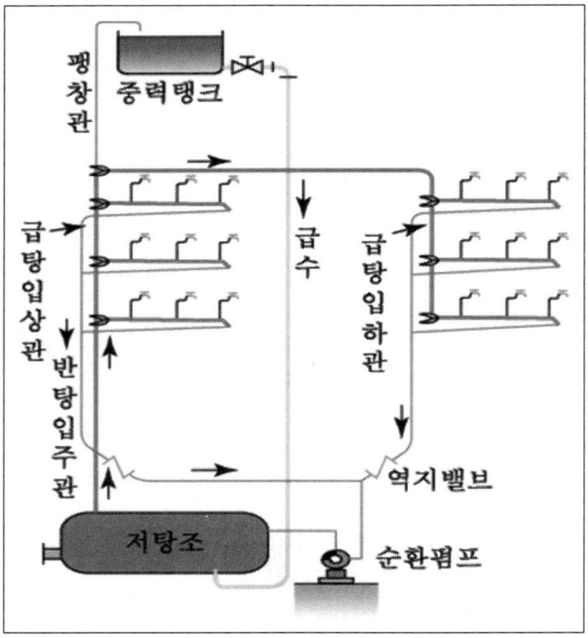

## 5 급탕 관경 결정

### (1) 급탕 관경은 최소 20A 이상 선정

| 급탕관경 | 급수관경 | 반탕(환탕)관경 |
|---|---|---|
| 25 | 20 | 20 |
| 32 | 25 | 20 |
| 40 | 32 | 25 |
| 50 | 40 | 32 |
| 65 | 50 | 40 |
| 80 | 65 | 40 |

### (2) 단관식 급탕 관경

급수관의 결정방법과 같으나 1단계 크게 선정

### (3) 순환식 상향급탕 관경

- 입상주관 : 급수관의 결정방법과 동일
- 팽창관 : 입상 주관과 동일
- 각층분기 횡주관 : 관경 균등표에 의하며 1단계 크게 선정

## 6 배관 구배와 신축량

### (1) 배관구배

- 상향공급방식 : 급탕관(선상향구배), 환탕관(선하향구배)
- 하향공급방식 : 급탕관, 환탕관 모두 선하향 구배
- 중력 순환식 1/150, 강제순환식 1/200

### (2) 관의 신축량

$\Delta \ell = 1{,}000\mathrm{L} \cdot \alpha \cdot \Delta \mathrm{t}$

- $\Delta \ell$ : 관의 신축량 (mm)
- L : 온도 변화 전의 관 길이 (mm)
- $\alpha$ : 관의 선팽창 계수
- $\Delta \mathrm{t}$ : 온도 변화 (℃)

## 7 관의 선팽창량

| 관종류 | | 강관 | 동관 | 황동관 |
|---|---|---|---|---|
| 선팽창계수 | | $0.1098 \times 10^{-4}$ | $0.1710 \times 10^{-4}$ | $0.1872 \times 10^{-4}$ |
| 온 도 | 0℃ | 0 | 0 | 0 |
| | 20℃ | 22.0 | 68.4 | 37.4 |
| | 40℃ | 43.9 | 84.2 | 74.9 |
| | 60℃ | 65.9 | 102.6 | 112.3 |
| | 80℃ | 87.8 | 136.8 | 149.3 |
| | 100℃ | 109.8 | 171.0 | 187.2 |

## 8 신축이음 종류

(a)스위블 이음 (b)각종 신축 곡관

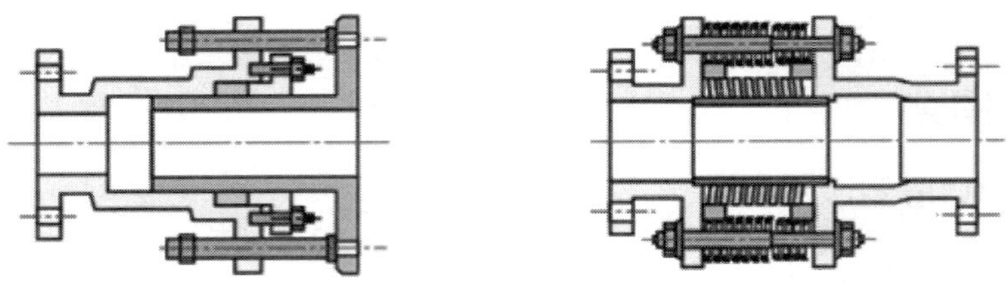

(c)슬리브형 (d)벨로스형

# 06 태양열 급탕 및 시스템

## 1 태양열 온수 장치

### (1) 개요

1분간 1 $cm^2$당 1.96 cal씩 복사되는 태양열을 흡수하는 장치

### (2) 온수장치의 구성

- 수열관(집열관) : 태양열을 흡수하기 위한 검은색 관
- 수열함(집열함) : 수열관을 여러 개 수용하기 위한 함
- 보온재 : 흡수한 열의 손실을 막기 위한 피복재
- 유리판 : 수열함 표면을 덮는 재료
- 자동급수장치
- 물의 공급 구멍
- 온수 공급 구멍

## 2 태양열 급수 장치

### (1) 로트식

- 수열관의 바닥에서 온수를 집수 (수열관내 온수전량 사용)
- 목욕탕 등 많은 양의 온수를 사용하는 곳에 적합

### (2) 오버플로우식

- 급수로 인한 수열관 상부에서 온수를 집수
- 단수나 수압 저하 시 사용 불가
- 취사용 등 적은 양의 온수를 사용하는 곳에 적합

### (3) 온수장치 설치

- 설치방향 : 남쪽으로 35° 경사지게 설치
- 배수장치 : 겨울철 동파 방지를 위해 설치

## 3 태양열 급수 장치 시공

### (1) 지붕을 겸한 집열기 시공방법

- 급탕에 필요한 집열 면적을 산정
- 건축물의 형태를 고려하여 1장의 집열기로 시공
- 집열기 헤드는 역회수 배관 구배를 주어 시공
- 집열 순환 펌프가 작동하지 않을 때는 물이 자연 배수되게 시공
  - 동파방지 및 열효율 극대화
  - 시스템의 안정성 부여
- 설치대 경사각 : 35° 이상으로 시공
- 집열기 내부 : 비철금속 사용으로 부식의 최소화

## 4 기계실 배관

### (1) 배관재료

동관 또는 PPC 파이프 사용

### (2) 축열조

자체 하중과 압력 및 온도에 견딜 수 있게 제작

### (3) 축열조의 단열

두께 50 mm 이상으로 하고 방수 처리

### (4) 순환펌프

용량에 맞게 설치

### (5) 보온

두께 50 mm 이상 폴리에틸렌 폼으로 시공

### (6) 보조열원

겨울 또는 우천 시를 대비하여 심야 전기 및 기존 보일러와 연계 시공

## 5 태양열 시스템

### (1) 구성

집열부, 축열부, 이용부

### (2) 열전달 방법

- 설비형 시스템 : 강제 순환 방식
  (펌프 또는 송풍기를 사용하여 열전달)
- 자연형 시스템 : 자연 순환 방식
  (자연현상인 전도, 대류, 복사에 의해 열전달)
- 혼합형 시스템 : 주로 자연 순환 방식을 채택하나 일부를 강제 순환 방식 채택

## 6 평판식 집열기

### (1) 집열부

- 태양열을 집열판에서 흡수
- 재질 : 동, 알루미늄, 철, 플라스틱
- 종류 : 평판식, 진공 슬라이드식
- 열전달 유체 : 에틸렌 글리롤

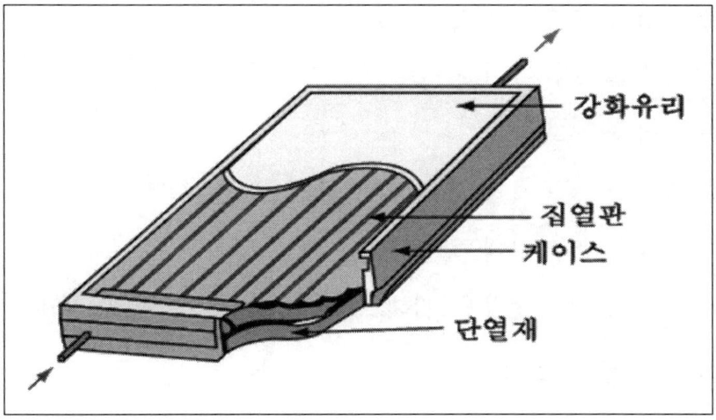

## 7 축열장치

### (1) 축열부

흡수된 열을 저장

### (2) 축열매체

물, 화학물질, 자갈

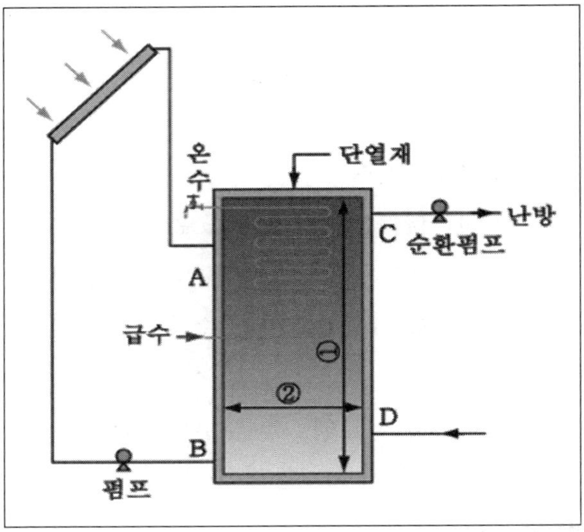


## 8 설비형 시스템

### (1) 설비형 시스템

1) 집열 된 열을 축열 탱크까지 전달

열전달 매체(에틸렌글리콜)

- 열교환기와 순환펌프를 사용

2) 축열탱크에서 온수 상태로 저장

- 탱크용량 : 일사량 없이 1~3일 동안 사용 가능한 용량

3) 축열 된 열량 사용

- 여름 : 흡수식 냉동기 작동하여 냉방
- 겨울 : 실내난방 코일에 공급하여 난방
- 보조 가열기는 냉·난방을 위해 필수

4) 설비형 시스템의 효율

- 냉·난방 온수 시스템 : 40%
- 난방 및 온수 시스템 : 25%

5) 문제점

부식, 도관시스템, 제어장치, 집열기 받침구조

### (2) 설비형 시스템의 계통도

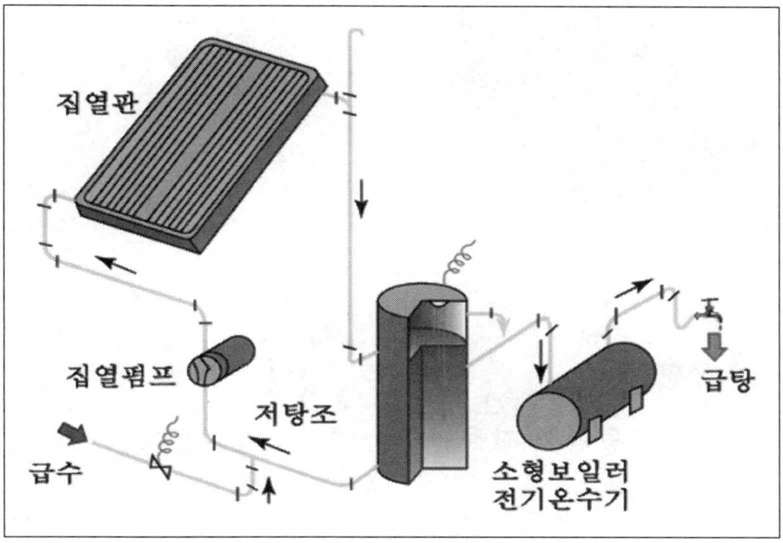


## 9 자연형 시스템

### (1) 자연형 시스템

1) 열전달 방법

전도, 대류, 복사

2) 장점

- 자연 순환으로 경제성이 높다.
- 고장이 적으며 관리하기 쉽다.

3) 집열방법

- 직접 획득형 : 직사광선에 의한 직접 난방 시스템 (벽, 바닥)
- 간접 획득형 : 축열벽에 의한 간접 난방 시스템 (메리슨리벽, 물벽)
- 분리 획득형 : 축열이 난방 공간과 분리된 난방시스템
  자연 대류식 난방 시스템

(2) **자연형 시스템의 계통도**

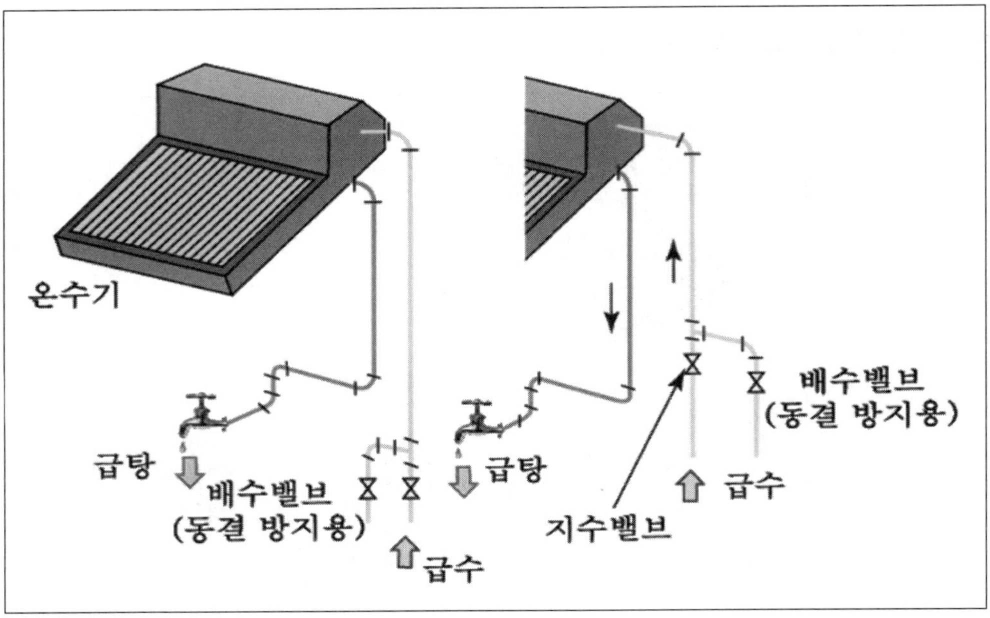


## 10 설비형 및 자연형 비교

| 구분 | 설비형 | 자연형 |
|---|---|---|
| 집열부 | 집열판 | 건축구조체의 열용량 |
| 열의 전달 | 기계순환 | 자연순환(전도, 대류, 복사) |
| 구성 | • 집열판 • 온수저장탱크(간헐성)<br>• 보조열원(희박성) • 순환장치<br>• 제어장치 | • 집열부 • 축열부<br>• 이용부 |
| 종류 | • 액체식(집열매체)<br>• 공기식 | • 직접 획득 방식 • 축열벽 방식<br>• 부착온실 방식 • 축열지붕 방식<br>• 자연대류 방식 • 조합방식<br>• 이중외피 방식 |
| 특징 | • 초기 시설비가 비싸다<br>• 온수 사용시 동파대책<br>• 보조열원 필요 • 집열기<br>• 연료비 절감 | • 설치비 경제적 • 작동 간편, 관리용이<br>• 수명 반영구적 • 높은 신뢰도<br>• 쾌적환경 유지 • 기존 건축물 개수용이<br>• 건축과 조화 |

# 제 3 장 위생기구

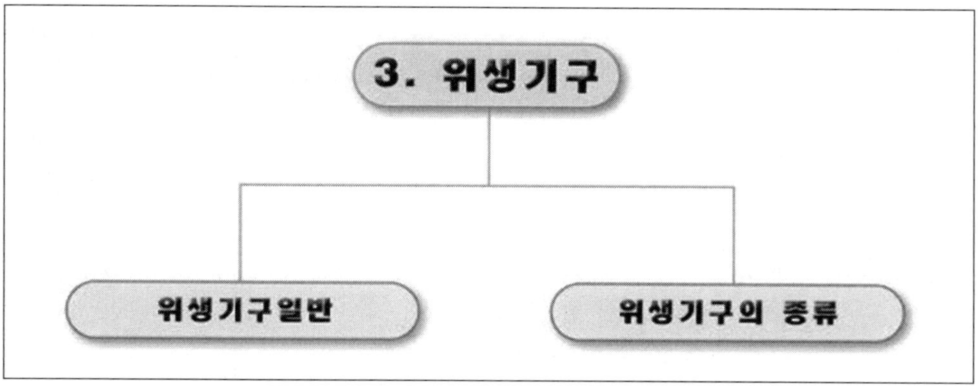


## 01 위생기구 일반

### 1 위생기구의 재료 및 조건

**(1) 위생기구의 재료**

도기, 스테인리스강, 동, 동합금, 유리, 인조석 등

**(2) 위생기구 재료의 구비 조건**

- 흡수성이 적을 것
- 표면이 매끄러워 청결 유지될 것
- 내마모성, 내식성, 내구성이 있을 것
- 인체에 유해성분이 나오지 않을 것

- 탈색되지 않을 것
- 온도에 따른 변화가 없을 것
- 가격이 저렴할 것
- 재료를 구하기 쉬울 것
- 제조하기 쉬울 것

## 2 위생기구의 재료의 특징

| 재질 | 특징 | 용도 |
|---|---|---|
| 도기질 | 점토를 주원료로 유리질 유약을 발라소성<br>내식, 내구, 내약품성이 우수<br>탄성, 열팽창계수 작고 충격에 약함 | 대변기, 소변기<br>시면, 수세기<br>세정용 탱크 등 |
| 법랑철기제 | 강판에 유리질 유약을 발라소성<br>경량이며 마감이 평활하고 위생적<br>법랑이 떨어질 우려 있음 | 세면기<br>욕조<br>싱크류 |
| 스테인리스제 | 압형이나 용접에 의하여 가동<br>경량이며 가공성과 내식성 좋음 | 싱크<br>욕조 |
| FRP제 | 감촉이 좋으며 보온성 풍부<br>알칼리에 강하고 열에 약함 | 욕조, 세정용<br>싱크<br>오물정화조 |

## 3 위생도기

### (1) 용화 소지질 도기

- 충분한 열처리로 표면이 유기질로 융화
- 흡수율, 균열 등이 적으며 위생도기에 많이 사용

### (2) 화장 소지질 도기

- 내화점토가 주원료
- 표면에 용화소지질 층 형성
- 욕조등 대형기구 제작에 사용

### (3) 경질 도기질 도기

- 흡수율이 크고 질이 약하나 일반 위생기구에 사용

## 4 위생도기 표시기호

| 소지질 | 기호 | 기구 | 기호 |
|---|---|---|---|
| | | 소변기 | U |
| 용화소지질 | V | 대변기 | C |
| | | 세면기 | L |
| 화장소지질 | A | 부엌싱크(요리장) | K |
| | | 일반싱크(소제용) | S |
| 경질도기질 | E | 욕조 | B |
| | | 세척용탱크 | T |

## 5 위생도기의 특성

### (1) 위생도기의 질별 성능 시험

| 질별 종류 | 잉크 시험 | 급냉 시험 | 균열시험용화 |
|---|---|---|---|
| 용화 소지질 | 침투도 3㎜ 이하 | 금이 없이 합격 | 오토클레이브 10기압 합격 |
| 경질 도기질 | 침투도 15㎜ 이하 | 금이 없이 합격 | 오토클레이브 5기압 합격 |

### (2) 도기와 연강 황동의 물리적 성질

| 구 분 | 도 기 | 연 강 | 황동(Cu70%) | 비 고 |
|---|---|---|---|---|
| 인장강도(kg/㎟) | 1.2~2.4 | 48~58 | 33~53 | 도기는 응력에 약하다 |
| 탄성계수(kg/㎟) | 2,500~2,600 | 21,000 | 11,000 | 금속과 도기는 탄성이 다르다 |
| 열팽창계수 (×10−6/℃) | 5.2~7.8 | 11.16~11.28 | 19 | 금속은 신축이 크다 |

## 6 시험방법 및 기능시험

### (1) 잉크 시험

- 건조된 시편을 농도 1%의 아닐린 염료에 1시간 담근다.
- 잘라 잉크의 소지침투도 측정
- 침투도는 표면에서 최대 침투거리

### (2) 급냉 시험

- 넓이 100 $cm^2$ 두께 15 mm 이하의 시편 제작
- 가마 내에서 1시간 유지 수중에서 급냉(온도차 110 deg 이상)
- 적색잉크에 담가 소지 및 유약의 균열을 검사

### (3) 균열 시험

- 넓이 100 $cm^2$, 두께 15 mm 이하의 시편제작
- 시편을 오토클레이브에 넣어 10기압에서 1시간 유지
- 증기 배출하고 상온에서 1시간 방치
- 시편을 적색 잉크에 담가 균열을 검사

### (4) 기능 시험

세척시험, 배수로 시험, 누수 시험, 누기 시험 등

# 02 위생기구의 종류

## 1 벽걸이형 소변기

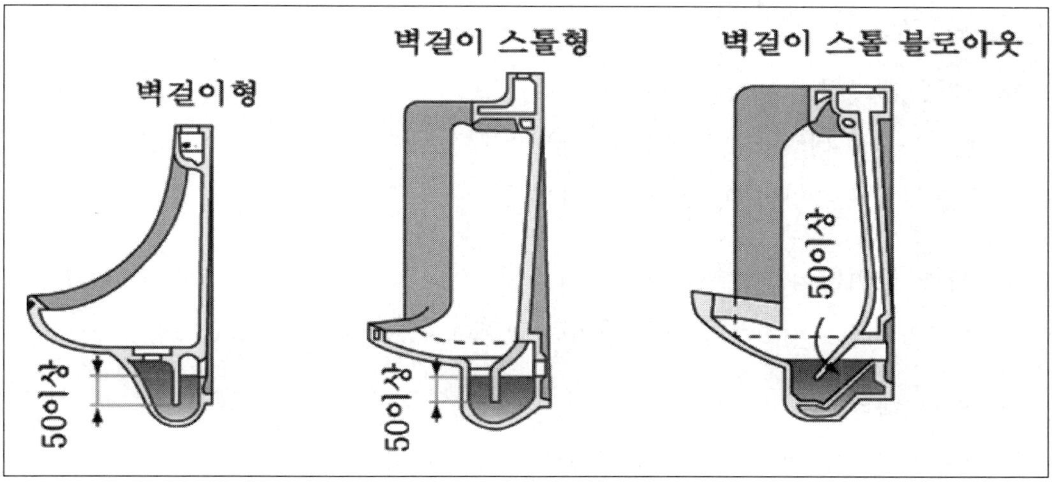


## 2 자립형 소변기

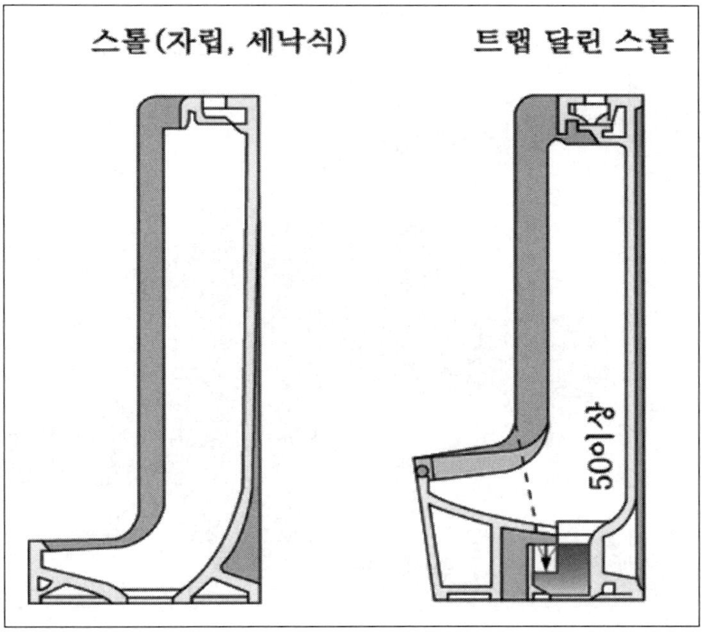

## 3 소변기 세정 방법

### (1) 세정 수전식

- 핸들로 세정수의 양을 조절
- 세정의 확실성이 적다

### (2) 세정 밸브식

- 버튼으로 일정량의 세정수를 공급
- 동작요구 수압이 0.7 kg/cm$^2$ 이상

### (3) 자동 사이펀식

- 하이탱크를 설치하여 자동 사이펀 장치에 의해 세정수를 공급

### (4) 전자 밸브식

- 전자센서에 의해 사람을 감지하고 일정시간 세정수를 공급
- 위생적이고 편리하여 근래 많이 사용

## 4 세정밸브(F.V)의 구조

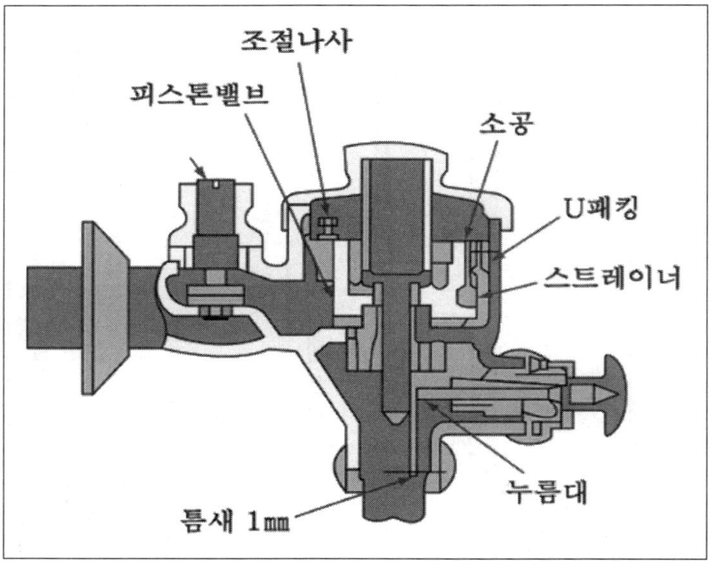

## 5 벽걸이 소변기 시공

### (1) 연관의 경우

- 플랜지를 거치할 앵커볼트 설치
- 플랜지를 앵커볼트에 거치하여 벽면에 고정
- 연관의 끝을 넓혀 플랜지에 납땜
- 배수구 주변에 패킹을 끼우고 고정볼트로 고정

### (2) 강관 또는 염화 비닐관의 경우

- 배수관 끝이 타일면과 평행하게 플랜지에 배관
- 고정볼트가 설치된 플랜지를 타일면에 닿게 고정
- 고정볼트로 도기를 고정

## 6 벽걸이 소변기 시공 단면

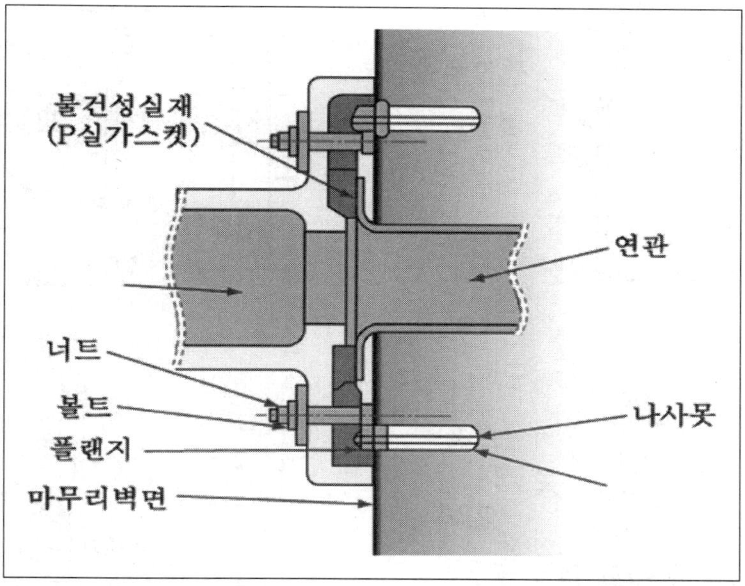

## 7 자립형 소변기 시공

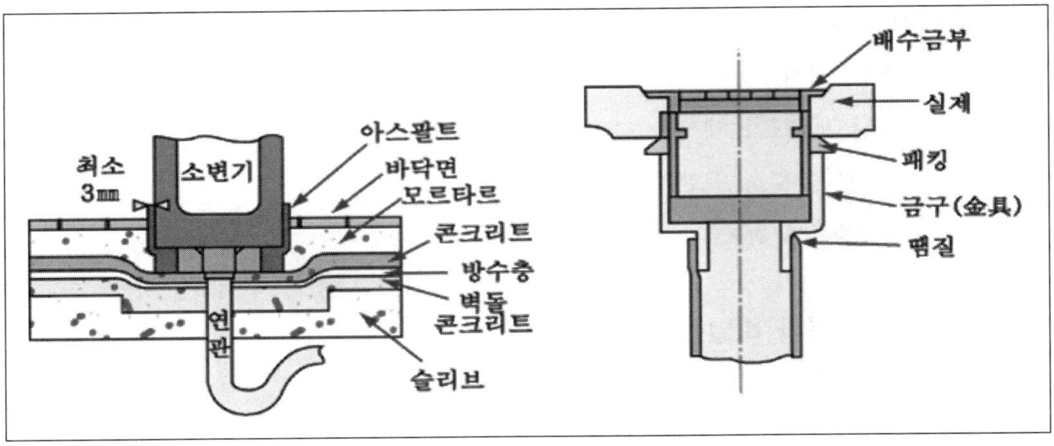


## 8 소변기 세정 배관

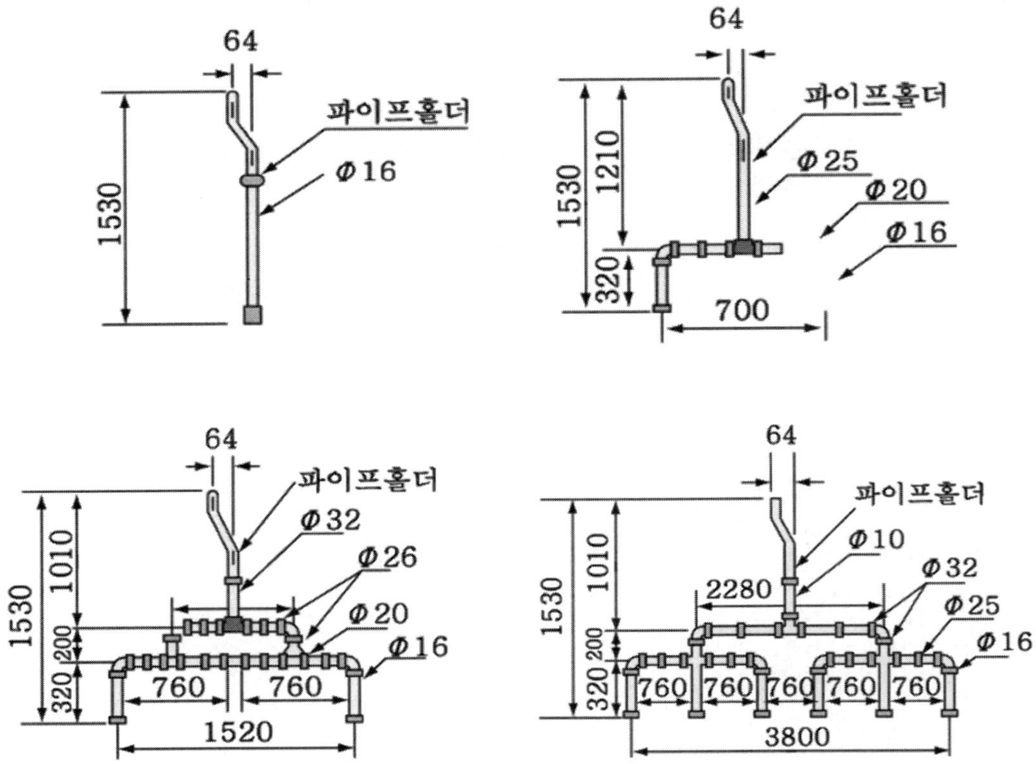

## 9 대변기

### (1) 모양에 따른 분류

동양식, 서양식

### (2) 기능에 따른 분류

세출식, 세낙식, 사이펀식, 사이펀 제트식, 블로 아웃식

### (3) 세정 급수 방법에 따른 분류

세정밸브식, 기압탱크식, 세정탱크식 (하이탱크식, 로우탱크식)

## 10 세출식(Wash out type)

(1) 변기 바닥에 오물을 받아 수세할 때 제거하는 형식

(2) 오물의 노출로 냄새 발산이 많은 형식

(3) 동양식 대변기에만 이용

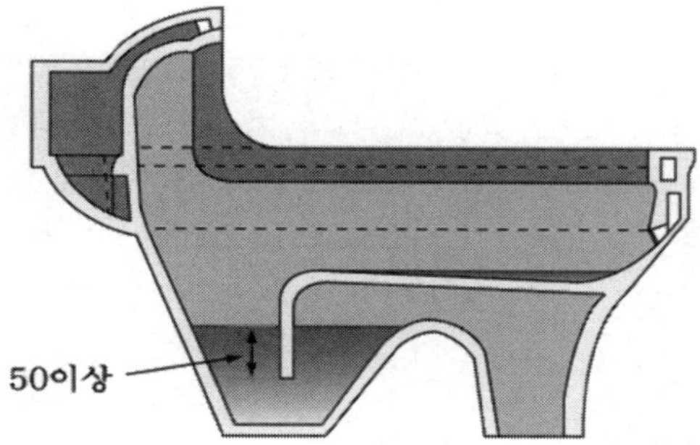


## 11 세낙식(Wash down type)

(1) 오물의 물속으로 투입되어 냄새 발산이 적음

(2) 물세척 시 수면이 높아져 물의 높이차로 오물 배출

(3) 유수면적에 제한을 받아 건조면이 넓은 대변기

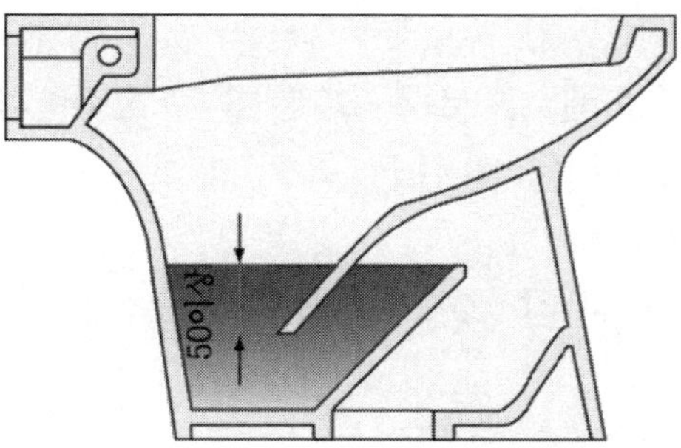

## 12 사이펀식(Syphon type)

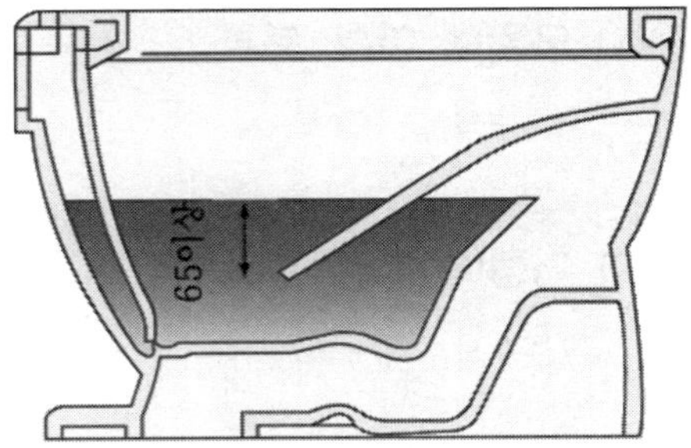


(1) 사이펀작용으로 오물 배출

(2) 수면을 넓게 할 수 없음

(3) 봉수 깊이 : 65 mm 이상

(4) 배수통로 : 38 mm 이상

(5) 서양식만 있음

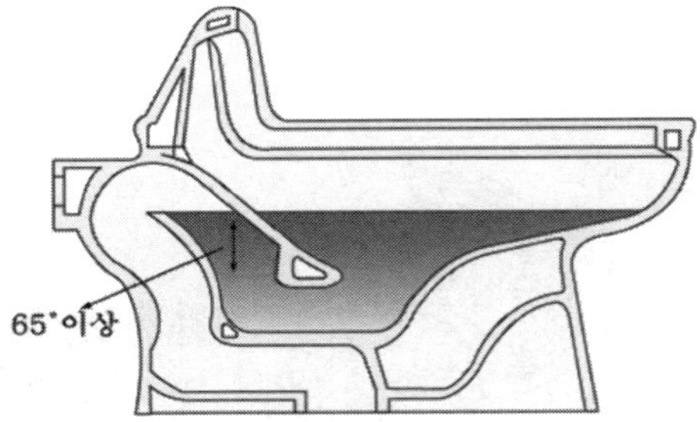


동양식

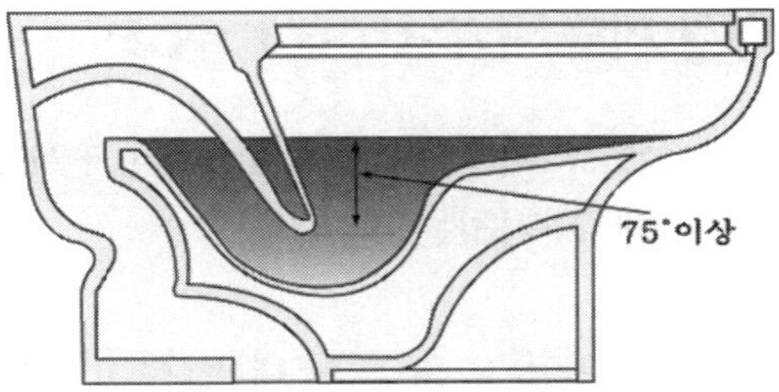


서양식

## 13 블로 아웃식(Blow out type)

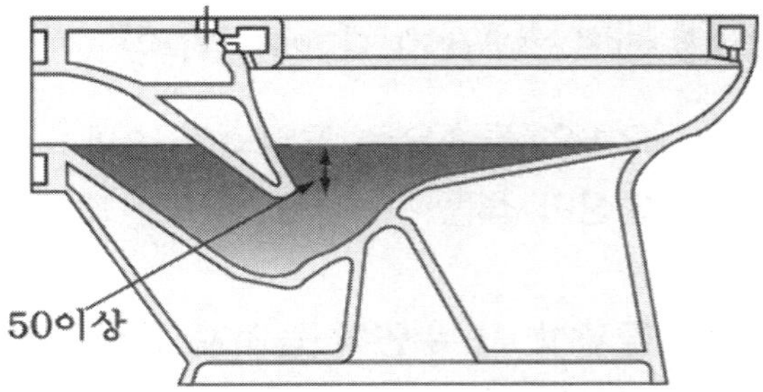


(1) 트랩내 작은 구멍으로 강력하게 물을 분사

(2) 배수통로를 크게 할 수 있어 막힘을 방지

(3) 수압 : 0.7 $kg/cm^2$ 필요

(4) 배수 소음이 큼

## 14 하이탱크식

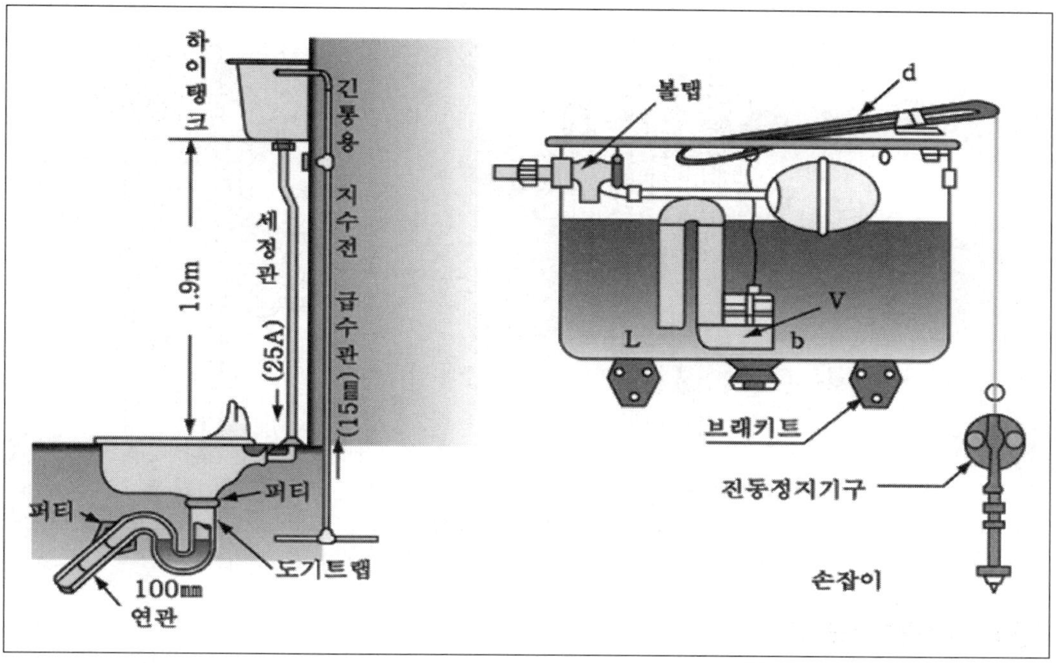


## 15 로우탱크식

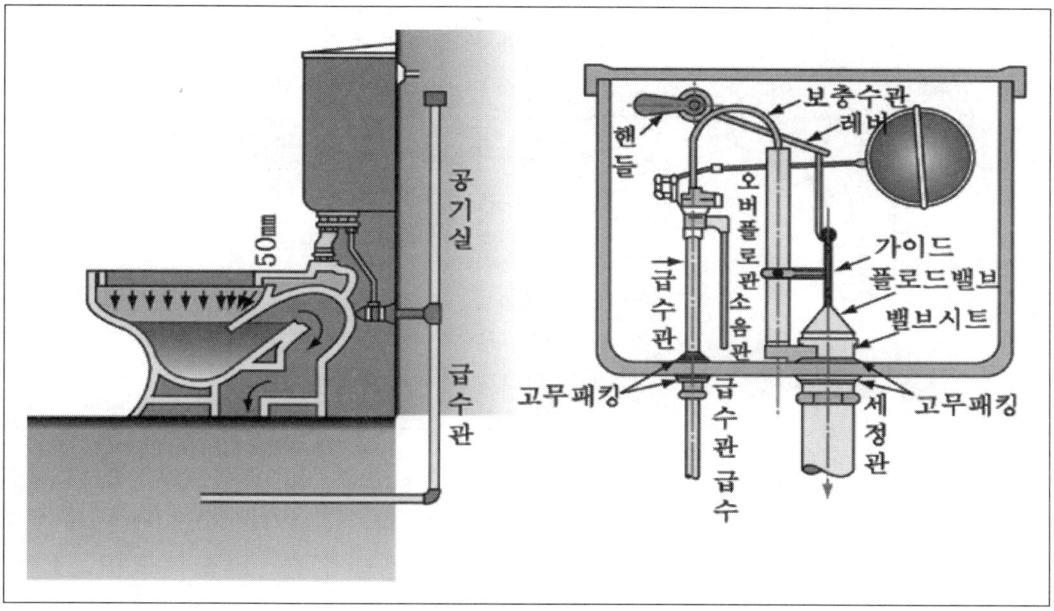

## 16 세정밸브식(Flush valve type)

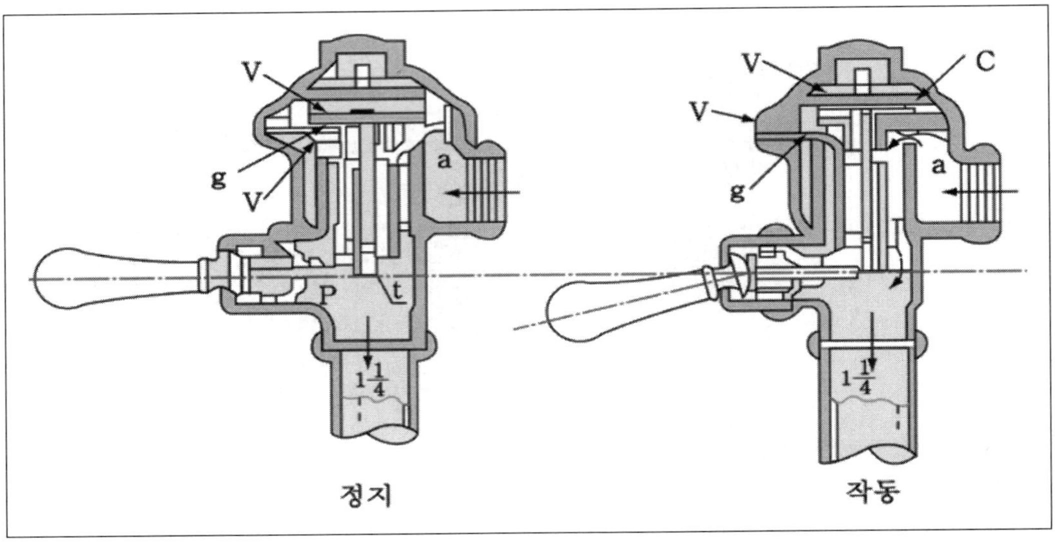


## 17 시스턴밸브식

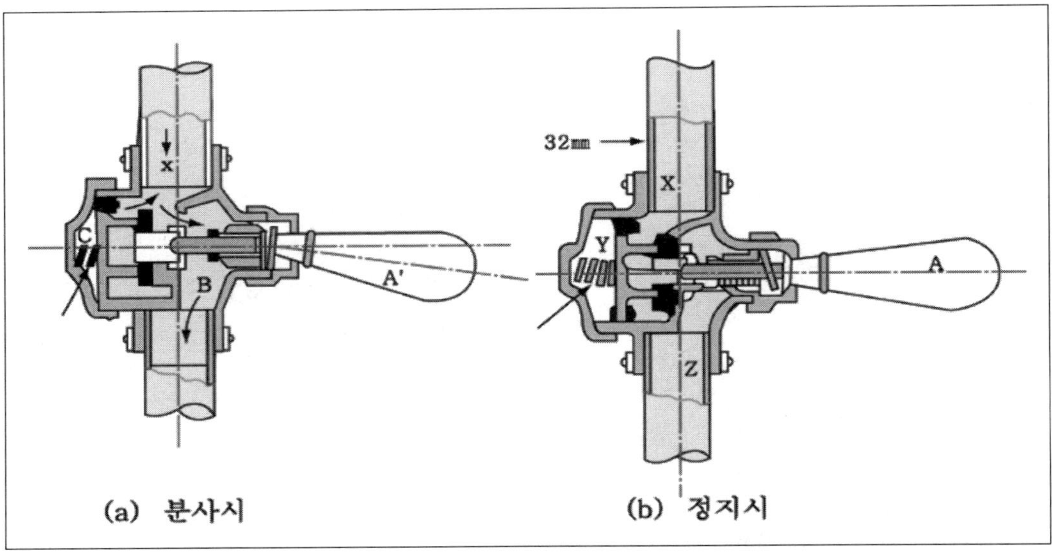

## 18 기압탱크식

(1) **기압탱크의 급수관경**

15A

(2) **세정수 토출장치**

플래쉬 밸브

(3) **세정방법**

저수된 세정수를 플래쉬 밸브로 짧은 시간에 높은 압력으로 분출

(4) **수격작용**

압력탱크에 의해 흡수

(5) **설치 면적이 넓고 불편하여 최근에는 거의 사용하지 않음**

# 03 세면기 시공

(1) **백행거 이용**

- 'A' 부분을 고정시켜 세면기를 걸고
- 'B' 부분을 눌러 조절하여 고정

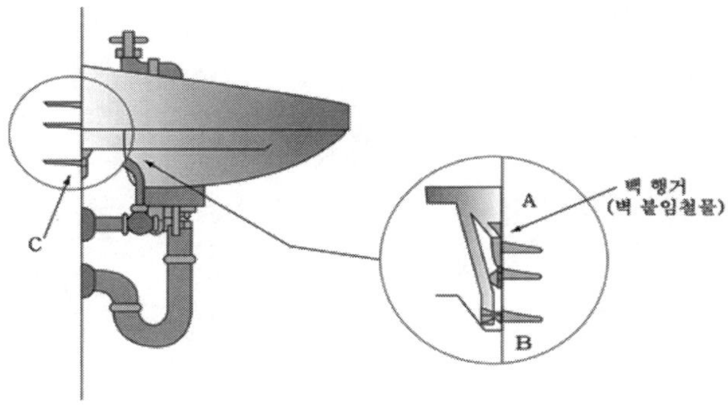


(2) **앵커볼트 이용**

- 콘크리트 드릴로 벽에 구멍을 뚫음
- 구멍에 앵커볼트를 넣고 고정하여 세면기 설치
- 정확한 드릴작업이 중요

## 04 기타 위생기구

### (1) 욕조

- 재질상 분류 : 인조석, FRP, 대리석, 철제법랑, 철제
- 욕조의 물이 식지 않게 보온재를 사용하여 시공
- 열손실을 고려하여 위치 선정
- 욕조 물 넘침을 고려하여 오버플로우관 부착

### (2) 싱크

- 부엌 요리용 : 스테인리스제 사용
  - 내식, 내산성 있고 대량 생산 가능
  - 수명이 반영구적임
- 청소용 및 오물용 : FRP제, 도기제, 철제법랑, 스테인리스제

### (3) 음수기

자립형, 벽 붙임형 (도기 제품)

### (4) 비데

고급주택 및 호텔 등에 보급

# 부록

# 부 1 록 공구 종류와 용도

| 공구 종류 | 명 칭 | 현장 용어/규격 | 사용 용도 |
|---|---|---|---|
|  | 볼 렌치 Set<br>(Super Ball Wrenches) | 육각.별<br>렌치 Set<br>볼 L렌치 Set | • 소켓 볼트 체결용<br>– Bolt의 머리 단면에 육각 홈이 나 있는 볼트 체결 시 사용한다. |
| 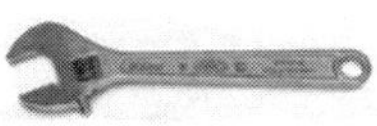 | 몽키 스패너<br>(Adjustable Angle Wrenches) | 조정렌치, 몽키<br>예) 입 크기<br>× 전체길이 | • 육각 4각 머리 Bolt, Nut 체결용<br>– 육각 머리 Bolt, Nut를 분해, 조립작업에 주로 사용하며 턱을 매 때 조절할 수 있다. |
| 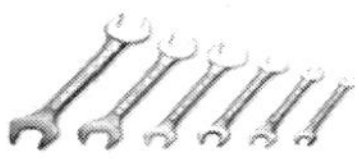 | 양구 스패너<br>(Open Ended Spanners) | 메가네<br>스패너<br>예) 7×8, 전체길이 구멍 | • 육각 4각 머리 Bolt, Nut 체결용<br>– 양쪽이 다른 Size로 되어있고 모두 Open 되어 있어 Bolt, Nut를 조립, 분해에 사용하기 편리하다. |
|  | 조합 렌치<br>(Combination Wrenches) | 콤비스패너<br>구경–전체길이 | • 육각 머리 Bolt, Nut 체결용<br>– 양쪽이 동일 Size로 한쪽은 Open 되어 있고 반대쪽은 12각 홈으로 되어 있어 용도에 따라 편리하게 사용할 수 있다. |
|  | 오프셋 렌치<br>(Offset Wrenches) | 양구 오프 렌치<br>구경–전체길이 | • 양쪽 치수가 한 단계 차이 나는 Size로 되어 있고 모두 12각으로 되어있으며 양측 끝부분이 굴곡져있어 깊은 홈 부분에 볼트나 너트 체결이 용이하다. |
|  | 기어 렌치<br>(Gear Wrench) | 스패너<br>(구경 전체 길이) | • 육각 머리 Bolt, Nut 체결용<br>– 양쪽이 동일 Size로 한쪽은 Open 되어 있고 반대쪽은 복스 Type으로 되어 있어 볼트나 너트 체결이 용이하다. |

| 공구 종류 | 명 칭 | 현장 용어/규격 | 사용 용도 |
|---|---|---|---|
| 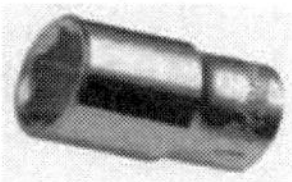 | 소켓렌치<br>(socket wrenches) | 복스(set) | • 복스다마<br>– 보올트, 너트를 분해, 조립할 때 사용한다. |
|  | T–렌치<br>(T–Type Wrenches) | T–렌치<br>(육각대각선크기) | • 소켓 볼트 체결용<br>– 체결 공간이 깊고 협소한 곳에 소켓 볼트 체결, 분해 시 사용 |
|  | 복스 렌치<br>(Box Wrenches) | 메가네 렌치set | • 나사 및 소켓 볼트 체결 시 사용되며 복스 Type으로 다양한 Size의 비트가 내장되어 있다. |
|  | 훅 스패너<br>(Hook Spanner) | – | • Bearing Nut 체결용<br>– Ball Screw 나 축의 끝단 나사 Bearing Nut 분해 조립 시 사용. |
| 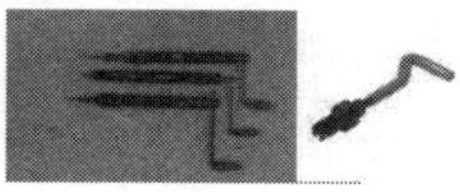 | 헬리셋트 핸들<br>인스트 코일 핸들<br>(Insert Coil Handle)<br>(Inserting Tools) | 헬리셋트 핸들 | • 모재의 재질이 연질인 알루미늄이나 주물에 인스트 코일 삽입용 핸들 |
| 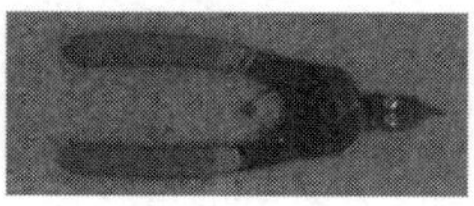 | 스냅 링 플라이어<br>(Snap Ring Pliers) | 스냅 플라이어 | • 축이나 구멍에 Snap Ring 분해, 조립용<br>– Snap Ring 삽입 및 분해 작업 시 사용하며 내경과 외경용이 있다. |
|  | 자동 복스대<br>(Attachments) | 라쳇 핸들,<br>복스대<br>(깔깔이,<br>조립소켓–길이) | • 소켓 볼트 /육각 Bolt, Nut 체결용<br>– Bolt,Nut 체결 작업에 사용하며 조절에 따라 한쪽 방향은 Lock되어 체결이 가능하고 다른 한 방향은 Free 상태로 작업이 편리 하다. |
|  | 라쳇 렌치<br>(Ratchet Wrenched) | 복스 렌치<br>(깔깔이) | • 육각 Bolt, Nut 체결용<br>– Bolt, Nut 체결 작업에 사용하며 조절에 따라 한쪽 방향은 Lock되어 체결이 가능하고 다른 한 방향은 Free 상태로 작업이 편리 하다. |

| 공구 종류 | 명 칭 | 현장 용어/규격 | 사용 용도 |
|---|---|---|---|
|  | 워터펌프플라이어<br>(Water Pump Pliers) | 조인트 플라이어 | • 수도나 가스관 등의 배관공사시 Nut 체결용으로 사용되며 집는 부분의 크기를 조절하여 사용이 가능하다. |
|  | 플라이어<br>(Slip Joint Pliers) | 플라이어<br>전체길이 | • 철선 등의 꼬임 및 굽힘 물건을 집는 작업에 사용되며 집는 범위를 크기에 따라 조절하여 사용이 가능 하다. |
|  | 락킹 플라이어<br>(Locking pliers) | 바이스 클립 | • 나사 및 너트작업, 배관작업, 환봉이나 철판 등의 고정, 회전, 절곡 등의 작업에 사용 한다. |
|  | 기어 풀러<br>(Gear ullers) | 풀리 루끼 | • 기어, 타이밍 풀리 Bearing 등의 뽑기 작업에 주로 사용한다. 고정 걸이가 2발과 3발 Type 있다. |
|  | 드라이버 셋<br>(Driver set) | 드라이버 셋 | • +, − 용 및 다양한 비트가 내장되어 있으며 나사나 너트를 조이거나 풀 때 사용 |
|  | 시계 드라이버<br>(Precision Screw Driver) | − | • +, − 용이 내장되어 있으며 소형 나사를 조이거나 풀 때 사용하는 공구 |
|  | 양용 스크루 드라이버<br>(Screw Drivers) | +, − 드라이버<br>(전체길이) | • 홈의 모양이 +, −인 체결용 부품을 조이거나 풀 때 사용하는 공구 |
|  | 드릴 Set<br>(Drills) | 드릴 / 기리<br>(굵기) | • 목재나 금속에 Hole 작업시 사용<br>− 드릴 날의 재질에 따라 강도가 차이가 있다. |
|  | 탭<br>(TAP)<br>(Ordinary Hand Taps) | 탭<br>(나사외경/피치)<br>(3개 1조로 구성) | • 드릴로서 구멍 가공을 한 후 1번탭, 2번탭, 3번탭 순으로 작업을 하며 암나사를 만들기 위한 공구이다. |

| 공구 종류 | 명 칭 | 현장 용어/규격 | 사용 용도 |
|---|---|---|---|
| 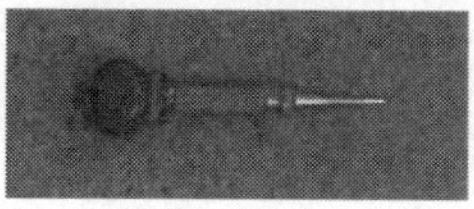 | 자동 센터 펀치 | 센터 펀치 | • 드릴 작업시 가공점의 중심을 표시 하는데 사용함. |
|  | 탭 핸들<br>(Tap Handle) | 양 손 탭 핸들 | • Tapping 작업시 사용함. |
|  | T 탭 핸들<br>(T–Tap Handle) | 한 손 탭 핸들 | • Tapping 작업시 사용하며 샤프형 복스 Type으로 작업이 용이하다. |
|  | 카운터 싱크<br>(Counter sink) | 싱크 면취기 | • 가공품이나 부품에 드릴 작업 후 입구를 다듬질 하는 공구 접시 머리 볼트 자리를 가공 할 때도 사용 |
| 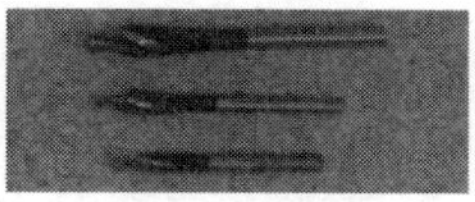 | 카운터 보어<br>(Counter bore) | 둥근 자리 파기 | • 조립 부품에 볼트 자리 파기용 공구로 볼트 Size별로 공구도 규격화 되어 있다. |
| 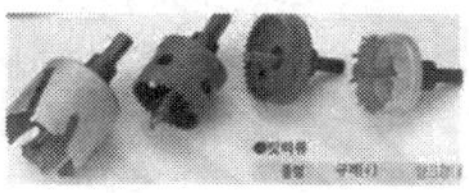 | 홀 쏘<br>( Hole CAW) | 홀 컷 | • Cover나 제어반 등 얇은 철판에 각종 스위치나 램프 부착용 Hole 작업시 사용하는 공구 |
|  | 나사 추출기<br>(Screw Exerted Tory) | 백 탭 | • 볼트 머리부분 파손시 해제 공구<br>– 볼트 파손부분에 드릴로 Hole을 가공하여 추출기를 삽입하고 시계 반대 방향으로 회전시켜 볼트를 추출함. |
|  | 충전 드릴<br>(Cordless Drill) | 충전 드릴<br>(끼울 수 있는 최대직경) | • 공작물에 Hole이나 Tapping 작업시 사용하는 공구로 정, 역회전이 가능하며 충전식으로 어느 곳에서나 작업이 가능하다. |
|  | 전기 드릴<br>(Electric Drill) | 전기 드릴<br>(끼울 수 있는 절상공구 최대직경) | • 공작물, 부품에 Hole 작업시 사용 |
| 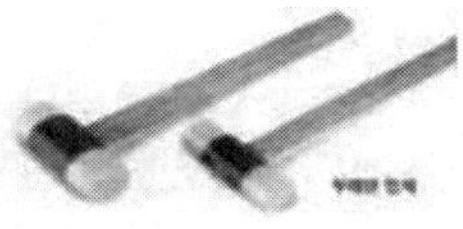 | 망치<br>(Hemmer) | (우레탄,<br>고무망치, 콜크) | • 기구 물에 흠이 발생하면 안 되는 곳 조립이나 분해시 사용 |

| 공구 종류 | 명 칭 | 현장 용어/규격 | 사용 용도 |
|---|---|---|---|
|  | 에어컨<br>(Air guns) | 에어컨 | • Air를 이용한 공작물이나 부품 이물 제거 및 청소 작업시 사용 |
| 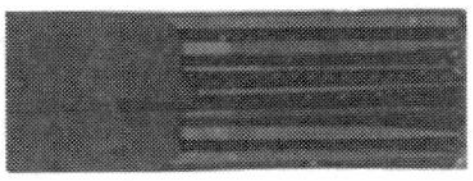 | 빗 줄 – Set<br>(set Files) | 조줄/ 야스리 | • 표면이나 모서리 부분 등을 손으로 다듬질 할 때 사용하는 한 벌로 된 공구. |
|  | 오일 스톤<br>(Oil stone) | 도이시 정밀 숫돌 | • 공작물의 표면을 정밀 다듬질 작업시 사용하며 형상을 만들어 사용하는 다듬질용 수 공구 |
| 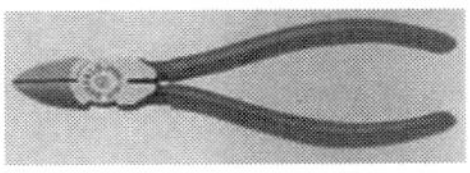 | 니퍼<br>(Nipper)<br>(cutting Pliers) | 니퍼<br>(전체길이) | • 동선이나 철선류의 절단이나 피복을 벗기는 공구로 전기 결선 작업시 사용한다. |
| 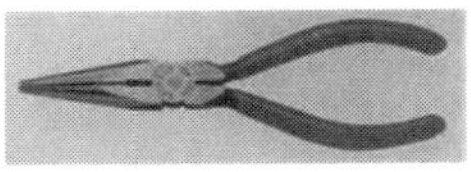 | 롱 로우즈<br>(Long Nose pliers) | 롱 로우즈<br>(전체길이) | • 부품을 집거나 자를때 사용하는 공구 |
|  | 자동 스트립 퍼<br>(Auto Stripper) | 자동 스트립퍼 | • 전선의 피복을 벗기는 공구로 전선 치수에 따라 사용 하므로 아주 편리하며 전기 결선 작업시 한다. |
|  | 수동 스트립 퍼<br>(Hand stripper) | 스트립퍼 | • 전선의 피복을 벗기거나 절단시 사용하는 공구 |
|  | 터미널 압착기<br>(Terminal Crimping Tool) | 터미날 압축기 | • 전선의 끝 부분에 터미널을 물리고 압착 할 때 사용하는 공구 |
| 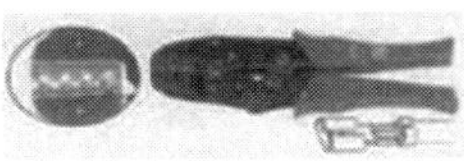 | 핀 압착기 | 압착기 | • 전선의 끝 부분에 Connector Pin을 물리고 압착 작업 시 사용하는 공구 |
|  | 뻰지<br>(Side cutting pliers) | 뻰지<br>(전체 길이도 호칭) | • 동선류 및 철선류를 전달하는데 사용한다.(다용도로 많이 사용) |
|  | 탁상바이스<br>(Bench vices) | 바이스<br>(물음쇠가 있는 입의 크기) | • 작업대에 부착하여 주로 다듬질, 조립작업을 할 때 공작물의 물리는 공구 |
| 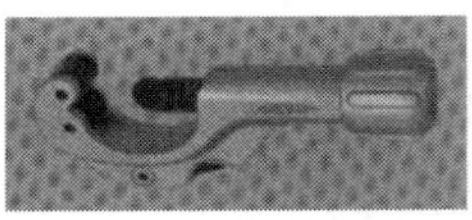 | 파이프 커터<br>(Pipe Cutters) | 파이프 커터<br>(별도의 호칭번호) | • 동이나 스텐레스 Pipe 절단용 공구 |

| 공구 종류 | 명 칭 | 현장 용어/규격 | 사용 용도 |
|---|---|---|---|
|  | 파이프 커터<br>(Pipe Cuter Set) | 파이프 커터<br>(별도의 호칭번호) | • Pipe 절단용 Set |
|  | Pipe Cuter<br>PVP 컷트<br>(PVP Cutter) | 컷트 | • PVC Pipe 절단용 공구<br>• PVC Pipe 절단용 공구<br>• 동이나 스텐레스 Pipe 절단기 |
|  | 파이프 렌치<br>(Pipe Wrenches) | 파이프 렌치<br>(물릴 수 있는 최대의 관을 물었을 때 전체길이) | • 수도관, 가스관, 기타 배관 공사에 주로 사용되는 공구로 머리부분에 조정 나사를 돌려 폭 크기를 조절하여 사용하는 공구. |
|  | Pin 뽑기 | Pin 뽑기 | • Connector에 Pin를 뽑을 때 사용하는 공구 |
|  | 만역기<br>C-Type Clamps | 씨 클램프 | • 두 부품의 접합 고정용 공구 |
|  | 직각자<br>(Precision Square) | 직각자 | • 가공 부품이나 조립부품에 직각도 확인시 사용 |
|  | 멀티 테스터기<br>(Digital Insolation Tester) | 테스트기 | • 전압, 전류, 저항 측정시 주로 사용 |
| 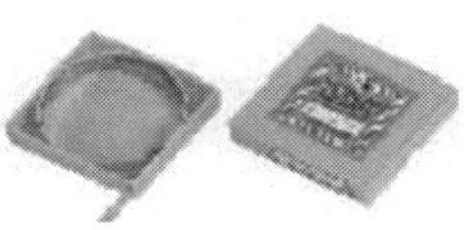 | 간극 게이지<br>(Feeler galhge)<br>(Liner Shim) | 간극게이지 | • 2개의 부품 조립시 위치 조정을 할 때 사용되는 끼움쇠 2개 이상의 부품 조립시 조립 공차를 만족시키지 못할 경우 치수를 보상 해줌. |
|  | 씨크니스 게이지<br>(Thickness gauge) | 두께게이지<br>틈새 게이지 | • 좁은 틈새를 하는 측정공구 얇은 강철판을 여러 장 겹쳐 1벌로 되어 있다.(0.05 단위로 0.05 ~2.0mm) |
|  | 버니어 캘리퍼스<br>(Vernier Calipers) | 버니어/노기스<br>(전체길이) | • 부품의 내,외경 치수를 측정하는 공구로 측정 가능 최소 단위가 0.05mm이며 측정시 눈금 보는 각도에 따라 오차가 발생 할 수 있다. |

| 공구 종류 | 명 칭 | 현장 용어/규격 | 사용 용도 |
|---|---|---|---|
|  | 다이알 캘리퍼스<br>(Dial Calipersa) | 다이알 버니어<br>/노기스<br>(전체길이) | • 부품의 내,외경 치수를 측정하는 공구로 측정 가능 최소 단위가 0.01mm까지 가능하다. |
|  | 디지털 캘리퍼스<br>(Digimatic Calipersa) | 디지털 버니어<br>/ 노기스<br>(전체길이) | • 부품물의 내,외경 치수를 측정하는 공구로 디지털로 표시 되므로 측정 최소 0.01mm까지 측정이 가능하고 보는 각도에 따라 발생하는 오차가 그이 없다. |
|  | 외경 마이크로미터<br>(Outside Micrometers) | 외경마이크로 | • 부품의 외경 치수를 측정하는 공구로 최소 0.01mm까지 측정이 가능하고 보는 각도에 따라 오차가 발생 할 수 있다. |
| 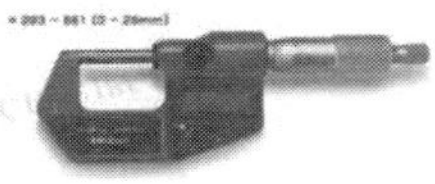 | 디지털 마이크로미터<br>(Digimatic Micrometers) | 디지털 마이크로 | • 부품물의 외경 치수를 측정하는 공구로 디지털로 표시 되므로 최소 마이크롬 단위까지 측정이 가능하고 보는 각도에 따라 발생하는 오차가 없다. |
|  | 디지털 하이트 게이지<br>(Digimatic Height Gauges) | 디지털<br>높이게이지 | • 가공품의 표면에 가공 치수선을 긋거나 정밀 부품의 평행,평면도를 측정 상호 편차를 확인할 때 사용하는 공구 디지털로 수치가 표시 되므로 최소 마이크롬 단위까지 측정이 가능하다. |
| 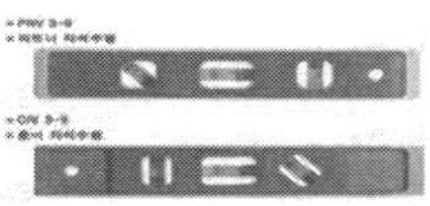 | 수준기 수평<br>(Level) | 레벨<br>(전체길이) | • 기울기를 보정하고자 확인할 수 있는 공구 |
| 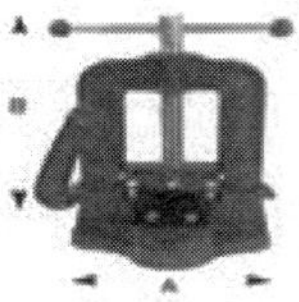 | 파이프 바이스<br>(Pipe vise) | 파이프 바이스 | • pipe 작업 시 고정용 사용 사용하는 공구 |
|  | 인서트해제공구<br>(Extracting Tools) | 인서트 해제기 | • 잘못 삽입된 코일인서트를 빼 낼 때 사용하는 공구 |
|  | 코일 인서트용 탭<br>(Insert coil Taps) | 인서트 탭 | • 일반 탭보다 외경이 크고 코일 전용 탭으로서 인서트 자리 작업용에 사용하는 절삭공구 |

| 공구 종류 | 명 칭 | 현장 용어/규격 | 사용 용도 |
|---|---|---|---|
| 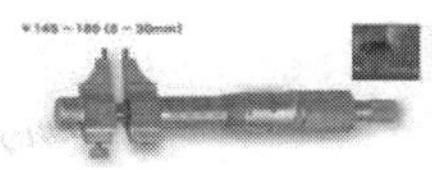 | 내경 마이크로미터<br>(Inside micrometers) | 내경마이크로<br>(최대측정부 내경) | • 부품의 내경 치수를 측정하는 공구로 최소 0.01mm까지 측정이 가능하고 보는 각도에 따라 오차가 있어 눈금 읽기에 연습이 필요하다. |
| 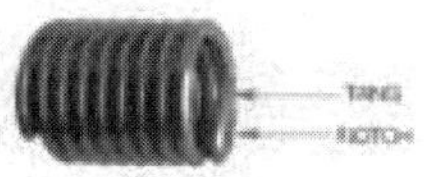 | 코일인서트<br>헬리코일<br>(Coil Insert) | 인서트<br>헬리코일 | • 경금속(알루미늄, 마그네슘, 동), 주물, 플라스틱, 목재 등과 같이 경도가 약한 모재에 강한 나사체결을 할 수 있도록 해주는 나사 보강재 부품<br>– 내식성, 내열성, 내마모성이 좋고, 특히 진동이나 충격에 의한 이완 방지효과도 뛰어나다. |
|  | 보라색 | 222 | • 저 강도 소형 나사부 사용<br>• 수공부 분해가 가능한 부분에 사용 |
|  | 청색 | 243 | • 중 – 고강도 오일이 묻어 있는 나사부에 사용 굵기는 M20정도 까지 사용한다. |
|  | 적색 | 262 | • 고강도 영구 고정의 나사부 |
|  | 적색 | 272 | • 고온용 나사부 고정용 |
|  | 적색 | 277 | • 고점도용의 큰 보올트, 스터트에 사용 열에 가하면 분해가 가능함 |
|  | 녹색 | 290 | • 고강도 침투 고정용 나사부에 사용 금속 균열부, 용접부, 저점도 용으로 사용되며 침투성이 강하다. |

# 부록 2 재료 기호

## 2.1 재료 기호의 표시 예

(예)

(1) SF34 → 탄소강 단강품 [S(강), F(단조품), 34(최저인장강도)]

(2) SC 37 → 탄소강 주강품 [S(강), C(주조품),37(최저인장강도)]

(3) S 1 → 초경합금 1종 [S(초경합금), 1(1호)]

(4) SHP 1 → 열간 압연 연강판 1종[S(강), H(열간 가공품), P(강판), 1(1종)]

(5) SM20C → 기계 구조용 탄소강 강재
[SM(기계구조용), 20C(탄소 함유량 0.15%~0.25%의 중간값)] 제3종

(6) PW 1 → 피아노선 1종[PW(피아노선), 1(1호)]

(7) CuR 1-0 → 구리막대 1종 연질 [ Cu(구리), R(막대), 1-0(1종-연질)]

(8) Bs BMAD□ → [Bs(황동), BM(비철금속 봉재(maching bar)), A(연질), D(인발), □(각재)]

## 2.2 첫째 자리의 문자(재질 명칭)

| 기 호 | 재 질 | 기 호 | 재 질 |
|---|---|---|---|
| Al | 알루미늄(aluminium) | MgA | 마그네슘합금(magnesium alloy) |
| AlA | 알루미늄합금(Al alloy) | NBs | 네이벌황동(naval brass) |
| Br | 청동(bronze) | NiS | 양은(nickel silver) |
| Bs | 황동(brass) | PB | 인청동(phosphor bronze) |
| C | 초경질합금(carbide alloy) | Pb | 납(lead) |
| Cu | 동(copper) | S | 강철(steel) |
| F | 철(ferrum) | SzB | 실진 청동(silzin bronze) |
| HBs | 강력황동(high strength brass) | W | 화이트 메탈(white metal) |
| L | 경합금(light alloy) | Zn | 아연(zinc) |
| K | 켈멧(kelmet) | | |

## 2.3 둘째 자리의 문자(규격품과 제품명)

| 기 호 | 재 질 | 기 호 | 재 질 |
|---|---|---|---|
| Au | 자동차용재 | KH | 철과 강 고속도강(high speed steel) |
| B | 비철금속 봉재 | L | 궤도(rail) |
| B | 철과 강 보일러(bolier)용 압연재 | M | 조선(marine)용 압연재 |
| Br | 단조용 봉재(forging bar) | MR | 조선용 리벳(marine rivet) |
| BM | 비철금속 머시닝(machining)용 봉재 | N | 철과 강 니켈강(nickel steel) |
| BR | 철과 강 보일러용 리벳(rivet) | NC | 니켈크롬강(nickel chromium steel) |
| C | 철과 비철주조품(casting) | NS | 스테인리스강(stainless steel) |
| CM | 철과 강 가단주철품(malleable casting) | P | 비철금속 판재(plate) |
| DB | 볼트, 너트용 냉간인발(bolt drawn) | S | 철과 강 구조용 압연재 |
| E | 발동기(engine) | SC | 철과 강 철근 콘크리트용 봉재 |
| F | 철과 강 단조품(forging) | T | 철과 비철 관(tube) |
| G | 게이지(gauge)용재 | TO | 공구강(tool steel) |
| GP | 철과 강 가스 파이프(gas pipe) | UP | 철과 강 스프링강(spring steel) |
| H | 철과 강 표명경화(case hardening) | V | 철과 강 리벳(rivet) |
| HB | 최강봉재(high strength bar) | W | 철과 강 와이어(wire) |
| K | 철과 강 공구강(tool steel) | WP | 철과 강 피아노선(piano wire) |

## 2.4 셋째 자리의 문자(금속 종류 )

(1) 인장강도를 의 수치로 표시 한다.
(2) 숫자 다음에 A는 연질, B는 반경질, C는 경질 등을 기입 한다.
(3) 단위 길이 당 중량을 괄호 안에 기입 한다.

## 2.5 셋째 자리의 문자(금속기호의 끝에 특별히 첨가하는 기호)

| 구 분 | 기 호 | 기호의 의미 | 구 분 | 기 호 | 기호의 의미 |
|---|---|---|---|---|---|
| 종류에 의한 기호 | A | 갑 | 알루미늄 합금의 열처리 기호 | | |
| | B | 을 | | A | 형강 |
| | C | 병 | | B | 봉강 |
| | D | 정 | | | |
| | E | 무 | | | |
| | | | | F | 열처리를 하지 않은 재질 |
| 가공법 · 용도 · 형상 등에 의한 기호 | D | 냉각인발, 절삭, 연삭 | | O | 어닐링 처리한 재질 |
| | CK | 표면경화용 | | H | 가공 경화한 재질 |
| | F | 평판 아연 철판 | | 1/2H | 반 경질 |
| | C | 파판 | | W | 퀜칭한 후 시효강화 진행 중의 재료 |
| | P | 강판 일반용 연강재 | | | |
| | F | 평강 | | T3 | 어닐링 처리한 재질(주물용) |
| | | | | T6 | 퀜칭한 후 템퍼링 처리한 재료 |

## 2.6 넷째 자리의 문자(제조법)

| 기 호 | 제조명 | 기 호 | 제조명 |
|---|---|---|---|
| Oh | 평로강(open hearth steel) | Cc | 도가니강(crucible steel) |
| Oa | 산성(acidic)평로강 | R | 압연(rolled) |
| Ob | 염기성(basic)평로강 | F | 단조(forged) |
| Bes | 전로강(bessemer steel) | Ex | 압출(extruded) |
| E | 전기로강(electric steel) | D | 인발(drawn) |

## 다섯째 자리의 문자(제품 형상 기호)

| 기 호 | 제 품 | 기 호 | 제 품 | 기 호 | 제 품 |
|---|---|---|---|---|---|
| P | 강판 | □ | 각 재 | □ | 평강 |
| • | 둥근강 | △6 | 6각강 | I | I형강 |
| ◎ | 파이프 | ⊡8 | 8각강 | ⊏ | 채널 |

# 부 3 록 철강 및 비철금속의 재료 기호

<table>
<tr><th>KS D</th><th>명 칭</th><th colspan="2">종 별</th><th colspan="2">기 호</th><th>인장강도<br>kgf/mm$^2$</th><th>용 도</th></tr>
<tr><td rowspan="4">3503</td><td rowspan="4">일반 구조용 압연 강재<br>(Rolled Steel for General Purposes)</td><td colspan="2">1종</td><td colspan="2">SB34</td><td>34~44</td><td>강판, 평강, 봉강 및 강대</td></tr>
<tr><td colspan="2">2종</td><td colspan="2">SB41</td><td>41~52</td><td>강판, 평강, 봉강 및 형강</td></tr>
<tr><td colspan="2">3종</td><td colspan="2">SB50</td><td>50~62</td><td>강판, 평강, 봉강 및 형강</td></tr>
<tr><td colspan="2">4종</td><td colspan="2">SB55</td><td>55 이상</td><td>두께, 지름, 변 또는 대변거리가 40㎜이하의 강판, 평강, 형강, 봉강 및 강대<br>(비고) : 강관, 평강, 형강 및 봉강을 표 때의 기호는 종류의기호 다음에 p(강판), F(평강), A(형강) 및 B(봉강)을 표시<br>(예) : SB34P(일반구조용 압연 강재 강판 1종)</td></tr>
<tr><td rowspan="3">3507</td><td rowspan="3">배관용 탄소 강관<br>(Carbon steel pipe for Ordinary Piping)</td><td colspan="2" rowspan="2">일반 배관용 탄소 강관<br>(A관)</td><td rowspan="2">SPP</td><td>흑관</td><td rowspan="2">30 이상</td><td>아연도금을 하지 않는 관</td></tr>
<tr><td>백관</td><td>아연도금을 한 관</td></tr>
<tr><td colspan="2">수도배관용 탄소 강관<br>(B관)</td><td>SPPW</td><td>백관</td><td>30 이상</td><td>아연도금을 한 관으로서 최대 정수두가 100이하의 수도 배관용에 적용됨.</td></tr>
<tr><td rowspan="6">3509</td><td rowspan="6">피아노 선재<br>(Piano Wire Rod)</td><td rowspan="2">1종</td><td>A</td><td colspan="2">PWR1A</td><td>–</td><td rowspan="2">와이어로프</td></tr>
<tr><td>B</td><td colspan="2">PWR1B</td><td>–</td></tr>
<tr><td rowspan="2">2종</td><td>A</td><td colspan="2">PWR2A</td><td>–</td><td>스프링</td></tr>
<tr><td>B</td><td colspan="2">PWR2B</td><td>–</td><td>P · C강선</td></tr>
<tr><td rowspan="2">3종</td><td>A</td><td colspan="2">PWR3A</td><td>–</td><td>강연선</td></tr>
<tr><td>B</td><td colspan="2">PWR3B</td><td>–</td><td>강연선</td></tr>
<tr><td rowspan="3">3512</td><td rowspan="3">냉간압연 강판<br>(Cold Rolled Carbon Steel Sheet and Strip)</td><td colspan="2">1종</td><td colspan="2">SBC1</td><td>–</td><td>일반용</td></tr>
<tr><td colspan="2">2종</td><td colspan="2">SBC2</td><td>28 이상</td><td>가공용(가공도가 작은 것)</td></tr>
<tr><td colspan="2">3종</td><td colspan="2">SBC3</td><td>28 이상</td><td>가공용(가공도가 큰 것)</td></tr>
</table>

| KS D | 명 칭 | 종 별 | | 기 호 | 인장강도 kgf/mm² | 용 도 |
|---|---|---|---|---|---|---|
| 3515 | 용접구조용 압연 강재 (Rolled Steel for Wel-ded Structure) | 1종 | A | SWS 41A | 41~52 | 강판, 대강, 형강 및 평강의 두께 100mm 이하, 강판 및 대강의 두께 50mm 이하. |
| | | | B | SWS 41B | | |
| | | | C | SWS 41C | | |
| | | 2종 | A | SWS 50A | 50~62 | 강판, 대강, 형강 및 평강의 두께 100mm 이하, 강판 및 대강의 두께 50mm 이하. |
| | | | B | SWS 50B | | |
| | | | C | SWS 50C | | |
| | | 3종 | A | SWS 50YA | 50~62 | 강판, 대강, 형강 및 평강의 두께 50mm 이하. |
| | | | B | SWS 50YB | | |
| | | 4종 | A | SWS 53A | 53~65 | 강판, 대강, 형강 및 평강의 두께 50mm 이하, 강판 및 대강의 두께 50mm 이하. |
| | | | C | SWS 53C | | |
| | | 5종 | | SWS 58 | 58~73 | 강판 및 대강의 두께 5mm 이상, 50mm 이하. |
| 3517 | 기계구조용 탄소강 강판 (Carbon Steel Tubes for Machine Structural Purposes) | 11종 | A | STKM11A | 30 이상 | 인쇄용 롤러, 배기 파이프, 스티어링, 모터커버, 자전거 프레임, 가구 |
| | | 12종 | A | STKM12A | 35 이상 | 크로스 멤버, 직기용 롤로 베어링 백메탈, 스티어링 시스템, 프로펠러 축, 중공축 앞 포크 |
| | | | B | STKM12B | 40 이상 | |
| | | | C | STAM12C | 48 이상 | |
| | | 13종 | A | STKM13A | 38 이상 | 프로펠러 샤프트, 스티어링 시스템, 크로스 멤버, 유압 실린더, 베어링 백메탈, 직기용 롤러, 액시얼 튜브 |
| | | | B | STKM13B | 45 이상 | |
| | | | C | STAM13C | 52 이상 | |
| | | 14종 | A | STKM14A | 42 이상 | 스티어링 시스템, 크로스 멤버, 액시얼 튜브, 유압실린더 |
| | | | B | STKM14B | 51 이상 | |
| | | | C | STAM14C | 56 이상 | |
| | | 15종 | A | STKM15A | 48 이상 | 스티어링 시스템, 크로스 멤버, 엑시텐숀 튜브, 프로펠러 축 |
| | | | C | STAM15C | 59 이상 | |
| | | 16종 | A | STKM16A | 52 이상 | 벨브 록 카축, 스티어링 시스템, 액시얼 튜브, 프러펠러 축, 보링 로드 |
| | | | C | STAM16C | 63 이상 | |
| | | 17종 | A | STKM17A | 56 이상 | 액시얼 튜브, 보링 튜브 |
| | | | C | STAM17C | 66 이상 | |
| | | 18종 | A | STKM18A | 45 이상 | 수압 철주, 포크, 튜브, 유압실린더 |
| | | | B | STKM18B | 50 이상 | |
| | | | C | STAM18C | 52 이상 | |

| KS D | 명 칭 | 종 별 | 기 호 | 인장강도 kgf/mm$^2$ | 용 도 |
|---|---|---|---|---|---|
| 3522 | 고속도 공구강 강재 (High-Speed Tool Steel) | 텅스텐계 | SKH2 | – | 일반절삭용, 기타 각종 공구 |
| | | | SKH3 | – | 고속 중 절삭용, 기타 각종 공구 |
| | | | SKH4A | – | 난삭재 절삭용, 기타 각종 공구 |
| | | | SKH4B | – | 〃 |
| | | | SKH5 | – | 〃 |
| | | | SKH10 | – | 고 난삭재 절삭용, 기타 각종 공구 |
| | | 몰리브덴계 | SKH51 | – | 인성을 요하는 일반 절삭용, 기타 각종 공구 |
| | | | SKH52 | – | 비교적 인성을 요하는 고속도재 절삭용, 기타 각종 공구 |
| | | | SKH53 | – | |
| | | | SKH54 | – | |
| | | | SKH55 | – | 비교적 인성을 요하는 고속도 중 절삭용, 기타 각종 공구 |
| | | | SKH56 | – | |
| | | | SKH57 | – | |
| | 특수 마대강 (Cold Rolled Special Steel Strip) | 탄소강 | SM30CM | – | 리테이너 |
| | | | SM35CM | – | 사무용 기계부품 |
| | | | SM45CM | – | 클러치 부품, 체인 부품, 양산 살대, 와셔 |
| | | | SM50CM | – | 카메라 등 구조 부품, 체인 부품, 양산살대, 카메라 등 구조부품, 목공용 톱 |
| | | | SM55CM | – | 스프링, 안전 작업화, 깡통 따기, 톰프슨, 칼날, 양산살대, 카메라 등 구조부품, 목공용 톱 |
| | | | SM60CM | – | 체인부품, 목공용 톱, 부라인드 안전 작업화, 사무용 기계부품 와셔 |
| | | | SM65CM | – | 안전작업화, 클러치 부품, 스프링 |
| | | | SM70CM | – | 스프링, 와셔, 목공용 톱 |

| KS D | 명 칭 | 종 별 | 기 호 | 인장강도 kgf/mm$^2$ | 용 도 |
|---|---|---|---|---|---|
| 3551 | 특수 마대강 (Cold Rolled Special Steel Strip) | 탄소강 | SM75CM | – | 클러치 부품, 스프링 |
| | | | SM85CM | – | 〃 |
| | | 탄소공구강 | SM2M | – | 면도용 칼, 칼, 쇠톱 날, 셔터, 태엽 |
| | | | SM3M | – | 쇠톱 날, 칼, 스프링 |
| | | | SM4M | – | 펜촉, 태엽, 게이지, 스프링, 메리야스용 바늘 |
| | | | SM5M | – | 태엽, 스프링, 칼, 메리야스용 바늘, 게이지, 클러치 부품, 목공용 및 제재용 톱 줄 및 원형 톱, 사무용 기계부품 |
| | | | SM6M | – | 스프링, 칼, 클러치 부품, 와셔, 구두밑창, 포운 |
| | | | SM7M | – | 스프링, 칼, 포운, 목공용 칼, 구두 밑창, 클러치 부품 |
| | | 합금공구강 | SKS11M | – | 쇠 톱 줄 |
| | | | SKS2M | – | 쇠톱 줄, 쇠톱 날, 칼 |
| | | | SKS7M | – | 〃 |
| | | | SKS5M | – | 칼, 목공용 원형 톱 목공용 및 제재용 톱 줄 |
| | | | SKS51M | – | 목공용 및 제재용 톱 줄, 목공용 원형 톱 |
| | | 니켈크롬강 | SNC2M | – | 사무용기계부품 |
| | | | SNC3M | – | 〃 |
| | | | SNC21M | – | 〃 |
| | | 니켈크롬 몰리브덴강 | SNCM2M | – | 체인부품 |
| | | | SNCM22M | – | 안전 박클, 체인부품 |
| | | 크롬 몰리브덴강 | SCM1M | – | 체인부품 |
| | | | SCM2M | – | 체인 부품, 톰프슨 칼날 |
| | | | SCM3M | – | 체인부품, 사무용 기계부품 |
| | | | SCM4M | – | 〃 |
| | | | SCM21M | – | 〃 |
| | | 스프링강 | SUP6M | – | 스프링 |
| | | | SUP9M | – | 특수 스프링 |
| | | | SUP10M | – | 〃 |

| KS D | 명 칭 | 종 별 | 기 호 | 인장강도 kgf/mm$^2$ | 용 도 |
|---|---|---|---|---|---|
| 3556 | 피아노선 (Piano Wires) | 1종 | PW1 | – | 주요 스프링 |
| | | 2종 | PW2 | – | |
| | | 3종 | PW3 | – | 밸브 스프링용 |
| 3707 | 크롬 강재 (Chromium Steels) | 21종 | SCr21 | 80 이상 | 캠 축, 핀류 |
| | | 22종 | SCr22 | 8 5이상 | 기어류<br>비고 : 21종, 22종은 표면경화용 |
| 3708 | 니켈크롬 강재 (Nickel Chromium Steels) | 1종 | SNC1 | 75 이상 | 볼트, 너트류 |
| | | 2종 | SNC2 | 85 이상 | 크랭크 축, 기어류 |
| | | 3종 | SNC3 | 95 이상 | 축류, 기어류 |
| | | 21종 | SNC21 | 80 이상 | 피스톤 핀, 기어 |
| | | 22종 | SNC22 | 100 이상 | 캠축, 기어류<br>비고 : 21종, 22종은 표면경화용 |
| 3710 | 탄소강 단강품 (Carbon Steel Forgings) | 1종 | SF34 | 34~42 | |
| | | 2종 | SF40 | 40~50 | |
| | | 3종 | SF45 | 45~55 | |
| | | 4종 | SF50 | 50~60 | |
| | | 5종 | SF55 | 55~65 | |
| | | 6종 | SF60 | 60~70 | |
| 3711 | 크롬 몰리브덴 강재 (Chromium Molbdenum Steels) | 1종 | SCM1 | 90 이상 | 볼트, 스터드, 프로펠러, 보스 |
| | | 2종 | SCM2 | 85 이상 | 소형 축류 |
| | | 3종 | SCM3 | 95 이상 | 강력 볼트, 스터드, 축류, 암류 |
| | | 4종 | SCM4 | 100 이상 | 기어류, 축류, 암류 |
| | | 5종 | SCM5 | 105 이상 | 대형 축류 |
| | | 21종 | SCM21 | 85 이상 | 피스톤 핀, 축류, 기어 |
| | | 22종 | SCM22 | 95 이상 | 기어, 축류 |
| | | 23종 | SCM23 | 100 이상 | 〃 |
| | | 24종 | SCM24 | 105 이상 | 〃 |
| | | | | | 비고 : 21종, 22종, 23종, 24종은 표면경화용 |
| 3751 | 탄소공구강 (Carbon Tool Steels) | 1종 | STC1 | 63 이상 | 경질 바이트, 면도날, 각종 줄 |
| | | 2종 | STC2 | 〃 | 바이트, 플라이스, 제작용 공구, 드릴 |
| | | 3종 | STC3 | 〃 | 탭, 나사절삭용, 다이스, 쇠톱 날, 철공용 끌, 게이지, 태엽, 펜촉 |

| KS D | 명 칭 | | 종 별 | 기 호 | 인장강도 kgf/mm² | 용 도 |
|---|---|---|---|---|---|---|
| 3751 | 탄소공구강 (Carbon Tool Steels) | | 4종 | STC4 | 61 이상 | 태엽, 목공용 드릴, 도끼, 철공용 끌, 면도날, 목공용 띠톱, 펜촉 |
| | | | 5종 | STC5 | 59 이상 | 각인, 스냅, 태엽, 목공용 띠톱, 원형톱, 펜촉, 등사판줄, 톱날 |
| | | | 6종 | STC6 | 56 이상 | 각인, 스냅, 원형톱, 태엽, 우산대, 등사판줄 |
| | | | 7종 | STC7 | 54 이상 | 각인, 스냅, 프레스 형, 칼 |
| 3752 | 기계구조용 탄소강 강재 (Carbon Steel for Machine Structural Use) | | 1종 | SM10C | 32 이상 | 빌릿, 컬릿 |
| | | | 2종 | SM15C | 38 이상 | 볼트, 너트, 리벳 |
| | | | 3종 | SM20C | 41 이상 | 〃 |
| | | | 4종 | SM25C | 45 이상 | 볼트, 너트, 모터 축 |
| | | | 5종 | SM30C | 55 이상 | 볼트, 너트, 기계 부품 |
| | | | 6종 | SM35C | 58 이상 | 로드, 레버류, 기계 부품 |
| | | | 7종 | SM40C | 62 이상 | 연접봉, 이음쇠, 축류 |
| | | | 8종 | SM45C | 70 이상 | 크랭크 축류, 로드류 |
| | | | 9종 | SM50C | 75 이상 | 키, 핀, 축류 |
| | | | 10종 | SM55C | 80 이상 | 키, 핀류 |
| | | | 21종 | SM9CK | 40 이상 | 방직기 롤러 |
| | | | 22종 | SM15CK | 50 이상 | 캠, 피스톤 핀<br>* 21, 22종은 침탄용 |
| 3753 | 합금 공구강 (Alloy Tool Steel) | 절삭용 | S1종 | STS1 | – | 절삭 공구, 냉간 드로잉용 다이스 |
| | | | S11종 | STS11 | – | |
| | | | S2종 | STS2 | – | 탭, 드릴, 커터, 핵소(Hack Saw) |
| | | | S22종 | STS22 | – | |
| | | | 5 | STS5 | – | 원형톱, 띠톱, 핵소 |
| | | | S51종 | STS51 | – | |
| | | | 7 | STS7 | – | |
| | | | S8종 | STS8 | – | 줄 |
| | | 주로 내충격용 | S4종 | STS4 | – | 끌, 펀치, 스냅, 넵 |
| | | | S41종 | STS41 | – | |
| | | | S42종 | STS42 | – | 끌, 펀치, 칼날, 줄, 눈금용 공구 |
| | | | S43종 | STS43 | – | 착암기용 피스톤 |
| | | | S44종 | STS44 | – | 끌, 헤딩 다이스 |

| KS D | 명 칭 | | 종 별 | 기 호 | 인장강도 kgf/mm$^2$ | 용 도 |
|---|---|---|---|---|---|---|
| 3753 | 합금 공구강 (Alloy Tool Steel) | 주로 내마모성 불변형용 | S3종 | STS3 | – | 게이지. 탭, 다이스, 절단기. 칼날 |
| | | | S31종 | STS31 | – | 게이지. 포밍 다이 |
| | | | D1종 | STD1 | – | 다이스 |
| | | | D11종 | STD11 | – | 게이지, 포밍 다이, 나사 전조롤러 |
| | | | D12종 | STD12 | – | |
| | | | D2종 | STD2 | – | 다이스 |
| | | 주로 열간 가공용 | D4종 | STD4 | – | 프레스 형틀, 다이스캐스팅용 다이 |
| | | | D5종 | STD5 | – | |
| | | | D6종 | STD6 | – | |
| | | | D61종 | STD61 | – | |
| | | | F1종 | STF1 | – | |
| | | | 5종 | STF5 | – | 다이형틀 |
| | | | F6종 | STF6 | – | 프레스용 다이 |
| 4101 | 탄소 주강품 (Carbon Steel Casting) | | 1종 | SC37 | 37 이상 | 전동기 부품용 |
| | | | 2종 | SC42 | 42 이상 | 일반구조용 |
| | | | 3종 | SC46 | 46 이상 | 〃 |
| | | | 4종 | SC49 | 49 이상 | 〃 |
| | | | 5종 | SC55 | 55 이상 | 〃 |
| 4301 | 회주철용 (Gray Cast Iron) | | 1종 | GC10 | 10 이상 | 일반기계부품, 상수도철관, 난방용품 |
| | | | 2종 | GC15 | 15 이상 | |
| | | | 3종 | GC20 | 20 이상 | 약간의 경도를 요하는 부분 |
| | | | 4종 | GC25 | 25 이상 | |
| | | | 5종 | GC30 | 30 이상 | 실린더 헤드, 피스톤, 공작기계 부품 |
| | | | 6종 | GC35 | 35 이상 | |
| 4302 | 구상흑연주철 | | 1종 | DC37 | 37 이상 | |
| | | | 2종 | DC42 | 42 이상 | |
| | | | 3종 | DC50 | 50 이상 | |
| | | | 4종 | DC60 | 60 이상 | |
| | | | 5종 | DC70 | 70 이상 | |
| 4303 | 흑심가단주철 | | 1종 | BMC28 | 28 이상 | |
| | | | 2종 | BMC32 | 32 이상 | |
| | | | 3종 | BMC35 | 35 이상 | |
| | | | 4종 | BMC37 | 37 이상 | |

| KS D | 명 칭 | 종 별 | | 기 호 | 인장강도 kgf/mm² | 용 도 |
|---|---|---|---|---|---|---|
| 4305 | 백심가단주철 | 1종 | | WMC34 | 34 이상 | |
| | | 2종 | | WMC36 | 36 이상 | |
| 5504 | 동판 (Copper Sheet and Plate) | 1종 | 연질 | CuS1-0 | 26 이상 | 전기와 열전도성이 좋고 전연성, 가공성, 내후성이 요구된 곳, 전기 부품, 증류기구 건축용, 화학 공업용 개스 킷, 기물 등 |
| | | | 1/4 경질 | CuS1-1/4 | 22 이상 | |
| | | | 1/2 경질 | CuS1-1/2 | 25 이상 | |
| | | | 경질 | CuS1-H | 28 이상 | |
| | | 2종 | 연질 | CuS2-0 | 26 이상 | |
| | | | 1/4 경질 | CuS2-1/4 | 22 이상 | |
| | | | 1/2 경질 | CuS2-1/2 | 25 이상 | |
| | | | 경질 | CuS2-H | 28 이상 | |
| 5516 | 인청동봉 (Phospher Bronze Rods and Bars) | 1종 | | PBR1 | 50 이상 | 탄성, 내마멸성, 내식성 등을 요구하는 부품(기어, 베어링, 이음쇠, 나사) |
| | | 2종 | | PBR2 | 52 이상 | |
| | | 3종 | | PBR3 | 55 이상 | |
| 6001 | 황동주물 (Brass Castings) | 1종 | | BaC1 | 15 이상 | 플랜지, 전기 부속품, 전기 부품, 일반 기계 부품 |
| | | 2종 | | BaC2 | 20 이상 | |
| | | 3종 | | BaC3 | 25 이상 | 건축용 장식품, 일반 기계부품, 전기 부품 |
| 6002 | 청동주물 (Bronze Castings) | 1종 | | BrC1 | 25이상 | 기계적 성질, 내식성이 우수하여 밸브, 콕 및 기계부품에 적합 |
| | | 2종 | | BrC2 | 25이상 | |
| | | 3종 | | BrC3 | 20이상 | 절삭성이 양호하여 기계부품, 밸브 및 콕 등에 적합 |
| | | 4종 | | BrC4 | 22이상 | |
| | | 5종 | | BrC5 | 17이상 | 절삭성이 양호하여 급수, 배수 및 건축용 등에 적합 |

# 부록 4 KS와 JIS의 재료 기호

| 한국 공업 규격 | | | | 일본 공업 규격 | |
|---|---|---|---|---|---|
| 규격번호 | 규격명 | KS기호 | 기호설명 | JIS번호 | JIS기호 |
| KS D 2301 | 타프피치 형동 | B-Tcu.C Tcu | B-Billet, C-Cake,<br>T-Tough Pitch | H 2123 | b-Tcu. C. Tcu |
| KS D 2302 | 연 지금 | Pb | Pb-Lead | H 2105 | - |
| KS D 2304 | 알루미늄 지금 | Al | AI-Aluminium | H 2102 | - |
| KS D 2305 | 주석 지금 | Sn | Sn-Tin | H 2108 | - |
| KS D 2306 | 금속 크롬 | Cr | Cr-Chromium | G 2313 | Mcr |
| KS D 2307 | 니켈 지금 | Ni | Ni-Nickel | H 2104 | N |
| KS D 2308 | 은 지금 | Ag | Ag-Silver | H 2141 | - |
| KS D 2310 | 인동 지금 | Pcu | P-Phosphor<br>Cu-Copper | H 2501 | Pcu |
| KS D 2312 | 금속. 망간 | M Mn E | M-Metal<br>Mn-Mangnese<br>E-Electric | H 2311 | MMnE |
| KS D 2313 | 금속 규소 | MSi | M-Metal Si-Silicon | G 2312 | MSn |
| KS D 2316 | 페로 티탄 | FTiL | F-Ferro Ti-Titanium<br>L-Low | G 2309 | F TiH. F TiL |
| KS D 2320 | 주물용 황동 지금 | BaIC | Bs-Brass, I-Ingot,<br>C-Casting | G 2202 | YBs CIn |
| KS D 2321 | 주물용 청동 지금 | BIC | B-Bronze I-Ingot<br>C-Casting | G 2203 | BCIn |
| KS D 2322 | 주물용 인청동 지금 | PBIC | P-Phosphor B-Bronze<br>I-Ingot C-Casting | G 2204 | PBCIn |
| KS D 2330 | 주물용 알루미늄 합금 지금 | AIC | Al-Aluminium<br>C-Casting | G 2211 | Cx V |
| KS D 2331 | 다이캐스팅용 알루미늄 재생 합금 지금 | AIDC | A-Aluminum I-Ingot<br>D-Die C-Casting | G 2212 | Dx V |

| 한국 공업 규격 | | | | 일본 공업 규격 | |
|---|---|---|---|---|---|
| 규격번호 | 규격명 | KS기호 | 기호설명 | JIS번호 | JIS기호 |
| KS D 2332 | 다이캐스팅용 알루미늄 재생 합금 지금 | AIDCS | A-Aluminum I-Ingot D-Die C-Casting S-Secondary | G 2118 | Dx S |
| KS D 2334 | 주물용 알루미늄 재생 합금 지금 | CxxS | C-Casting S-Secondary | G 2117 | Cxx S |
| KS D 2304 | 활자 합금 지금 | T | T-Type | G 2231 | K |
| KS D 2351 | 아연 지금 | Zn | Zn-Zinc | G 2107 | – |
| KS D 3501 | 열간 압연 강판 및 강대 | SHIP | S-Steel H-Hat P-Plate | G 3131 | SPHC, SPHD SPHE |
| KS D 3503 | 일반 구조용 압연 강재 | SB | S-Steel B-보통(일반) | G 3101 | SS |
| KS D 3504 | 철근 콘트리트용 봉강 | SBC | S-Steel B-Bar C-Concrete | G 3112 | SR, SD, SDC |
| KS D 3506 | 아연도금 강관 | SBHG | S_Steel B보통 H-Hot G-Galvanized | G 3302 | SPG |
| KS D 3507 | 배관용탄소 강관 | SPP | S-Steel P-Pipe P-Piping G-Galvanized | G 3452 | SGP |
| KS D 3508 | 아크 용접봉 심선재 | SWRW | P-Piano W-Wire R-Rod W-Welding | G 3503 | SWRY |
| KS D 3509 | 피아노 선재 | PWR | P-Piano W-Wire R-Rod | G 3502 | SWRS |
| KS D 3510 | 경 강 선 | HSW | H-Hard S-Steel W-Wire | G 3521 | SW |
| KS D 3511 | 재생 강재 | SBR | S-Steel B-보통(일반) R-Rerolled | G 3111 | SRB |
| KS D 3512 | 냉간압연 강판 및 강재 | SBC | S-Steel B보통(일반)C-Cold | G 3141 | SPCC, SPCD, SPCE |
| KS D 3515 | 용접구조용 압연 강재 | SWS | S-Steel W-Welded S-Structure | G 3106 | SM |
| KS D 3516 | 주석도금 강판 | ET, HD | E-Electric T-Tin H-Hot D-Dipped | G 3303 | SPTE, SPTH |
| KS D 3517 | 기계구조용 탄소강 강판 | STM | S-Steel T-Tube M-Machine | G 3445 | STKM |
| KS D 3520 | 착색 아연도금 강판 | SBPG | S-Steel B-보통(일반) P-Precoated G-Galvanized | G 3312 | SCG |

| 한국 공업 규격 | | | | 일본 공업 규격 | |
|---|---|---|---|---|---|
| 규격번호 | 규격명 | KS기호 | 기호설명 | JIS번호 | JIS기호 |
| KS D 3521 | 압력 용기용 강판 | SPPV | S–Steel P–Plate P–Pressure V–Vessel | G 3115 | SPV |
| KS D 3522 | 고속도 공구강 강재 | SKH | S–Steel K–공구 High Speed | G 4403 | SKH |
| KS D 3523 | 중공강 강재 | SKC | S–Steel K–공구 C–Chisel | G 4410 | SKC |
| KS D 3525 | 고탄소 크롬 베어링 강재 | STB | ST–Stainless B–Bearing | G 4805 | SUJ |
| KS D 3526 | 마봉강용 일반 강재 | SGD | S–Steel G–General D–Drawn | G 3108 | SGD |
| KS D 3527 | 철근 콘크이트용 재생봉강 | SBCR | S–Steel B–Bar C–Concrete R–Reinforcement | G 3117 | SRR, SDR |
| KS D 5528 | 전기아연도금 강판 및 강재 | SEHC, SECC, SEHE, SEHD, SECD, SECE | S–Steel E–Electrolytic H–Hot C–Commercial C–Cold, D–Deep Drawn E–Deep Drawn Extra | G 3313 | SEHC, SECC, SEHE, SEHD, SECD, SECE |
| KS D 3530 | 일반 구조용 경량 형강 | SBC | S–Steel B–보통(일반) C–Coldforming | G 3350 | SSC |
| KS D 3532 | 내식 내열 초합금판 | NCF | Consion–Resisting and Heat Resisting Supper Alloy Sheets and plates | G 4901<br>G 4902 | NCF |
| KS D 3533 | 고압가스용 철판 및 강재 | SG | Steel Gas | G 3116 | SG |
| KS D 3534 | 스피링용 스테인리스강 강재 | STSC | Stainless Steel Cold | G 4313 | SUS |
| KS D 3535 | 스프링용 스테인리스 강선 | STSC | Stainless Steel Cold | G 4314 | SUS |
| KS D 3536 | 구조용 스테인리스강 강관 | STST | Stainless Steel Tube | G 3446 | SUS |
| KS D 3550 | 피복 아크 용접봉 심선 | SWW | S–Steel W–Wire W–Welding | G 3523 | SWY |

| 한국 공업 규격 | | | | 일본 공업 규격 | |
|---|---|---|---|---|---|
| 규격번호 | 규격명 | KS기호 | 기호설명 | JIS번호 | JIS기호 |
| KS D 3552 | 철선 | MSW | M–Mild S–Steel W–Wire | G 3532 | SWH |
| KS D 3554 | 연강 선재 | MSWR | M–Mild S–Steel W–Wire R–Rod | G 3505 | SWRM |
| KS D 3555 | 강관용 열간 압연 탄소강 강재 | HRS | H–Hot R–Rolled S–Steel | G 3132 | SPHT |
| KS D 3556 | 피아노선 | PW | P–Piano W–Wire | G 3522 | SWP |
| KS D 3557 | 리벳용 압연 강재 | SBV | S–Steel B보통(일반)V–Rivet | G 3104 | SV |
| KS D 3559 | 경강 선재 | HSWR | H–Hard S–Steel W–Wire R–Rod | G 3506 | SWRH |
| KS D 3560 | 보일러용 압연 강재 | SBB | S–Steel B 보통 B–Boiler | G 3103 | SB |
| KS D 3561 | 마봉강(탄소강) | SB | S–Steel B– 보통 | G 3123 | SS・B・D |
| KS D 3562 | 압력 배관용 탄소강 강관 | SPPS | S–Steel P–Pipe P–Pressure S–Service | G 3454 | STPG |
| KS D 3563 | 보일러 및 열교환기영 탄소 강관 | STH | S–Steel T–Tube H–Heat | G 3461 | STB |
| KS D 3564 | 고압배관용 탄소 강관 | SPPH | S–Steel P–Pipe P–Pressure H–High | G 3455 | STS |
| KS D 3565 | 수도 도복장 강관 | STPW–A STPW–C | S–Steel T–Tube P–Pipe W–Water A–Aspalt C–Coaltar | G 3443 | – |
| KS D 3566 | 일반 구조용 탄소 강관 | SPS | S–Steel P–Pipe S–Structure | G 3344 | STK |
| KS D 3568 | 일반 구조용 각형 강관 | SPSR | S–Steel P–Pipe S–Structural | G 3466 | STKR |
| KS D 3569 | 저온 배관용 강관 | SPLT | S–Steel P–Pipe L–Low T–Temperature | G 3460 | STPL |
| KS D 3570 | 고 배관용 강관 | SPHT | S–Steel P–Pipe H–High T–Temperature | G 3456 | STPT |
| KS D 3571 | 저온 열교환기용 강판 | STLT | S–Steel T–Tube L–Low T–Temperature | G 3464 | STBC |

| 한국 공업 규격 | | | | 일본 공업 규격 | |
|---|---|---|---|---|---|
| 규격번호 | 규격명 | KS기호 | 기호설명 | JIS번호 | JIS기호 |
| KS D 3572 | 보일러 열교환기용 합금 | STHA | S-Steel T-Tube H-Heat A-Alloy | G 3462 | STBA |
| KS D 3573 | 배관용 합금강 강관 | SPA | S-Steel P-Pipe A-Alloy | G 3458 | STPA |
| KS D 3574 | 구조용 합금강 강관 | STA | S-Steel T-Tube A-Alloy | G 3441 | STKS |
| KS D 3575 | 고압가스 용기용 이음매 없는 강관 | STHG | S-Steel T-Tube H-Heat G-Gas | G 3429 | STH |
| KS D 3576 | 배관용 오스테나이트 스테인리스 강관 | STSxT | S-Steel T-Tube S-Stainless | G 3459 | SUSTP |
| KS D 3577 | 보일러 열교환기용 스테인리스 강관 | STSxTB | St-Stainless ST-Steel T-Tube | G 3463 | SUSxTB |
| KS D 3579 | 스프링용 탄소강 오일 템퍼선 | SWO | Spring W-Wire O-Oil | G 3560 | SWO |
| KS D 3580 | 밸브 스프링용 탄소강 오일 템퍼선 | SWO-V | Spring W-Wire O-Oil V-Valve | G 3561 | SWO-V |
| KS D 3581 | 밸브 스피링용 크롬 바나듐강 오일 템퍼선 | SWOCV-V | S-Spring W-Wire O-Oil C-Chromium V-Vanadium V-Valve | G 3565 | SWDCV-V |
| KS D 3582 | 밸브 스피링용 실리콘 크롬강 오일 템퍼선 | SWOCV-V | S-Spring W-Wire O-Oil S-Silicon C-Chromium V-Valve | G 3566 | SWOSC-V |
| KS D 3583 | 배관용 아크 용접 탄소 강관 | SPW | S-Steel P-Pipe W-Welding | G 3457 | STPY |
| KS D 3697 | 냉간 압조용 스테인리스 강선 | STSW | Cold Rolled Stainless Steel Sheet nad Wite | G 4315 | SUS |
| KS D 3698 | 냉간 압연 스테인리스 강관 | STSP | Cold Rolled Stainless Steel Sheet nad Plate | G 4305 | SUS |

| 한국 공업 규격 | | | | 일본 공업 규격 | |
|---|---|---|---|---|---|
| 규격번호 | 규격명 | KS기호 | 기호설명 | JIS번호 | JIS기호 |
| KS D 3699 | 열간압연 스테인리스 강재 | STSxHS | ST-Stainless S-Steel H-Hot S-Strip | G 4306 | SUSxHS |
| KS D 3700 | 냉간 압연 스테인리스 강재 | STSxCS | ST-Stainless S-Steel C-Cold S-Strip | G 4307 | SUSxCS |
| KS D 3701 | 스프링 강 | SPS | SP-Spring S-Steel | G 4801 | SUP |
| KS D 3702 | 스테인리스 강선재 | STSxWR | ST-Stainless S-Steel W-Wire R-Rod | G 4308 | SUS |
| KS D 3703 | 스테인리스 강선 | STSxW SWH | ST-Stainless S-Steel W-Wite S-Soft H-hard | G 4309 | SUB |
| KS D 4305 | 백심가단 주철품 | WMC | W-White M-Malleable C-Casting | G 5703 | FCMW |
| KS D 4315 | 고온 고압용 주강품 | SCPH | S-Steel C-Casting P-Pressure H-High | G 5151 | SCPH |
| KS D 5501 | 이음매 없는 타프피치 동관 | TCup | T-Touphpitch Cu-Copper PiPe | H 3606 | TCuT |
| KS D 5502 | 타프피치 동봉 | TCuBE TCuBD | T-Touphpitch Cu-Copper B-Bar E-Extruded D-Drawing | H 3405 | TCuBE TCuBD |
| KS D 5503 | 쾌삭 황동봉 | MBsBE MBsBD | M-Machinable, Bs-Brass, B-Bar E-Extruded D-Drawing | H 3422 | BsBMD BsBME |
| KS D 5504 | 타프피치 동봉 | TCuS | T-Touphpitch Cu-Copper S-Sheet | H 3103 | TCuP |
| KS D 5505 | 황동판 | BsS | Bs-Braee S-Sheet | H 3201 | Bsp |
| KS D 5506 | 인청 동판 및 조 | PBS | P-Phosphor B-Bronze S-Sheet T-Tape | H 3731 | PBP PBR |
| KS D 5507 | 단조용 황동봉 | PBT | F-Forging Bs-Nrass B-Bar E-Extruded, D-Drawing | H 3423 | BsBFE BsBFD |
| KS D 5508 | 스프링용 인청동판 및 조 | FBsBE FBsBD | P-phosphor B-Bronze S-Sheet S-Spring, T-Tape | H 3732 | PBSP SRPB |

| 한국 공업 규격 | | | | 일본 공업 규격 | |
|---|---|---|---|---|---|
| 규격번호 | 규격명 | KS기호 | 기호설명 | JIS번호 | JIS기호 |
| KS D 5509 | 악기 리드용 황동판 | PBSS PBTS | Bs–Brass M–Musica; R–Reed | H 3207 | BsPV |
| KS D 5510 | 이음매 없는 황동판 | BsMR BsSTxS | Bs–Brass S–Sheet T–Tube S–Special | H 3631 | BsT |
| KS D 5511 | 인쇄용 동판 | CuSP | Cu–Copper S–Sheet P–Printing | H 3102 | CuPP |
| KS D 5512 | 연판 | PbS | Pb–Lead S–Sheet | H 4301 | PbP |
| KS D 5513 | 황동조 | BsT | Bs–Brass T–Tape | H 3321 | BsR |
| KS D 5514 | 함연 황동조 | PbBsT | Pb–Lead Bs–Bronze R–Rod | H 3322 | PbBsR |
| KS D 5515 | 아연판 | ZnP | Zn–Zinc P–Plate | H 4321 | – |
| KS D 5516 | 인청 동봉 | PBR | P–Phosphor Bs–Bronze R–Rod | H 3741 | PBB, R |
| KS D 5517 | 타프피치 동조 | CuT | Cu–Copper T–Tape | H 3304 | TCuR |
| KS D 5518 | 인청 동선 | PBW | P–Phosphor B–bronze W–Wire | H 3751 | PEW |
| KS D 5520 | 고강도 황동봉 | HBsRE HBsRD | H–High, Bs–Brass R–Rod F–Forging E–Extruded, D–Drawing | H 3425 | HBsBD HBsBE |
| KS D 5521 | 특수 알루미늄 첨동봉 | ABRF, AB RE, ABRD | A–Alumium B–Bronze R–Rod F–Forging E–Extruded, Cu–Copper | H 3441 | ABBD ABBE ABBF |
| KS D 5522 | 이음매 없는 인탈산 동관 | DCuPs DCuPS | D–Deoxidized, Cu–Copper P–Pipe, S–Special | H 3603 | DCuT |
| KS D 5523 | 인탈산 동판 | DCuS | D–Deoxidized, Cu–Copper S–Sheet | H 3104 | DCuP |
| KS D 5524 | 네이벌 황동봉 | NBsBE NBsBD | N–Naval Bs–Brass B–Bar E–Extrusion D–Drawing | H 3424 | NBsBD NBsBE |
| KS D 5525 | 이음매 없는 단동판 | RBsPxS | R–Red Bs–Brass P–Pipe S–Special | H 3641 | RBsT |
| KS D 5526 | 백동판 | NCuS | N–Nickel Cu–Copper S–Sheet | H 3251 | GNP |

| 한국 공업 규격 | | | | 일본 공업 규격 | |
|---|---|---|---|---|---|
| 규격번호 | 규격명 | KS기호 | 기호설명 | JIS번호 | JIS기호 |
| KS D 5527 | 이음매 없는 제지틀 황동판 | BsPp | Bs–Brass P–Paper | H 3634 | BsPPp |
| KS D 5528 | 네이벌 황동판 | NBsS | N–Naval Bs–Brass S–Sheet | H 3203 | NBsP |
| KS D 5529 | 황동봉 | BsBd<br>BaBE | Bs–Brass B–Bar<br>D–Drawing<br>E–Extrusion | H 3426 | BsBD<br>BsBE |
| KS D 5530 | 동부스바 | CuBB | Cu–Copper B–Bus B–Bar | H 3361 | CuBB |
| KS D 5531 | 뇌관용 동조 | CuTD | Cu–Copper T–Tape D–Detonator | H 3302 | CuRD |
| KS D 5532 | 배릴륨. 동 합금판 및 조 | BeCuS | Be–Beryllium<br>Cu–Copper S–Sheet<br>T–Tape | H 3801 | BeCuP<br>BecuR |
| KS D 5533 | 배릴륨. 동 합금봉 | VeCuT | Be–Beryllium<br>Cu–Copper B–Bar | H 3802 | BeCuB |
| KS D 5534 | 배릴륨. 동 합금선 | BeCuB | Be–Beryllium<br>Cu–Copper W–Wire | H 3803 | BeCuW |
| KS D 5535 | 단동선 | BeCuW | R–Red Bs–Bronze W–Wire | H 3551 | RBsW |
| KS D 5536 | 특수 알루미늄 청동판 | RBsW | A–Al B–Bronze S–Sheet | H 3208 | ABT |
| KS D 5537 | 이음매 없는 복수기용 황동판 | ABS | Bs–Brass P–Pipe F(복수기) | H 3632 | BsBT |
| KS D 5538 | 이음매 없는 규소 청동관 | BsPF | Si–Silicon B–Bronze P–Pipe | H 3651 | SiBT |
| KS D 5539 | 이음매 없는 니켈동합금관 | SiBP | N–Nickel Cu–Copper P–Pipe | H 3661 | NCuT |
| KS D 5540 | 조명 및 전자기기용 몰리브덴선 | NCuP | V–Vaccum<br>Molybdenum W–Wire | H 4481 | VMW |
| KS D 5545 | 황동 용접관 | VMW | Bs–brass P–Pipe W–Welding | H 3671 | BsTW |
| KS D 5551 | 함연 황동선 | BsPW | Pb–Lead Bs–Brass W–Wire | – | – |
| KS D 5552 | 함연 황동관 | PbBsS | Pb–Lead Bs–Brass S–Sheet | H 3202 | PbBsP |

| 한국 공업 규격 | | | | 일본 공업 규격 | |
|---|---|---|---|---|---|
| 규격번호 | 규격명 | KS기호 | 기호설명 | JIS번호 | JIS기호 |
| KS D 5553 | 타프피치 동선 | CuW | Cu−Copper W−Wire | H 3504 | TCuW |
| KS D 5554 | 황동선 | BsW | Bs−Brass W−Wire | H 3521 | BsW |
| KS D 5555 | 양백선 | NSW | N−Nickel S−Silver W−Wire | H 3721 | NSW |
| KS D 6001 | 황동 주물 | BsC | Bs−Brass C−Casting | H 5101 | YBsC |
| KS D 6002 | 청동 주물 | BrC | Br−Bronze C−Casting | H 5111 | BC |
| KS D 6003 | 화이트 메탈 | WM | W−White M−Metal | H 5401 | WJ |
| KS D 6004 | 베이링용 동연 합금 주물 | KM | K−Kelment M−Metal | H 5403 | KJ |
| KS D 6005 | 아연합금 다이캐스팅 | ZnDC | Zn−Zinc D−Die C−Casting | H 5301 | ZDC |
| KS D 6006 | 알루미늄 합금 다이캐스팅 | AIDC | Al−Alumium D−Die C−Casting | H 5302 | ADC |
| KS D 6007 | 고강도 황동 주물 | HBsC | H−High Bs−Bronze C−Casting | H 5102 | HBsC |
| KS D 6008 | 알루미늄 합금 주물 | ACxA | Al−Alumium C−Casting A−Alloy | H 5202 | AC |
| KS D 6010 | 인청동 주물 | PBC | P−Phosphor B−Bronze C−Casting | H 5113 | PBC |
| KS D 6011 | 연입 청동주물 | PbBrC | Pb−Lead Br−Bronze C−Casting | H 5115 | LBC |
| KS D 6012 | 베어링용 알루미늄 합금 주물 | AM | Al−Alumium M−Metal | H 5402 | AJ |
| KS D 6013 | 초경합금 | SGD | S−Special G−General D−Drawing | H 5501 | SGD |
| KS D 6014 | 실진 청동주물 | SzBrC | Sz−Silzin Br−Bronze C−Casting | H 5112 | SzBC |
| KS D 6701 | 알루미늄 알루미늄 합금판 및 조 | Axxxx S. R. C | A−Alumium S−Sheet R−Ribbon C−Clad | H 4000 | Axxxx P. R. E PC |
| KS D 6702 | 연관 | PbP | Pb−Lead P−Pipe | H 4311 | PbT |
| KS D 6703 | 수도용 연관 | PbPW | Pb−Lead P−Pipe W−Water | H 4312 | PbTW |
| KS D 6705 | 알루미늄 박 | AIF | Al−Alumium F−Foil | H 4191 | AIH |

| 한국 공업 규격 | | | | 일본 공업 규격 | |
|---|---|---|---|---|---|
| 규격번호 | 규격명 | KS기호 | 기호설명 | JIS번호 | JIS기호 |
| KS D 6706 | 고순도 알루미늄 박 | AIFS | Al-Alumium F-Foil S-Special | H 4192 | AOH |
| KS D 6707 | 양백판 및 조 | NSPx, NSTx | N-Nickel S-Sheer P-Plate T-Tape | H 3701 | NSP, NSR |
| KS D 6708 | 양백봉 | NSB | N-Nickel S-Silver B-Bar | H 3711 | NSB |
| KS D 6709 | 스프링용 양백판 및 조 | NSSS, NSST | N-Nickel S-Silver S-Sheet S-Spring T-Tape | H 3702 | NSSP, NSSR |
| KS D 6713 | 알루미늄 및 알루미늄 합금 용접관 | Axxxx TW | A-Alumium T-Tube T-Tube W-Welded | H 4090 | AxxxxTE, TDTES, TDS |
| KS D 6755 | 알루미늄선 | AIW | Al-Alumium W-Wire | H 4040 | AxBES, Ax BDS AxW |
| KS D 6756 | 알루미늄 리벳재 | AlV | Al-Alumium V-Rivet | H 4120 | AxBR |
| KS D 6757 | 알루미늄 및 알루미늄 합금 리벳재 | Axxxx | Al-Alumium | H 4120 | AxBR |
| KS D 6758 | 알루미늄 봉 | AIB | Al-Alumium B-Bar | H 4040 | AxBES Ax BDS, AxW |
| KS D 6759 | 내식 알루미늄 합금 압출형재 | AlxE | A-Alumium E-Extruded | H 4100 | AxxxxS, SS |
| KS D 6760 | 이음매 없는 알루미늄 관 | AlxP | Al-Alumium P-Pipe | H 4080 | AxxxTE, TDTES, TDS |
| KS D 6761 | 이음매 없는 알루미늄 및 알루미늄 합금관 | Axxxx PE,PD | A-Alumium P-Pipe E-Extrude D-Drawing | H 4080 | 〃 |
| KS D 6762 | 알루미늄 도체 및 알루미늄 합금 도체 | AELS | A-Alumium E-Electric C-Conductor S-Shapd | H 4180 | AxxxxPB, SESBC, SBS, CTB, BDS |
| KS D 6763 | 알루미늄 및 알루미늄 합금봉 및 선 | AxxxxBE, BDBES, BDS | A-Alumium P-Pipe E-Extrusion D-Drawing S-Special | H 4040 | AxxxxBE BD BES, BDS |
| KS D 6770 | 알루미늄 및 알루미늄 합금 단조품 | AxxxxFA, FH | Al-Al B-Bar E-Extrusion D-Drawing S-Special | H 4140 | AxxxxFD, FH |

| 한국 공업 규격 | | | | 일본 공업 규격 | |
|---|---|---|---|---|---|
| 규격번호 | 규격명 | KS기호 | 기호설명 | JIS번호 | JIS기호 |
| KS D 7002 | PC강선 및 PC강연선 | SWPC | S-Steel W-Wire P-Prestressed | H 3536 | SWPR, SWPD |
| KS D 7009 | PC경강선 | SWHD, SWHR | S-Steel W-Wire H-Hard D-Deformed R-Round | H 3538 | SWCR, SWCD |
| KS D 8302 | 철강소지상의 니켈 및 크롬 도금 | SN | S-Steel N-Nickel | H 8612 | FNM, FGM |
| KS D 8303 | 동 및 동합금 소지상의 니켈 및 크롬 도금 | BN | B-Brass or B-Bronze N-Nickel | H 8613 | BNM, BGM |
| KS D 8304 | 전기야연 도금 | ZP, ZPC | Z-Zinc P-Plating C-Chromate | H 8610 | ZM, ZMC |
| KS D 8305 | 아연 및 아연합금 소지상의 니켈 및 크롬 도금 | ZN,ZNC | Z-Zinc N-Nickel C-Chromium | H 8614 | |
| KS D 8308 | 용융 아연 도금 | ZHD | Z-Zinc H-Hot D-Dipped | H 8641 | HDZ |
| KS D 8309 | 용융 알루미늄 도금 | AD | Al-Alumium D-Dipped | H 8642 | HDA |
| KS D 8320 | 알루미늄 용사 | AS, ASP ASS, ASD | Al-Alumium S-Spray, P-Primer, S-Sealing D-Diffusion | H 8301 | AS, ASP ASS, ASD |
| KS D 8322 | 아연 용사 | ZnS | Z-Zinc S-Spray | H 8300 | ZS, ZSP |
| KS D 9005 | 포장용 대강 | SSP | S-Steel S-Strip P-Plate | H 3141 | SPCC, Sp CD, DPCE |
| KS D 2503 | 전자 연철봉 | SUYB | S-Steel U-Use Y-Yoke B-Bar | C 2503 | SUYB |
| KS D 2504 | 전자 연철판 | SUYP | S-Steel U-Use Y-Yoke P-Plate | C 2504 | SUYP |
| KS D 2505 | 영구자석용 재료 | Mc,Su | M-Magnet C-Casting | C 2502 | ME, MC, MP |

# 부록 5 구조관 파이프 호칭

## 1.1 현장에서 사용하는 일본식 호칭

| 호칭 | 외경 | 일본식 표현 |
|---|---|---|
| 12.7 | 12.7 | 욘부 |
| 15.9 | 15.9 | 고부 |
| 19.1 | 19.1 | 로꼬부 |
| 22.2 | 22.2 | 나나부 |
| 25.4 | 25.4 | 1인치 |
| 31.8 | 31.8 | 인치니부 |
| 38.1 | 38.1 | 인치항 |
| 50.8 | 50.8 | 2(투)인치 |
| 63.5 | 63.5 | 투항 |
| 76.2 | 76.2 | 3인치 |
| 101.6 | 101.6 | 4인치 |

## 1.2 구조관의 일본식 표현 단위

항-1/2, 니부-1/4, 인치-25.4

| | 1 分 | 2 分 | 3 分 | 4 分 | 5 分 | 6 分 | 7 分 | 1 inch |
|---|---|---|---|---|---|---|---|---|
| 호칭 | 이찌부 | 니부 | 삼부 | 욤부 | 고부 | 로쿠부 | 나나부 | 인치 |
| 의미 | 1/8 | 2/8 | 3/8 | 4/8 | 5/8 | 6/8 | 7/8 | 8/8 |
| 해석 | 1/8 | 1/4 | 3/8 | 1/2 | 5/8 | 3/4 | 7/8 | 1 |

| | S.I. unit system | | | Metric unit system | | | American unit system | | |
|---|---|---|---|---|---|---|---|---|---|
| | [mN·m] | [cN·m] | [N·m] | [gf·cm] | [kgf·cm] | [kgf·m] | [ozf·in] | [lbf·in] | [lbf·ft] |
| 1 [mN·m] = | 1 | 0.1 | 0.001 | 10.2 | 0.0102 | 0.000102 | 0.142 | 0.00885 | 0.000738 |
| 1 [cN·m] = | 10 | 1 | 0.01 | 102 | 0.102 | 0.00102 | 1.42 | 0.0885 | 0.00738 |
| 1 [N·m] = | 1000 | 100 | 1 | 10200 | 10.2 | 0.102 | 142 | 8.85 | 0.738 |
| 1 [gf·cm] = | 0.0981 | 0.00981 | 0.0000981 | 1 | 0.001 | 0.00001 | 0.0139 | 0.000868 | 0.0000723 |
| 1 [kgf·cm] = | 98.1 | 9.81 | 0.0981 | 1000 | 1 | 0.01 | 13.9 | 0.868 | 0.0723 |
| 1 [kgf·m] = | 9810 | 981 | 9.81 | 100000 | 100 | 1 | 1390 | 86.8 | 7.23 |
| 1 [ozf·in] = | 7.06 | 0.706 | 0.00706 | 72.0 | 0.072 | 0.00072 | 1 | 0.0625 | 0.00521 |
| 1 [lbf·in] = | 113 | 11.3 | 0.113 | 1150 | 1.15 | 0.0115 | 16 | 1 | 0.0833 |
| 1 [lbf·ft] = | 1360 | 136 | 1.36 | 13800 | 13.8 | 0.138 | 192 | 12 | 1 |
| Country | Japan, China, Europe | | | Asia | | | U.S.A., Aircraft industry | | |

1 [N·m]=10.1972 [kgf·cm] ≒ 10.20 [kgf.cm]
1 [kgf·cm]=0.0980665 [N·m] ≒ 0.0981 [N·m]

Example) T=25.0 [kgf·cm]
=25.0×0.0980665
=2.4516625 [N·m]
≒2.45 [N·m]

# 배관요소 기술실무

초판인쇄 | 2022년 8월 25일
초판발행 | 2022년 8월 29일

저 자 | 한제봉
발 행 인 | 이성범
발 행 처 | 문운당
주 소 | 서울시 종로구 혜화로5길 16 (명륜1가 45-3)
전 화 | (02)762-6010
팩 스 | 영업 (02)745-0265 / 편집 (02)762-8758
홈페이지 | http://munundang.co.kr
이 메 일 | 영업 munun2@chol.com
편집 munundang@naver.com

ISBN 979-11-5692-573-6 93550



**정가 23,000원**